高等院校理工类规划教材

基础化学实验

徐伟民　夏静芬　唐　力 编

ZHEJIANG UNIVERSITY PRESS
浙江大学出版社

图书在版编目（CIP）数据

基础化学实验／徐伟民，夏静芬，唐力编. —杭州：浙
江大学出版社，2011.7（2023.8 重印）
　ISBN 978-7-308-08601-1

　Ⅰ.①基… Ⅱ.①徐… ②夏… ③唐… Ⅲ.①化学实验－
高等学校－教材　Ⅳ.①O6-3

　中国版本图书馆 CIP 数据核字（2011）第 067320 号

基础化学实验

徐伟民　夏静芬　唐　力 编

责任编辑	王元新
封面设计	俞亚彤
出版发行	浙江大学出版社
	（杭州天目山路 148 号　邮政编码 310007）
	（网址：http://www.zjupress.com）
排　　版	杭州青翊图文设计有限公司
印　　刷	嘉兴华源印刷厂
开　　本	787mm×1092mm　1/16
印　　张	15.5
字　　数	397
版 印 次	2011 年 7 月第 1 版　2023 年 8 月第 6 次印刷
书　　号	ISBN 978-7-308-08601-1
定　　价	43.00 元

前　言

　　本教材是在成功完成浙江省《无机及分析化学》精品课程建设和浙江万里学院《有机化学》精品课程建设以及十余年实验课程教学探索、实践的基础上编写的,适用于生物、环境、食品、农林、水产等专业化学基础实验教学。全书包括基础知识、实验仪器和基本操作技术、基础性和综合性实验、研究设计性实验、文献合成实验及附录六个部分。实验仪器和基本操作技术部分以图文的形式介绍化学实验中常用仪器的用途、使用注意事项及规范操作技术。实验项目围绕容量分析、基本物性测定、无机物和有机物合成以及天然物质有效成分分离等技术构建。设置的研究设计性实验和文献合成实验,有利于培养学生的理论结合实际的创新能力和综合实践能力。附录部分编入了较丰富的与实验有关的物理常数、摩尔质量、常用溶液的配制等数据资料,便于教师和学生查阅、使用,也可供有关实验工作人员参考。

　　本教材具有如下特色:

　　(1)部分实验内容系列性　将基本操作或相关的实验有机地融合,同一系列中的实验具有关联性。如无机及分析化学实验部分我们按操作技能设计酸碱平衡和酸碱滴定、氧化还原和配位滴定、分光光度和无机物合成四大系列实验;有机化学部分按操作技能设计有机物分离技术、天然物质有效成分的分离与纯化两大系列,按实验内容的相关性设计乙酸乙酯合成、甲基橙合成和氨基酸制备三大系列。其中按实验内容相关性设计的实验,学生必须在成功完成前一实验的基础上,才能进行后一实验,充分发挥学生的积极性和主动性。

　　(2)结合专业组织实验内容,应用型特色明显　大部分实验内容与农、林、水产、食品和环境等专业有关,这样既有利于本课程与专业相结合,也便于学生了解本课程与这些专业的关系,体现培养应用型人才和为后续专业课程服务的特色。

　　(3)综合性和设计性强　教材中的综合性和研究设计性实验占一半左右,这些实验的开设有利于增强学生分析和解决问题的能力以及培养学生的创新精神,同时也有利于激发学生的学习兴趣。

　　(4)实验报告评分标准相对统一　本教材的每个实验均附有实验报告评分依据,其作用有三:一是学生在预习实验内容时,能参照该实验主要考核内容,了解成功完成该实验的关键及应注意事项,对提高实验预习质量及实验教学效果起到一定的指导作用；二是可以作为合理评价学生在实验过程中的学习情况、实验水平、对实验现象和数据记录与处理的正确性以及实验报告书写能力的依据，也有助于学生对实验结果的自我评价；三是可以尽可能地减少各位实验指导教师评阅学生实验报告时可能出现的人为差距。

　　本教材的实验一至十二由徐伟民编写，基础知识、研究设计性实验由夏静芬编写，实验十三至十四、文献合成实验和附录由唐力编写，实验仪器和基本操作技术以及实验报告评分依据由夏静芬和唐力合写。全书由夏静芬统稿并由徐伟民审定。在本教材编写过程中，周旭章、邓杏娣、林瑛影、叶汉侠、林建原等教师提出了许多建设性建议和实践性意见，并得到应敏教授、钱国英教授和生物与环境学院实验中心的支持和帮助，在此表示深深的谢意。

　　由于基础化学实验教学的改革还在继续深入以及编者的学识水平有限，书中的疏漏和不妥之处在所难免，欢迎广大师生批评指正。

编　者

2010 年 12 月

目　　录

第一章

基础知识

第一节　基础化学实验的教学目的和基本要求

一、基础化学实验的教学目的

基础化学实验是高等院校生物、环境、食品和农林等相关专业重要的必修基础课程,主要介绍化学实验原理、实验方法、实验手段及实验操作技能。

本课程的教学目的是:①使学生在理论课程中学到的重要理论和概念得到验证和提高;②使学生学会和规范掌握专业学习所需的基本的实验操作技能;③培养学生实事求是的科学工作态度、认真细致的工作作风和良好的实验室工作习惯;④培养学生的合作能力,为学习后续课程、参加实际工作和开展科学研究打下良好基础。

二、基础化学实验的基本要求

基础化学实验的基本要求包括以下三方面:

(1)做好实验预习工作是完成实验教学内容的重要环节。学生应在充分阅读和理解实验原理及实验内容的基础上,查阅相关的参考资料、文献数据、试剂的配制方法、可能的实验现象、影响实验结果的关键及其处理方法等,并对思考题进行思考,做好实验前的准备工作,并由此写出简明扼要的实验预习报告。预习报告内容包括实验目的、实验原理、与实验有关的数据及算式、实验仪器与试剂、实验内容与步骤等。

(2)学生根据实验目的完成实验内容,认真操作,细心观察,及时将实验现象及数据记录在实验本上,不得涂改或编造实验现象及实验原始数据;如果发现实验现象和理论不相符,应尊重实验事实,并认真分析和查找原因,必要时重做实验,养成实事求是的科学的实验习惯。

(3)完成实验数据或实验现象处理、分析和解释,对实验结果及实验中出现的问题或不足进行认真讨论和总结,写出整洁、有条理的实验报告。

定量分析实验报告包括实验题目、日期、目的要求、简单原理、完整的原始数据、对数据的处理结果(包括图表、计算公式)和对结果的分析与讨论等。

性质实验报告包含实验题目、日期、目的要求、实验原理、实验内容、实验现象记录、对现象的解释或反应式及分析讨论等。

合成实验报告包括实验题目、日期、目的要求、简单原理、主要装置图、操作步骤、现象、试剂和产物的主要物理常数、理论产量、实际产量、产率和问题讨论等内容。

虽然实验报告的形式繁多,内容不同,但都有如下的共同要求:①表达条理清楚,文字陈述详略得当而不烦琐;②语言准确,除讨论栏外,尽量不使用"如果"、"可能"等模棱两可的字词;③重要的实验操作步骤、实验现象和实验数据完整,数据处理准确;④实验装置图清晰,比例合理,没有概念性错误;⑤讨论栏可写实验体会、成功经验、失败教训、改进的设想等,如果实验做得平平淡淡,无甚体会,也无新的建议,也可不讨论;⑥内容真实,按实际使用的装置和操作过程书写,不能伪造实验现象和实验数据,要用明确、肯定的语言来书写结论内容。

实验报告的写作示例见附录十四。

第二节　实验室规则及安全常识

一、实验室规则

(1)实验前必须认真地做好预习及实验准备工作,明确实验的目的要求和基本原理,熟悉实验的内容、方法、操作步骤,了解实验中的注意事项和预期效果,写出实验预习报告,并在实验前交指导教师检查。

(2)遵守纪律、不迟到、不早退。进入实验室后立即清点、检查所用仪器的完好情况,不乱动不熟悉的仪器设备,如有缺损,应立即报告实验指导教师,以便及时补缺。

(3)实验中应保持安静和良好的秩序,不得随意走动和高声讨论,不得擅自离开实验室。认真操作,仔细观察,积极思考,并及时、如实地记录实验现象和实验数据。若有疑难问题或发生意外事故必须立即报请教师处理。

(4)整个实验过程中应保持仪器、药品、桌面、地面和水槽的整洁。取用药品后要随时放回原处,特别注意滴瓶的滴管头要插回原瓶。任何固体物质不得丢入水槽或地下,可先置于实验桌一角,实验完毕后一并处理或弃置于垃圾箱内,废液应小心倒入废液缸中。

(5)爱护公物,节约药品、水、电及消耗品。实验中如有仪器损坏要办理登记换领手续。

(6)实验结束后,学生应清洗仪器并放回原来位置,整理桌面及地面卫生,交上实验原始记录及数据处理结果,经教师同意后方可离开实验室。

(7)学生轮流值日。值日生应负责整理公用物品,打扫实验室,倒净废弃物,检查水、电、火,关好门窗。

二、实验室安全常识

1. 化学实验室守则

(1)浓酸、浓碱具有强腐蚀性,用时要小心,切勿溅在衣服、皮肤上,尤其不要溅到眼睛上;稀释浓硫酸时,必须将浓硫酸慢慢注入水中,而不能将水向浓硫酸中倒。

(2)使用酒精灯时,应随用随点燃,不用时盖上灯罩,不要用已点燃的酒精灯去点燃别的酒精灯,酒精灯内的酒精不要超过其高度的 4/5。

(3)使用易燃的有机物质时应远离明火,取用完毕后应立即盖紧瓶塞;实验中若有刺激性或有毒气体的操作应在通风橱内进行。

(4)有毒药品(如重铬酸钾、钡盐、汞的化合物、氰化物等)不得进入口内或接触伤口,不能将有毒药品随便倒入下水管道;从破碎温度计中撒出的汞应尽量收集,再用硫磺粉处理。

(5)实验过程中因特殊原因而停电、停水时,应立即关闭水阀和电源,以防止出现意外。

(6)不能在实验室内饮食、吸烟,实验结束后必须洗净双手后方可离开。

(7)实验完毕后,值日生和最后离开实验室的人员都应负责检查水龙头是否关好、电闸是否拉开和门窗是否关闭。

2. 实验意外事故的一般处理

(1)起火。若因乙醚、苯、酒精等有机溶剂引起着火,应立即用湿布或砂土等覆盖,火势大时可用泡沫灭火器,千万不能用水浇(因有机溶剂不溶于水,且密度小于水);电器设备引起着火时,应先关闭电源,再用二氧化碳灭火器或四氯化碳灭火器灭火。

(2)触电。先切断电源,必要时进行人工呼吸,找医生治疗。

(3)烫伤。先用 $KMnO_4$ 溶液或苦味酸溶液揩洗伤处,再用凡士林或烫伤油膏揉在伤口上。

(4)酸碱灼伤。先用大量水冲洗,然后相应地用碳酸氢钠溶液(或稀氨水溶液)和硼酸溶液(或 $0.3mol \cdot L^{-1}$ HAc 溶液)冲洗,最后再用水冲洗。

(5)割伤。先取出伤口内的异物,再在伤口处抹上红汞或撒上消炎粉后用纱布包扎。

(6)吸入刺激性、有毒气体。吸入氯气、氯化氢时,可吸入少量酒精和乙醚的混合蒸气解毒。因吸入硫化氢气体而感到头晕、胸闷、欲吐时,应立即到室外呼吸新鲜空气。

(7)毒物入口。若毒物尚未咽下,应立即吐出来,并用水冲洗口腔;如已吞下,可内服一杯含有 5%～10% 稀硫酸铜溶液的温水,再用手指伸入咽喉部,促使其呕吐,然后立即送医院治疗。

(8)若伤势较重,则应立即送医院。

第三节　实验室用水和化学试剂

一、实验室用水

1. 纯水规格及合理选用

根据化学实验用水的要求不同,实验室用水分三个等级:一级纯水、二级纯水和三级纯水。一级纯水用于制备标准样品或进行超痕量物质的分析,不含有溶解杂质或胶态质有机物,它可用二级纯水经进一步处理制得。二级纯水用于精确分析和研究工作,会含有微量的无机、有机或胶态杂质,可用多次蒸馏、电渗析或离子交换等方法制取。三级纯水适用于一般实验工作,可用蒸馏或离子交换等方法制取。实验室用水的具体内容可参阅国家标准 6682—1992,其级别及主要指标如表 1-3-1 所示。

表 1-3-1　实验室用水的级别及主要指标

指标名称	一级	二级	三级
pH 值范围(25℃)	①	①	5.0～7.5
电导率(25℃)/(mS/m)	≤0.01	≤0.10	≤0.50
吸光度(254nm,1cm 光程)	≤0.001	≤0.01	—
可氧化物质[以(O)计]/(mg/L)	②	<0.08	0.4
蒸发残渣(105℃±2℃)/(mg/L)	②	≤1.0	≤2.0
可溶性硅[以(SiO$_2$)计]/(mg/L)	≤0.01	≤0.02	—

①由于在一级纯水、二级纯水的纯度下,难以测定其真实的值,因此对其值不做规定。
②在一级纯水的纯度下,难以测定可氧化物质和蒸发残渣,对其限量不做规定。

2. 影响纯水质量的因素

影响纯水质量的主要因素有三个,即空气、容器和管路。

在实验室中制取纯水,不难达到纯度指标。但一经放置,特别是接触空气,其电导率会迅速下降。例如,用钼酸铵法测磷及纳氏试剂法测氨,无论用蒸馏水或离子交换水,只要是新制取的纯水都适用。但一旦放置,空白值便显著增高,这主要来自空气和容器污染。

玻璃容器盛装纯水可溶出某些金属及硅酸盐,有机物较少。聚乙烯容器所溶出的无机物较少,但有机物比玻璃容器略多。

纯水导出管,在瓶内部分可用玻璃管,瓶外部分可用聚乙烯管,在最下端可接一段乳胶管,以便配用弹簧夹。

3. 常用纯水的制备

制备纯水的方法很多,通常用蒸馏法、离子交换法、亚沸蒸馏法和电渗析法等。

（1）蒸馏水

蒸馏水是利用水与水中杂质的沸点不同，用蒸馏法制得的纯水。用此法制备纯水的优点是操作简单，可以除去非离子杂质和离子杂质；缺点是设备要求严密，产量低、成本高，且不能完全除去水中溶解的气体杂质。

化学分析用水，通常是经过一次蒸馏而得，称为一次（级）蒸馏水。有些分析要求用水须经二次（或三次）蒸馏而得的二次（或三次）蒸馏水。对于高纯物分析，必须用高纯水，为此，可以增加蒸馏次数，减慢蒸馏速度，弃去头尾蒸出水，以及采用特殊材料如石英、银、铂、聚四氟乙烯等制作的蒸馏器皿，制得高纯水。

（2）去离子水

用离子交换法制得实验用水，常称去离子水或离子交换水。此法的优点是操作与设备均不复杂，出水量大，成本低。在大量用水的场合此法正逐步替代蒸馏法制备纯水。离子交换法能除去原水中绝大部分盐、碱和游离酸，但不能完全除去非电解质，还会有微量树脂溶在水中。因此，要获得既无电解质又无微生物等杂质的纯水，还须将离子交换水再进行蒸馏。为了除去非电解质杂质和减少离子交换树脂的再生处理频率，提高交换树脂的利用率，最好利用市售的普通蒸馏水或电渗水代替原水，进行离子交换处理而制备去离子水。

（3）亚沸蒸馏水

亚沸蒸馏是以光作能源，照射液体表面，使水从液面汽化蒸发，可避免水沸腾时机械携带或沿表面蠕升的弊病。所得水质极纯，若空气及容器清洁可靠，可供超痕量分析或更严格的分析之用。

（4）电渗析纯水

电渗析法是在离子交换技术基础上发展起来的一种方法。它是在外电场的作用下，利用阴、阳离子交换膜对溶液中离子的选择性透过而使杂质离子从水中分离出来的方法。此方法能除去水中电解质杂质，但对弱电解质去除效率低。电渗析法常用于海水淡化，不适用于单独制取实验纯水。

（5）超纯水

在仪器分析中，如原子光谱和高效液相色谱，为了减少空白值，需用超纯水。例如，用Millipore公司生产的Milli-Q型超纯水制备装置可制得不含有机物、无机物、微粒固体和微生物的超纯水。

4. 特殊要求实验室用水的制备

（1）无氯水

将普通蒸馏水在硬质玻璃蒸馏器中先煮沸再蒸馏，收集中间部分即得无氯水。

（2）无氨水

向水中加入硫酸至其 pH <2，使水中各种形态的氨或胺最终都变成不挥发的盐类，用全玻璃蒸馏器进行蒸馏，即可制得无氨纯水（注意避免实验室中含氨空气的重新污染，应在无氨气的实验室中进行蒸馏）。

（3）无二氧化碳水

①煮沸法：将蒸馏水或去离子水煮沸至少 10min（水多时），或使水量蒸发 10% 以上（水少时），加盖放冷即可制得无二氧化碳水。

②曝气法：将惰性气体或纯氮通入蒸馏水或去离子水至饱和，即得无二氧化碳水。

制得的无二氧化碳水应贮存于一个附有碱石灰管的橡皮塞盖的瓶中。

（4）无砷水

一般蒸馏水或去离子水都能达到基本无砷的要求；应注意避免使用软质玻璃（钠钙玻璃）制成的蒸馏器、树脂管和贮水瓶。进行痕量砷的分析时，须使用石英蒸馏器和聚乙烯的离子交换树脂柱管和贮水瓶。

（5）无铅（无重金属）水

用氢型强酸性阳离子交换树脂柱处理原水，即可制得无铅（无重金属）的纯水。贮水器应预先进行无铅处理，用 6mol/L 硝酸溶液浸泡过夜后以无铅水洗净。

（6）无酚水

向水中加入氢氧化钠至 pH＞11，使水中酚生成不挥发的酚钠后，用全玻蒸馏器蒸馏制得（蒸馏之前，可同时加入少量高锰酸钾溶液使水呈紫红色，再进行蒸馏）。

（7）不含有机物的蒸馏水

加入少量高锰酸钾的碱性溶液于水中，使呈红紫色，再以全玻璃蒸馏器进行蒸馏即得。在整个蒸馏过程中，应始终保持水呈红紫色，否则应随时补加高锰酸钾。

二、化学试剂的级别与保管

1. 化学试剂的级别

化学试剂产品很多，根据用途不同，可将化学试剂分为基准试剂、一般无机试剂、一般有机试剂和有机溶剂、高纯试剂和高纯物质、指示剂和特效试剂、生化试剂和临床试剂、仪器分析试剂和其他试剂（包括同位素试剂）等。

根据化学试剂质量的国家标准或部颁标准，我国生产的一般试剂质量分为四级，如表 1-3-2 所示。

表 1-3-2　一般化学试剂的分级

级别	习惯等级与代号	标签颜色	应用范围
一级	保证试剂，优级纯（GR）	绿色	纯度很高，适用于分析和研究工作，有的可作基准物质
二级	分析试剂，分析纯（AR）	红色	纯度较高，适用于一般分析及科研工作
三级	化学试剂，化学纯（CP）	蓝色	适用于工业分析与化学实验
四级	实验试剂（LR）	棕色	只适用于一般化学实验

化学试剂的选用应以实验要求，如分析任务与分析方法的灵敏度和选择性、分析对象的含量及对分析结果准确度要求等为依据，合理选用不同等级的试剂。不同等级的试剂价格差别很大，纯度越高，价格越贵，试剂选用不当，将会造成资金浪费或影响实验结果，故在满足实验要求的前提下，选择试剂的级别应就低而不就高。

此外应注意，不同厂家、不同原料和工艺生产的化学试剂在性能上有时会有显著差异，甚至同一厂家、不同批号的同一类试剂在性质上也很难完全一致，因此在较高要求的分析实验中，不仅要考虑试剂的等级，还应注意生产厂家、产品批号等事项，必要时应作专项检验和对照实验。

2. 化学试剂的保管

化学试剂保管不当极易变质、污染或发生危险,应根据试剂的毒性、易燃性、腐蚀性和潮解性等各不相同的特点,采用不同的保管方法。

(1)一般单质和无机盐类的固体,应放在试剂柜内,无机试剂要与有机试剂分开存放,危险性试剂应严格管理,必须分类隔开放置,不能混放在一起。

(2)易燃液体,主要是有机溶剂,实验室中常用的有苯、乙醇、乙醚和丙酮等,应单独存放,要注意阴凉通风,特别要注意远离火源。

(3)易燃固体,无机物中如硫磺、红磷、镁粉和铝粉等,着火点很低,应单独存放于通风、干燥处,白磷在空气中可自燃,应保存在水里,并放于避光阴凉处。

(4)遇水燃烧的物品,如锂要用石蜡密封,钠和钾应保存在煤油中,电石和锌粉等应放在干燥处。

(5)强氧化剂,如氯酸钾、硝酸盐、过氧化物、高锰酸盐和重铬酸盐等,在受热、撞击或混入还原性物质时,可能引起爆炸。保存这类物质,一定不能与还原性物质或可燃物放在一起,应存放在阴凉通风处。

(6)见光分解的试剂,如硝酸银、高锰酸钾等,以及与空气接触易氧化的试剂,如氯化亚锡、硫酸亚铁等,都应存于棕色瓶中,并放在阴凉避光处。

(7)容易侵蚀玻璃的试剂,如氢氟酸、含氟盐、氢氧化钠等应保存在塑料瓶内。

(8)剧毒试剂,如氰化钾、三氧化二砷(砒霜)等,应有专人妥善保管,取用时应严格做好记录,以免发生事故。

3. 化学试剂的取用规则

(1)固体试剂的取用规则

①要用干净的药勺取试剂,用过的药勺必须洗净和擦干后才能使用,以免玷污试剂。

②取出试剂后应立即盖上瓶盖。

③称量固体试剂时,必须注意不要取多。多取出的试剂不能倒回原瓶,可放在指定容器中供他人使用。

④一般的固体试剂可以用干净的称量纸或表面皿称量,具有腐蚀性、强氧化性或易潮解的固体试剂不能用称量纸称量,不能使用滤纸来盛放称量物。

⑤有毒药品要在教师指导下取用。

(2)液体试剂的取用规则

①从滴瓶中取用液体试剂时,滴管绝不能触及所使用的容器器壁,以免玷污。滴管放回原瓶时不要放错,不能用自己的滴管到瓶中取试剂。

②取用细口瓶中的液体试剂时,先将瓶塞反放在桌面上,不要弄脏;把试剂瓶上贴有标签的一面放在手心中,逐渐倾斜瓶子,倒出试剂;试剂应沿着洁净容器内壁倒入容器内(或沿着洁净玻璃棒注入容器内);取出所需量后,逐渐竖起瓶子,把瓶口剩余的一滴试剂碰到容器中,以免液滴沿着瓶子外壁流下。

③定量使用时可用量筒或移液管。取多了的试剂不能倒回原瓶,可倒入指定容器内供他人使用。

第四节　常用玻璃器皿

一、普通玻璃仪器

玻璃具有良好的化学稳定性、热稳定性、透明度和一定的机械强度等性质,因此,在化学实验室中常使用玻璃仪器。化学实验中使用的玻璃仪器可分为常用玻璃仪器和特殊玻璃仪器,基础化学实验中使用的常用玻璃仪器的图例、规格、用途及注意事项如表 1-4-1 所示。

表 1-4-1　常用化学器皿简表

仪器图例	规格	主要用途	注意事项
试管	以管口直径×管长（mm × mm）表示	用作少量试液的反应容器,便于操作、观察	1. 反应液体积不超过试管容积的 1/2,加热时不超过 1/3 2. 加热时不能骤冷,以防试管破裂
烧杯	以容积(mL)表示	用于配制溶液或用作反应容器	1. 反应液体不能超过烧杯容量的 2/3 2. 加热时应放在石棉网上
锥形瓶	以容积(mL)表示	用作反应容器,振荡方便,常用于滴定操作	同"烧杯"
量筒	以容积(mL)表示	用于量取一定体积的液体	1. 不能加热,不可量热的液体 2. 读数时视线应与液面水平,读取与弯月面最低点相切的刻度

仪器图例	规格	主要用途	注意事项
移液管 吸量管 移液管、吸量管	以容积(mL)表示	用于准确移取一定体积的液体	1. 为了减少测量误差,吸量管每次都应从最上面的刻度起向下放出所需体积 2. 其余同"量筒"
刻度 1000mL 20℃ 1000mL 20℃ 容量瓶	以容积(mL)表示	用于准确配制一定浓度的溶液	1. 不能加热,不能代替试剂瓶存放溶液 2. 读取刻度方法同"量筒"
布氏漏斗和抽滤瓶	布氏漏斗:磁制或玻璃制,以直径（cm）表示 抽滤瓶:以容积(mL)表示	用于抽滤	1. 注意漏斗和抽滤瓶大小的配合 2. 漏斗大小与过滤的沉淀或晶体量的配合 3. 不能直接加热
滴定管夹 碱式滴定管 酸式滴定管 铁架台 滴定管、滴定管夹和滴定管架	滴定管分酸式和碱式两种,颜色有棕色和无色之分,以容积(mL)表示	滴定管用于滴定或量取准确体积的液体;滴定管夹夹持滴定管,固定在滴定管架上	1. 碱式滴定管用于盛放碱性溶液和还原性溶液,酸式滴定管用于盛放酸性溶液和氧化性溶液 2. 受光易分解的滴定液要用棕色的滴定管 3. 活塞要原配,以防漏液
漏斗	分短颈、长颈,以直径(cm)表示	用于过滤操作	1. 不能加热 2. 过滤时,漏斗颈尖端必须紧靠盛接滤液的容器壁
称量皿	分扁形和高形,以外径×高(mm×mm)表示	用于准确称量一定量的固体	1. 不能受热 2. 瓶塞不能互换 3. 不用时应洗净,在磨口处垫一小纸条

续　表

仪器图例	规格	主要用途	注意事项
表面皿	以直径(cm)表示	盖在蒸发皿上或烧杯上以免液体溅出,盛放干燥的固体样品,作为称量器皿	1.不能直接加热 2.作盖用时,其直径应比被盖容器略大 3.用于称量时应洗净烘干
滴管	由尖嘴玻璃管和橡皮乳头构成	吸取少量(数滴或1~2mL)试剂	1.溶液不得吸进橡皮头 2.用后立即洗净内、外管壁
干燥器	以直径(cm)表示,分普通干燥器和真空干燥器	内放干燥剂,保持样品干燥。定量分析时,将灼烧过的坩埚或烘干的称量瓶等置于其中冷却	1.灼烧过的物体放入干燥器前温度不能太高 2.干燥器内的干燥剂要按时更换 3.干燥器磨口处要涂凡士林
滴瓶	以容积(mL)表示,分无色和棕色两种	盛放液体试剂和溶液	1.不能加热 2.见光易分解或不稳定的试剂用棕色瓶装 3.取用试剂时,滴管要垂直,不能接触接受容器内壁,不能插入其他试剂瓶中
试剂瓶	以容积(mL)表示,分广口瓶和细口瓶两种,又分磨口、不磨口、无色、棕色等	广口瓶放固体试剂,细口瓶放液体试剂	1.不能加热 2.取用试剂时,瓶盖倒放在桌上,不能弄脏、弄乱 3.碱性物质要用橡皮塞,稳定性差的物质用棕色瓶
分液漏斗	以容积(mL)表示,分梨形和球形两种	用于分离互不相溶的液体,或用作气体发生装置中的加液漏斗	1.不得加热 2.漏斗夹子、活塞不得互换

仪器图例	规格	主要用途	注意事项
培养皿	以玻璃底盖外径（cm）表示	放置固体样品	不能加热

由于碱液，特别是热的浓碱溶液，会对玻璃产生明显的腐蚀作用，因此玻璃仪器不能长时间接触碱液，标准磨口玻璃仪器不得用于存放碱液。

二、标准磨口玻璃仪器

1. 标准磨口玻璃仪器简介

有机化学实验中常用到带有标准磨口的组合玻璃仪器，统称标准磨口仪器。它与相应的普通玻璃仪器的区别在于各接头处加工成通用的磨口，即标准磨口。内外磨口之间能互相紧密连接，因而不需要软木塞或橡皮塞。这不仅可节约配塞子和钻孔的时间，避免反应物或产物被塞子所玷污，而且装配容易，拆洗方便。其标准磨口的最大直径的毫米数作为标准磨口仪器的编号，通常标准口有 10、14、19、24、29 和 34 等多种编号。这种仪器具有标准化、通用化、系列化的特点。相同编号的内外磨口可以紧密连接。编号不同的仪器则可借助于不同编号的磨口接头使之连接。

标准磨口玻璃仪器的图例、规格、用途及注意事项如表 1-4-2 所示。

表 1-4-2　常用标准磨口仪器

仪器图例	规格	主要用途	注意事项
短颈圆底烧瓶　长颈圆底烧瓶 短颈平底烧瓶　梨形烧瓶 梨形蒸馏烧瓶　梨形克氏蒸馏烧瓶 直三口烧瓶　斜三口烧瓶 烧瓶	以容积（mL）表示。从形状分，有圆形、茄形和梨形；有细口、厚口、磨口；平底、圆底；长颈、短颈；二口、三口等	1. 圆底烧瓶：在常温或加热条件下作反应容器 2. 平底烧瓶：配制溶液或代替圆底烧瓶，不耐压，不能用于减压蒸馏 3. 梨形烧瓶：少量实验时用 4. 三口烧瓶：用于需要搅拌的实验，中间插搅拌器，两边插温度计、加料管或滴液漏斗、冷凝管等	1. 盛放液体的量不能超过烧瓶容量的 2/3，也不能太少 2. 固定在铁架台上，下垫石棉网加热，不能直接加热 3. 放在桌面上时，下面要有木环或石棉环

续　表

仪器图例	规格	主要用途	注意事项
空气冷凝管　直形冷凝管 球形冷凝管　蛇形冷凝管 刺形分馏柱 (其上支管塞)　刺形分馏柱 **冷凝管**	以外套管长（cm）表示，分空气、直形、球形、蛇形冷凝管等	1. 蒸馏操作时作冷凝用 2. 球形冷凝管热交换面积大，适用于加热回流 3. 直形、空气冷凝管用于蒸馏。沸点低于 140℃ 的物质用直形冷凝管，高于 140℃ 的用空气冷凝管	1. 装配仪器时，先装冷却水橡皮管，再装仪器 2. 套管的下面支管进水，上面支管出水。开冷却水需缓慢，水流不能太大
蒸馏头75° 克氏蒸馏头75° **蒸馏头**	磨口仪器	1. 蒸馏头用于简单蒸馏，上口装温度计，支管接冷凝管 2. 克氏蒸馏头用于减压蒸馏，特别是易发生泡沫或暴沸的蒸馏。正口安装毛细管，带支管的瓶口插温度计	1. 磨口处需洁净，不得有脏物 2. 注意不要让磨口结死，用后立即洗净
接口(口小塞大)	磨口仪器	1. 接头可连接不同规格的磨口 2. 用作塞子	同蒸馏头
弯形接受管105 真空接受管105° 真空三叉接受管 **接受管**	有普通、磨口两种，分单尾、多尾等	1. 承接液体用，上口接冷凝管，下口连接受瓶 2. 单尾接受管可用于简单蒸馏，支管出尾气。也可用于减压蒸馏，支管连接减压系统 3. 双尾接受管用于减压蒸馏，便于接受不同馏分	1. 单尾接受管的支管接橡皮管排尾气 2. 其他同蒸馏头

在使用标准磨口仪器时,必须注意:保持磨口处洁净,不得沾有固态物质,否则会使磨口连接不紧密,甚至损坏磨口;使用后立即拆卸洗净,磨口处不能用去污粉擦洗。

2. 有机反应实验装置的装配与拆卸原则

装配蒸馏装置时,一般先从热源处开始,然后按由下而上、由左而右的顺序将各部件安装平稳正确,接口处不得漏气,整套装置中各个部件的中心线都要在一条直线上(无论是从侧面看还是从背面看)。

实验装置的拆卸方式与装配过程相反,拆卸前,先停止加热,移离热源,待稍冷却后取下收集产品的仪器,再依次逐个拆除其他仪器。

3. 常量有机反应装置

有机实验中,需在加热条件下进行反应,反应时间较长,为使反应正常进行,并防止反应物和溶剂蒸气逸出反应装置,可使用回流装置。回流是将圆底烧瓶内的液态物质加热到沸腾,汽化形成的蒸气经冷凝管冷凝成液体重回到圆底烧瓶中的过程。图 1-4-1 所示为常见回流装置,其主要由圆底烧瓶、冷凝管和热源等组成。

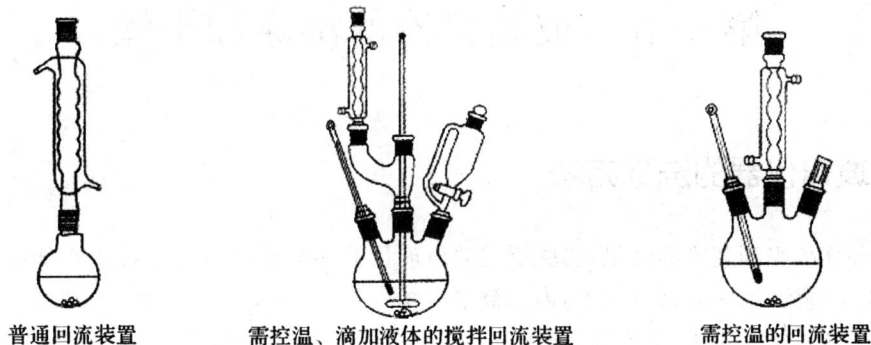

普通回流装置　　　需控温、滴加液体的搅拌回流装置　　　需控温的回流装置

图 1-4-1　常见回流装置

第二章

实验仪器和基本操作技术

第一节　玻璃仪器的洗涤和干燥

一、玻璃仪器的洗涤方法

为了使实验得到正确的结果,实验所用的玻璃仪器必须是洁净的。玻璃器皿是否洗净的标志是:加水倒置,水顺着器壁流下,内壁被水湿润有一层薄而均匀的水膜,不挂水珠。洗涤玻璃仪器的一般方法是用水、洗衣粉、去污粉刷洗,对难洗净的污垢可用适宜的洗液洗涤,再用水冲洗干净备用。分析化学实验仪器还需用少量蒸馏水淋洗2~3次。

1. 用水刷洗

用毛刷刷洗仪器(从里到外),每次刷洗用水不必太多,可以去掉仪器上附着的可溶性物质及表面沾附的灰尘,但不能除去油污等有机物质。

2. 用洗涤剂洗

化学实验室中常用的洗涤剂有肥皂液、洗洁精、洗衣粉、去污粉等。洗涤时用蘸有洗涤剂的毛刷擦拭仪器,再用自来水冲洗干净,可除去油污等有机物,最后用蒸馏水洗去自来水带来的钙、镁、铁、氯等离子。

3. 用铬酸洗液洗

铬酸洗液具有强酸性、强氧化性,对有机物、油污等的去除能力特别强。实验中常用的移液管、容量瓶和滴定管等具有精确刻度的玻璃仪器,可恰当地选择洗液来洗。具体方法是往器皿内加入少量洗液,使器皿倾斜并慢慢转动,让器皿内壁全部被洗液润湿,转几圈后将洗液倒回原瓶中,再用自来水将内壁残留的洗液洗去,最后用蒸馏水冲洗2~3次。

铬酸洗液的配制：称取 10g $K_2Cr_2O_7$ 固体于烧杯中，加入 20mL 水，加热溶解后，冷却，在搅拌下慢慢加入 200mL 浓硫酸，溶液呈深褐色，储存于玻璃瓶中备用。洗液可反复使用，用后倒回原瓶并密闭，以防吸水，当洗液颜色变为暗绿色时即失效，不能继续使用。

由于铬酸溶液腐蚀性很强，易烫伤皮肤，烧坏衣物，且铬酸有毒，故在使用时要注意安全和环境保护。

4. 特殊污物的洗涤方法

对于某些污物用通常的方法不能洗涤除去时，可通过化学反应将黏附在器壁上的物质转化为水溶性物质除去。例如，沾在器壁上的二氧化锰用浓盐酸处理可使之溶解；盛放高锰酸钾后的容器可用草酸溶液清洗；铁盐引起的黄色污物可加入稀盐酸或稀硝酸浸泡片刻除去。

洗净后的仪器，不可用布或纸擦拭，不要用手摸，不要与其他物体接触，以免再次玷污。

二、玻璃仪器的干燥方法

做实验经常要用到的仪器应在每次实验完毕之后洗净干燥备用。用于不同实验的仪器对干燥有不同的要求，一般定量分析中的烧杯、锥形瓶等仪器洗净即可使用，而用于有机化学实验或有机分析的仪器大多是要求干燥的。

玻璃仪器的干燥方法主要有下列几种。

1. 自然晾干

不急用的，要求一般干燥的仪器可倒置在干净的仪器架上或仪器柜内自然晾干。

2. 加热烘干

对于试剂瓶、烧杯、试管等非计量玻璃器皿，可使用电烘箱烘干，烘干温度一般控制在 105℃左右，仪器放进烘箱前应尽量把水倒净。能直接加热的仪器如烧杯、试管也可直接用小火加热烘干。加热前，要把仪器外壁的水擦干；加热时，仪器口要略向下倾斜。

3. 热(冷)风吹干

对于带有刻度的计量器皿，如量筒、滴定管、容量瓶等，不能用加热烘干的方法进行干燥，否则会影响精度。通常用少量乙醇、丙酮(或最后再用乙醚)倒入已控去水分的仪器中，使内壁均匀润湿后倒出，然后用电吹风吹，开始用冷风吹 1～2min，当大部分溶剂挥发后吹入热风至完全干燥。此法亦可用于急用器皿的干燥。

4. 气流烘干器

气流烘干器用于快速烘干实验室各类玻璃仪器。它具有快速、节能、无水渍、使用方便、维修简单等优点。常见的玻璃气流烘干器有 A、B、C 型三种型号，A 型为基本型，无调温控制装置；B 型为改进型，有调温自动控制装置(可调温 40～120℃)；C 型为全不锈钢调温型(可调温 40～120℃)。A 型使用时将电源插头插入 220V 交流电源，打开定时器上的开关，指示灯亮，**按需要调**

图 2-1-1　气流烘干器

好定时器上的时间,仪器即进入工作状态。使用时,将仪器洗干净后,甩掉多余的水分,然后将仪器套在烘干器的多孔金属管上。然后将需烘干器皿的水滴甩干,试管口朝下插入支架内烘干即可。B型和C型使用时,除打开定时器上的开关外,还需要调节恒温开关来控制箱内温度。注意随时调节空气的温度。气流烘干器不宜长时间加热,以免烧坏电机或电热丝。

第二节　常用器皿的校正

由于玻璃加工工艺的原因和热胀冷缩的特征,在不同温度条件下使用的量器,其实际容积往往会与其所标示的体积不完全相符。因此,对于准确度要求较高的分析,必须对量器进行校正,以满足准确分析测定的要求。容量器皿的校准方法通常有称量法和相对校准法两种。

一、称量法

滴定管、移液管、容量瓶的实际容积常采用称量法校准。称量法是指在校准室内温度波动小于1℃/h,所用器皿和水都处于同一室温时,用分析天平称出容量器皿所量入或量出的纯水的质量,然后根据该温度下水的密度,将水的质量换算为容积。由于水的密度和玻璃容器的体积随温度的变化而改变,以及在空气中称量受到空气浮力的影响,因此将任一温度下水的质量换算成容积时必须对下列三点加以校准:

(1)校准温度下水的密度。

(2)校准温度下玻璃的热膨胀。

(3)空气浮力对所称物的影响。

为了便于计算,将此三项校正值合并而得一综合换算系数 f(见表2-2-1),表中的数字表示在不同温度下,用纯水充满1标准升(20℃)玻璃容器时,在空气中用黄铜砝码称取水的质量的0.1%的倒数。

表 2-2-1　在不同温度下纯水体积的综合换算系数

$t/℃$	$f/\text{mL} \cdot \text{g}^{-1}$	$t/℃$	$f/\text{mL} \cdot \text{g}^{-1}$	$t/℃$	$f/\text{mL} \cdot \text{g}^{-1}$	$t/℃$	$f/\text{mL} \cdot \text{g}^{-1}$
0	1.00176	11	1.00168	22	1.00321	33	1.00599
1	1.00168	12	1.00177	23	1.00341	34	1.00629
2	1.00161	13	1.00186	24	1.00363	35	1.00660
3	1.00156	14	1.00196	25	1.00385	36	1.00693
4	1.00152	15	1.00207	26	1.00409	37	1.00725
5	1.00150	16	1.00221	27	1.00433	38	1.00760
6	1.00149	17	1.00234	28	1.00458	39	1.00794
7	1.00150	18	1.00249	29	1.00484	40	1.00830
8	1.00152	19	1.00265	30	1.00512		
9	1.00156	20	1.00283	31	1.00535		
10	1.00161	21	1.00301	32	1.00569		

根据综合换算系数 f 即可算出在测定温度下,一定质量纯水在20℃时的实际体积:

$$V = f \cdot m$$

例如,某支25mL移液管在24℃放出的纯水质量为24.918g,在该温度时综合换算系数 $f=1.00363$,移液管在20℃时的实际容积为:

$$V = 1.00363 \times 24.918 = 25.01(mL)$$

即该移液管的校准值(20℃)为:

$$\Delta V = 25.01 - 25.00 = +0.01(mL)$$

二、相对校准法

用一个已校准的玻璃容器间接地校准另一个玻璃容器,称为相对校准法。在滴定分析中,要求确知两种量器之间的比例关系时,可用此法,最为常用的是用校准过的移液管来校准容量瓶的容积。如用洗净的25mL移液管吸取蒸馏水,放入洗净沥干的250mL容量瓶内,平行移取10次,观察容量瓶中水的弯月面下缘是否与刻线相切,若不相切,记下弯月面下缘的位置,再重复实验一次。连续两次实验相符后,用一平直的窄纸条贴在与水弯月面下缘相切之处,并在纸条上刷蜡或贴一块透明胶布以保护此标记。以后使用的容量瓶与移液管即可按所标记配套使用。

各种容量仪器均有一定的容积公差,具体如表2-2-2、表2-2-3和表2-2-4所示。容量仪器的操作是否正确是校准成败的关键,不正确操作的校正结果误差大,甚至可能超过允差或量器本身的误差。因而在校准时务必正确、仔细地进行操作,尽量减小校准误差。

表 2-2-2　移液管的容积公差

移液管			吸量管		
容积/mL	公差/±mL		容积/mL	公差/±mL	
	A 级	B 级		A 级	B 级
0.50	0.006	0.012	0.10		0.005
1.00	0.006	0.012	0.20		0.008
2.00	0.006	0.012	0.25		0.008
3.00	0.01	0.02	0.5		0.01
4.00	0.01	0.02	0.6		0.01
5.00	0.01	0.02	1.00		0.02
10.00	0.02	0.04	2.00		0.02
15.00	0.03	0.06	5.00		0.04
20.00	0.03	0.06	10.00		0.06
25.00	0.03	0.06	25.00		0.10
50.00	0.05	0.10			
100.00	0.08	0.16			

表 2-2-3　容量瓶的容积公差

容积/mL	公差/±mL		容积/mL	公差/±mL	
	A 级	B 级		A 级	B 级
5	0.02	0.04	200	0.10	0.20
10	0.02	0.04	250	0.12	0.24
25	0.03	0.06	500	0.20	0.40
50	0.05	0.10	1000	0.30	0.60
100	0.08	0.16	2000	0.50	1.00

表 2-2-4　滴定管的容积公差

容积/mL	分度/mL	公差/±mL	
		A 级和精密级	B 级和标准级
10	0.05	0.02	0.04
25	0.10	0.03	0.06
50	0.10	0.05	0.10
100	0.20	0.10	0.20

第三节　滴定分析基本操作

　　滴定管、移液管和容量瓶是常量分析实验中常用的量器。它们的正确使用是滴定分析实验最重要的基本操作技术。

一、滴定管

　　滴定管是滴定时准确测量标准溶液体积的量器。滴定管一般分为两种:一种是酸式滴定管,用于盛放酸类溶液或氧化性溶液,因为碱性溶液会腐蚀玻璃的磨口和活塞;另一种是碱式滴定管,用于盛放碱类溶液,不能盛放氧化性溶液。

　　常量分析的滴定管常用的容积有 50mL 和 25mL,最小刻度为 0.1mL,读数可估计到 0.01mL。酸式滴定管的下端有一个玻璃活塞,用以控制溶液的滴出速度。碱式滴定管的下端有胶管连接带有尖嘴的小玻璃管,胶管内装一个圆玻璃球,用以堵住溶液。使用时,左手拇指和食指捏住玻璃球部位稍上的地方,向一侧挤压胶管,使胶管和玻璃球间形成一条缝隙,溶液即可流出(见图 2-3-1)。

　　滴定管的使用包括洗涤、检漏、涂油、润洗、排气泡、滴定操作和读数等步骤。

图 2-3-1　碱式滴定管放液

1. 洗涤

当滴定管没有明显污染时,可以直接用自来水冲洗。也可采用合成洗涤剂洗涤滴定管(包括移液管、吸量管、容量瓶等精确刻度的仪器),方法是将配成 0.1%～0.5% 的洗涤液倒入容器中,摇动几分钟,弃去,再用自来水冲洗干净。如果未能洗净,则采用洗液洗涤(碱式滴定管应除去乳胶管,用橡胶帽将滴定管下口堵住),装入 5～10mL 洗液,双手平托滴定管的两端,不断转动滴定管,使洗液润洗滴定管内壁。洗完后将洗液从下端放回原洗液瓶中,再用自来水、蒸馏水洗净。洗净后的滴定管内壁应被水均匀润湿且不挂水珠。

2. 检漏、涂油

滴定管的检漏方法:关闭活塞,装水至"0"刻度线以上,直立放置约 2min,仔细观察刻度线上的液面有没下降,滴定管下端有无水滴滴下或活塞隙缝中有无水渗出,然后将活塞转动 180°,直立放置 2min 后进行上述观察,如有漏水现象,应将活塞取出,重新涂凡士林后再使用。碱式滴定管使用前应检查橡皮管是否老化、变质;选择大小适中的玻璃珠,否则会造成漏水或流出溶液困难。

活塞涂凡士林的方法:把滴定管平放在桌面上,取下活塞,将活塞和活塞套用滤纸擦干,用手指沾少量凡士林,在活塞近把手的一端和活塞套的小口一端抹上薄薄的一层凡士林。涂凡士林时,不要涂得太多,以免活塞孔被堵住,也不要涂得太少,达不到转动灵活和防止漏水的目的。把涂好凡士林的活塞插入槽中,向同一方向转动活塞,直到从外面观察全部透明为止。

3. 润洗、排气泡

滴定前应用少量滴定溶液润洗滴定管三次,每次 5～10mL,以保证不影响滴定液的浓度。只能将滴定溶液直接倒入滴定管中,不得用其他容器(如烧杯、漏斗等)来转移。

滴定管充满滴定溶液后,应检查管的出口下部尖嘴部分是否充满溶液,如果留有气泡,需要将气泡排除。酸式滴定管排除气泡的方法:右手拿滴定管上部无刻度处,并使滴定管倾斜 30°,左手迅速打开活塞,使溶液冲出管口,反复数次,即可达到排除气泡的目的。碱式滴定管排除气泡的方法:用左手拇指和食指撅捏稍高于玻璃珠所在的乳胶管,使其形成一道细缝隙,同时使流液嘴向上弯曲,流出的溶液即可将气泡排出(见图 2-3-2)。

4. 滴定操作

调节滴定管内溶液的弯月面在 0.00～1.00mL,将滴定管固定在滴定管架上,滴定管下端插入锥形瓶瓶口下 1～2cm 处。滴定时左手拇指、食指和中指控制玻璃活塞,转动活塞使溶液滴出,右手持锥形瓶沿顺时针方向做圆周摇动,使溶液混合均匀(见图 2-3-3)。

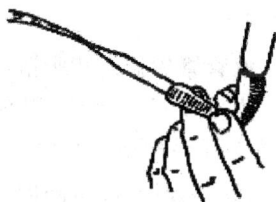

图 2-3-2　碱式滴定管排气泡的方法　　　　　图 2-3-3　滴定操作手法

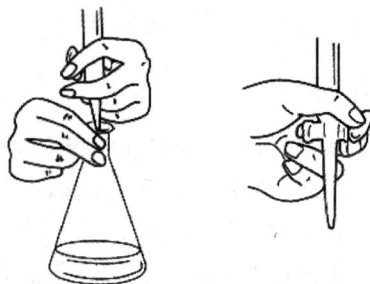

开始滴定时,液体滴出可快一些,但应成滴而不成线,每秒约 3～4 滴,滴定溶液滴入点周围将出现瞬间颜色变化并扩散到全溶液,且随瓶子的摇动很快消失。当瓶子中溶液颜色在摇动时褪去变慢时,说明滴定终点将要到达,这时应改为一滴一滴加入,即加一滴摇几下,再加,再摇。最后控制液滴悬而不落,用锥形瓶内壁将溶液沾下(相当于半滴),用洗瓶冲洗锥形瓶内壁,摇匀,如颜色变化不再消失,即为终点。

5. 读数

为了使读数准确,在装满或放出溶液后,等待 1～2min,使附在内壁的溶液流下后再调节零点或读数。读数时应将滴定管从滴定架上取下,用右手拇指和食指捏住滴定管上部无刻度处,使滴定管保持垂直,然后再读数。

滴定管内的液面呈弯月形,无色和浅色溶液读数时,视线应与弯月面下缘的最低点相切,读取弯月面下缘最低点(见图 2-3-4)。深色溶液读数时,视线应与液面两侧的最高点相切,读取液面两侧的最高点,注意:需采用同一标准读数方法读取初读数和终读数。读数必须读到小数后第二位,即要求估计到 0.01mL。

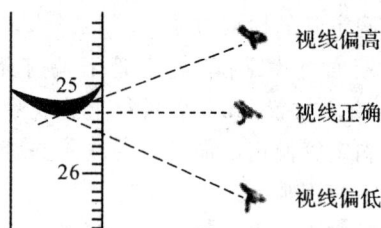

图 2-3-4 读数时视线位置

二、移液管和吸量管

移液管和吸量管是用来准确移取一定体积溶液的量器。移液管是一根细长而中间膨大的玻璃管,在管的上端有一环形标线,膨大部分标有它的容积和标定时的温度。常用的移液管有 10mL、25mL 和 50mL 等规格。吸量管通常内径均匀且带有分刻度。吸量管用于移取不同体积的溶液,一般只移取小体积的溶液。常用的吸量管有 1mL、2mL、5mL、10mL 等规格。

移液管使用方法简单介绍如下。

1. 洗涤、润洗

移液管使用前用少量洗液润洗后,用自来水冲洗干净,再用蒸馏水淋洗三次,洗净的移液管整个内壁和下部的外壁不挂水珠。

移取溶液前,用滤纸片将洗干净的移液管的尖端内外残留的水吸干,然后用待吸取溶液润洗三次。方法:吸入溶液至刚入膨大部分,立即用右手食指按住管口(不要使溶液回流,以免稀释),将移液管横过来,转动移液管并使溶液布满全管内壁,当溶液流至距上管口 2～3cm 时,将管直立,使溶液由尖嘴放出,弃去。

2. 移取溶液

移取溶液时,右手拇指和中指拿住管颈标线的上部,将移液管管尖插入待吸溶液液面以下约 1～2cm 处。管尖不要插入太深,以免外壁沾带溶液过多;也不要插入太浅,以免液面下降时吸空。左手拿洗耳球,排除空气后紧按在移液管口上,慢慢松开手指使溶液吸入管内,移液管应随瓶中液面的下降而下降。当液面上升至标线以上时,迅速移去洗耳球,随即用右手食指按住管口,将移液管提离液面,然后使盛液容器倾斜约 30°,使其内壁与移液管尖紧贴,稍微放松食指,同时轻轻转动移液管,使液面缓慢下降,直到溶液的弯月面与标线相切时,立即按紧食指使溶液不再流出,并用滤纸将移液管管尖外壁上黏附的溶液迅速拭去。

移开盛液容器,左手改拿接收溶液的容器,并将接收容器倾斜,使内壁紧贴移液管尖成 30°左右(见图 2-3-5),然后放松右手食指,使溶液自然地沿壁流下,待下降的液面静止后,轻轻转动移液管 2~3 次,再等待 15s,取出移液管。最后尖嘴内余下的少量溶液,不必吹入接收容器中,因为原来标定移液管体积时,这点体积已不在其内(如移液管上标有一个"吹"字,则一定要将尖嘴内余下的少量溶液吹入接收容器中),这样从管中流出的溶液正好是管上标明的体积。

吸量管的使用方法与移液管相同,但移取各个体积的溶液时,均应从 0.00mL 开始。

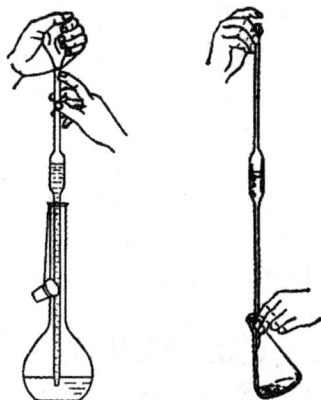

图 2-3-5　吸取溶液和放出溶液

三、容量瓶

容量瓶是一种细颈梨形的平底玻璃瓶,带有磨口玻璃塞或塑料塞,颈上有标度刻线,表示在所指温度(一般为 20℃),液体充满至标线时的准确容积。常用容量瓶有 50mL、100mL、250mL、500mL 等规格。配制准确浓度的溶液时要用容量瓶,其使用方法如下。

1. 检漏

容量瓶使用前需检查是否漏水,检查方法:加自来水至刻度线附近,盖上瓶塞,用食指按住塞子,将瓶倒立 2min,用干滤纸片沿瓶口缝隙处检查有无水渗出,如果不漏水,将瓶塞旋转 180°,用同法检查,仍不漏水则可使用。为了避免塞子打破或遗失,应用橡皮筋或细绳把塞子系在瓶颈上。

2. 洗涤

容量瓶的洗涤方法与移液管相似。使用前用少量洗液润洗后,用自来水冲洗干净,再用蒸馏水淋洗三次。洗净的容量瓶内壁应被蒸馏水均匀润湿,不挂水珠。

3. 配制溶液

将准确称取的固体物质置于小烧杯中,加水或其他溶剂将固体溶解,然后将溶液定量转入容量瓶中(见图 2-3-6)。定量转移溶液时,右手拿玻璃棒,左手拿烧杯,使烧杯嘴紧靠玻璃棒,而玻璃棒则悬空伸入容量瓶口中,玻璃棒的下端应靠在瓶颈内壁上,使溶液沿玻璃棒和内壁流入容量瓶中。烧杯中溶液流完后,将烧杯沿玻璃棒轻轻上提,同时将烧杯直立,再将玻璃棒放回烧杯中。用蒸馏水冲洗烧杯几次,洗涤液转入容量瓶中,然后加蒸馏水至容量瓶的 2/3 容积时,拿起容量瓶,按同一方向摇动,使溶液初步混匀。继续加水至距离标度刻线约 1cm处后,稍停,使附着在瓶颈内壁上的溶液流下,用滴管滴加蒸馏

图 2-3-6　转移溶液的操作

水至弯月面下缘与标线恰好相切。盖上干的瓶塞,用左手食指按住塞子,其余手指拿住瓶颈标线以上部分,右手用指尖托住瓶底,将瓶倒转并摇动,再倒转过来,使气泡上升到顶,如此反复多次,使溶液充分混合均匀。

容量瓶不宜长期存放溶液,应转移到磨口试剂瓶中保存。

第四节　加热、灼烧和制冷技术

一、加热和灼烧

加热是实验室中常用的实验手段。根据实验对温度控制要求的不同,可以选用不同的热源加热。

1. 煤气灯、酒精灯直接加热

煤气灯、酒精灯可用于一些对温度控制要求不严的场合进行直接加热。直接加热方法简单、升温快、热度高,但温度不易控制,器皿受热也不均匀。

加热烧杯、锥形瓶、烧瓶等玻璃器皿中的液体时,必须放在石棉网上,所盛液体不应超过烧杯的 1/2 或锥形瓶、烧瓶的 1/3。加热试管中的液体时,所盛液体不应超过试管高度的 1/3,用试管夹夹在试管中部偏上的位置,管口不要对着人,小火缓慢加热,注意安全。加热试管中固体时,所加固体在试管中要铺开,管口略向下倾斜。

用煤气灯灼烧坩埚或加热固体时,坩埚要放在泥三角上,用氧化焰灼烧。先用小火加热,然后逐渐加大火焰灼烧。高温下取坩埚时,要用坩埚钳。

2. 水浴、油浴和沙浴加热

水浴加热通常在水浴锅或烧杯中进行,适用于 95℃ 以下的恒温加热,如果需要加热到 100℃ 时,可用沸水浴或蒸气浴;水中加入某些盐类,因溶液沸点升高也可使水浴温度更高。电加热的恒温水浴锅(见图 2-4-1)是实验室中常用的水浴锅,它通过调温器恒定水浴锅中加热电炉丝的电阻来恒定水浴的温度。水浴锅盖子由一组口径不同的同心金属圆环组成,可按加热容器的外径

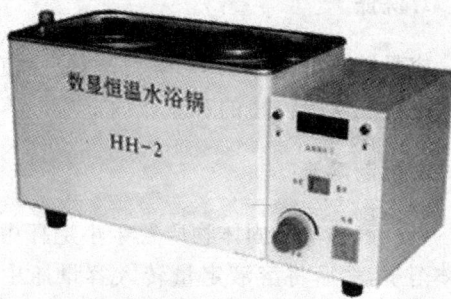

图 2-4-1　恒温水浴锅

去掉部分圆环,原则是尽可能增大容器的受热面积而又不能掉进水浴锅中。使用水浴锅加热时,应注意如下事项:

(1)水浴锅内的存水量应保持在总体积的 2/3 左右。

(2)受热仪器不能触及水浴底部。

(3)水浴锅中水的液面应略高于被加热容器内反应物的液面。

当被加热物质要求受热均匀,温度又高于 100℃ 时,可用油浴或沙浴。油浴传热均匀,容

易控制温度。油浴所能达到的最高温度取决于所用油的种类。常用的油有甘油、液状石蜡油、植物油和硅油等。甘油只能加热到 140～150℃，温度过高时易分解；石蜡油可加热到 220℃，温度过高虽不易分解，但时间长了会冒烟且易燃烧；硅油在 250℃ 以上时仍较稳定，但价格较贵。油浴中应悬挂温度计，以便随时控制加热温度。通常配置控温仪以自动调节浴温，保持所需温度。实验完毕后应把容器提出油浴液面，并仍用铁夹夹住，放置在油浴上面。待附着在容器外壁上的油流完后，用纸或干布把容器擦净。

加热温度必须达到数百摄氏度时往往使用沙浴。一般将洁净干燥的细沙平铺在铁盘上，将容器半埋在沙浴中，在铁盘下放置电炉加热。由于沙对热的传导能力较差而散热却快，所以容器底部与沙浴接触处的沙层要薄些，使容器容易受热；容器周围的沙层要厚些，使热量不易散失。沙浴中应插温度计，以控制温度，温度计的水银球应紧靠容器。使用沙浴时，桌面要铺石棉板，以防辐射热烤焦桌面。

3. 电加热

电热套又称封闭可调电炉，是一种较好的热源，有控温装置可调节温度，最高温度可达450℃左右（见图 2-4-2）。它的容积大小一般与烧瓶的容积相匹配，根据内套直径大小有 50mL 至 5L 等不同规格的电热套。由于它热效率高，适应加热温度范围较广，且不是明火加热，使用比较安全，所以在实验室中常用作蒸馏、回流等操作的热源。电热套相当于一个均匀加热的空气浴，使用电热套时应注意：受热容器应悬置在电热套的中央，不能接触内套的内壁；不能将药品洒落在电热套中，以免电热丝被腐蚀或药品在加热时挥发污染环境；用完后应将电热套放在干燥处。

马弗炉是利用电热丝或硅碳棒加热的高温炉，属于高温电炉，主要用于高温灼烧或进行高温反应（见图 2-4-3）。采用电热丝作加热元件的马弗炉最高使用温度可达 950℃ 左右。在马弗炉内不允许加热液体和其他易挥发的腐蚀性物质。如果要灰化有机物成分，在加热过程中应打开几次炉门，通空气进去。

图 2-4-2　电热套

图 2-4-3　SX2 系列马弗炉

二、制冷技术

实验中，为了控制适当的反应速度，需要把温度控制在一定的低温范围内，这就需要进行适当的冷却。一般将装有反应物的容器浸入冷却剂中就可达到冷却的目的。冷却剂的选择是依冷却的温度而定的。通常降温用冷水浴，用冰水混合物可以使温度降得更低些；若要保持反应在 0℃以下进行,则需要冰盐浴,如表 2-4-1 和表 2-4-2 所示;若要达到更低温度,可用干冰与乙醇或丙酮的混合物,可冷却至 -78℃;液氮也是常用的低温冷浴介质,可冷至 -188℃,购买和使用都很方便,使用时注意不要冻伤。另外要注意当温度低于 -38℃时,不能使用水银温度计。

表 2-4-1　盐和水(冷至 15℃)混合所达最低温度

盐	在 100 份水中溶解盐的份数	最低温度/℃
$(NH_4)_2SO_4$	75	9
$Na_2SO_4 \cdot 10H_2O$	20	8
$MgSO_4$	85	7
Na_2CO_3	40	6
KNO_3	16	5
$(NH_4)_2CO_3$	30	3
KCl	30	2
$CH_3COONa \cdot 3H_2O$	85	-0.5
NH_4Cl	30	-3
Na_2SO_4	100	-4
$CaCl_2$	250	-8
NH_4NO_3	100	-12
$NH_4Cl + KNO_3$	33+33	-12
NH_4CNS	133	-16
$KCNS$	100	-24
$NH_4Cl + KNO_3$	100+100	-25

表 2-4-2　盐或酸与雪或碎冰混合所达最低温度

加入雪中的物质	100 份雪中加入物质的份数	最低温度/℃
Na_2CO_3	20	-2
KCl	30	-11
NH_4Cl	25	-15
NH_4NO_3	50	-17
38% HCl	50	-18
浓 H_2SO_4	25	-20
$NaCl$	33~100	-20~-22
$CaCl_2 \cdot 6H_2O$	41	-9
$CaCl_2 \cdot 6H_2O$	82	-21.5
$CaCl_2 \cdot 6H_2O$	100	-29
$KNO_3 + NH_4NO_3$	9+14	-25
KCl(工业用)	100	-30

第五节　分离与提纯技术

一、过　滤

固相和溶液的分离方法通常有倾析法、过滤法和离心分离法三种。当晶体或沉淀的颗粒较大，静止后能自然沉降至容器底部时，上层清液可由倾析法除去。当晶体颗粒较细或沉淀较轻时需用过滤方法进行固液分离。对于少量溶液与沉淀的分离，也可用离心分离法。离心分离在离心机中进行，注意离心分离时需把离心试管对称地放入电动离心机的套管内，以保证离心机的平衡。

相对来说，固相和溶液的三种分离方法中过滤法设备简便、操作简单、分离效果好，在基础化学实验中最为常用。常用的过滤方法有常压过滤和减压过滤两种。

1. 常压过滤

常压过滤最为简便，也是最常用的固—液分离方法。使用时应根据沉淀的具体情况选择适合的滤纸和漏斗。圆形滤纸对折两次成扇形，展开成圆锥形，一边为三层，一边为一层，放入玻璃漏斗中，使其与漏斗内壁紧贴，如果滤纸与漏斗不十分密合，可改变滤纸折叠角度，使之与漏斗角度相适应。

用食指把滤纸按在漏斗的内壁上，用少量蒸馏水润湿，赶尽滤纸与漏斗壁之间的气泡，使其紧贴在漏斗上，滤纸边缘应略低于漏斗边缘。

把带滤纸漏斗放在漏斗架上，使漏斗末端紧靠在接受滤液容器的内壁，以免滤液溅失。过滤时，为了避免沉淀堵塞滤纸的空隙，影响过滤速度，一般多采用倾泻法过滤（见图 2-5-1）。首先把清液倾入漏斗中，让沉淀尽可能地留在烧杯内，再用玻璃棒搅起沉淀物连同溶液一起转移到滤纸上，附在烧杯壁上的沉淀可用少量蒸馏水或母液冲洗下来转移至滤纸上。倾入溶液时，应让溶液沿着玻璃棒流入漏斗中，玻璃棒应直立，下端对着三层厚滤纸一边，并尽可能接近滤纸，但不要与滤纸接触。

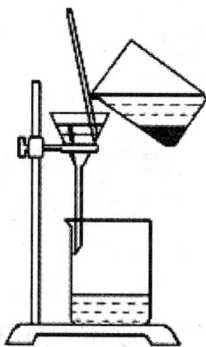

图 2-5-1　常压过滤装置　　　　　　　　图 2-5-2　减压过滤装置

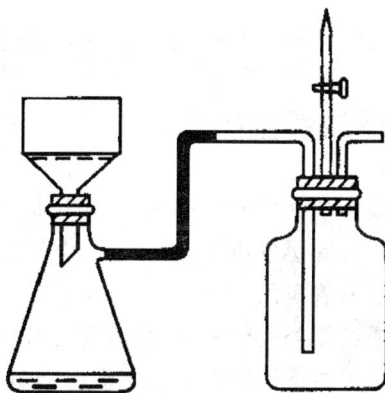

2. 减压过滤

减压过滤又叫抽滤、吸滤或真空过滤,可加快过滤速度,并把沉淀抽滤得比较干燥。抽滤装置包括三部分,即布氏漏斗、抽滤瓶和抽气装置(水循环式真空泵、油泵或水泵等),装置如图 2-5-2 所示。图 2-5-3 所示为常用的循环多用真空泵结构,图 2-5-4 所示为循环水 SHZ-D(Ⅲ)真空泵。

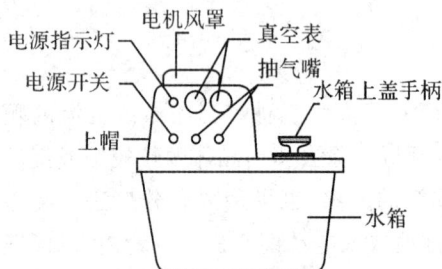

图 2-5-3　循环多用真空泵

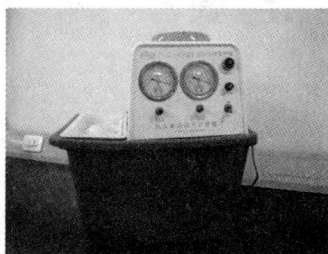

图 2-5-4　循环水 SHZ-D(Ⅲ)真空泵

抽滤瓶是一个厚壁并有侧管的锥形瓶,侧管通过橡皮管与抽气装置相连,抽滤瓶上口经橡皮塞与布氏漏斗相连。布氏漏斗底部有许多小孔,漏斗底部放上一张直径略小于漏斗内径、恰好能盖住所有小孔的圆形滤纸。抽滤前先用少量溶剂润湿滤纸,然后打开抽气装置(安全瓶上如有活塞,应关闭),使滤纸紧贴于漏斗底部,防止晶体在抽滤时自滤纸边缘吸入抽滤瓶中。布氏漏斗的斜口要正对抽滤瓶的侧管。抽滤时先打开抽气装置抽气,然后用玻棒将晶体与母液搅拌,分批倒入布氏漏斗中,并用少量溶液洗涤,洗涤时应先停止抽滤。为了使溶剂和结晶更好地分离,应尽量抽干,必要时可用玻塞在结晶表面上用力挤压。停止抽滤时,应先将抽滤瓶与抽气装置间连接的橡皮管拆开(或将安全瓶上的活塞打开),再关闭抽气装置,以免水流倒吸。强酸性或强碱性的液体过滤时,在布氏漏斗上应铺以涤纶布、氯纶布等来代替滤纸。

循环水 SHZ-D(Ⅲ)真空泵是以循环水作为流体,利用射流产生负压的原理而设计的一种新型多用真空泵,广泛用于蒸发、蒸馏、结晶、减压过滤、升华等操作中。由于水可以循环使用,避免了水被直接排放,节水效果显著,是一种理想的实验室减压设备。使用时应注意:

(1)真空泵抽气口最好接一个缓冲瓶,以免停泵时水被倒吸入反应瓶中。

(2)开泵前,应检查装置间的连接是否良好,然后打开缓冲瓶上的旋塞。开泵后,用旋塞调至所需要的真空度。关泵时,先打开缓冲瓶上的旋塞,拆开各连接部件后再关泵,切忌相反操作。

(3)应经常补充和更换泵中的水,以保持水泵的清洁和真空度。

二、蒸发和结晶

为了使溶质从溶液中析出,常采用加热的方法使水分不断蒸发,溶液不断浓缩而析出晶体。蒸发一般在蒸发皿中进行,因为它的表面积较大,有利于快速蒸发,蒸发皿中所盛液体的量不得超过其容量的 2/3。

当物质的溶解度较大时,必须蒸发到溶液表面出现晶膜时才可停止加热。当物质的溶解度较小或高温时溶解度较大而室温时溶解度较小时,不必蒸发至液面出现晶膜就可以冷却。

析出晶体颗粒的大小与结晶条件有关。如果溶液的浓度高,或溶质的溶解度小,当溶液冷却得快时,析出的晶粒就细小;反之,可得到较大颗粒的晶体。有时为了促使晶体析出,可采用搅拌、加入小晶种或摩擦器壁等方法。

如果第一次得到的晶体纯度不符合要求,可以将所得晶体溶解于适量的溶剂中,再重新蒸发(或冷却)、结晶、分离,便可得到较纯净的晶体,这种操作称为重结晶。**根据被提纯物质的纯度要求,可进行多次重结晶操作。**

三、蒸　馏

1. 常压蒸馏

液体有机化合物的纯化和分离以及溶剂的回收,经常采用蒸馏的方法来完成。蒸馏就是将液态混合物加热到沸腾变为蒸气,然后将蒸气冷凝为液体而收集的过程。例如,将沸点相差较大的液体蒸馏时,由于低沸点成分较易挥发,在蒸气中占有较高的比例,冷凝后所得的液体中是低沸点成分含量较高的混合物,然后蒸馏出沸点较高的成分,不挥发的成分留在蒸馏器内而达到分离的目的。为了达到纯化目的,沸点比较接近的馏分须经过若干次的蒸馏。纯净的液态有机物在蒸馏过程中沸点范围很小(0.5~1.0℃),所以蒸馏可以用于沸点的测定。

一套蒸馏装置包括蒸馏烧瓶、蒸馏头、温度计及套管、冷凝管、接受管和接收瓶(见图2-5-5)。

蒸馏瓶要根据蒸馏物的量来选择,蒸馏物液体的体积一般不要超过蒸馏瓶容积的2/3,也不要少于1/3;磨口温度计可直接插入蒸馏头,普通温度计通过温度计套或带孔的胶塞固定在蒸馏头的上口处。温度计水银球的顶部应和蒸馏头侧管的下端在同一水平线上(见图2-5-5);液体沸点高于130℃时用空气冷凝管,低于130℃时用水冷凝管,冷凝管的下端侧管为进水口,上端为出水口,且应向上,才能使套管内充满水而保证冷凝效果。

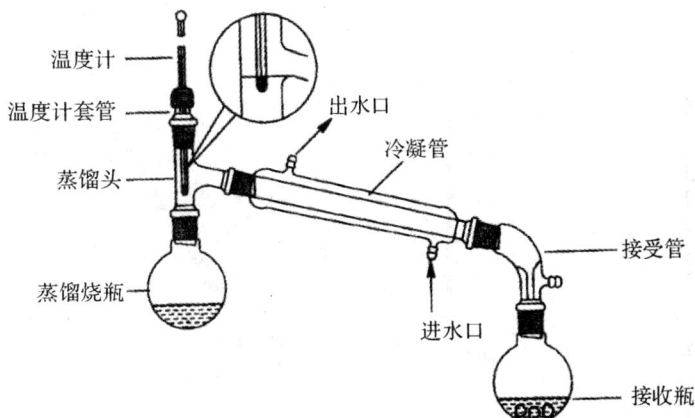

图 2-5-5　常压蒸馏装置

常压蒸馏时一定要避免造成封闭体系,体系压力过大容易发生爆炸。蒸馏易吸潮的液体时,应在接液管的支管处连一干燥管。

在蒸馏操作时还必须注意以下几点:

(1)须在仪器安装稳妥后,通过长颈漏斗将蒸馏液加入蒸馏瓶中(不用漏斗时,须沿瓶颈支管口对面的瓶壁慢慢倾入),以免液体流入支管。

(2)加热时应根据液体沸点的高低选用适宜的热源。对沸点在80℃以下的易燃性液体,宜用沸水浴加热,高沸点的液体一般可用火焰直接加热。蒸馏瓶下应放置石棉网,使受热均匀,并扩大受热面。也可用电热套加热。

(3)蒸馏时常产生局部过热,导致液体从蒸馏瓶内突然冲出,即所谓暴沸。为使液体平稳地沸腾,防止暴沸出现,在蒸馏前应加沸石(或其他助沸物)。沸石受热后能产生细小气泡,形成许多气化中心,并带走部分热量,使液体平稳地沸腾,从而避免出现暴沸现象。如果加热到近沸腾时才发现未加沸石时,须停止加热,使液体冷却后再补加。如果中途停止加热,液体就会进入沸石的空隙,再受热时不再逸出气泡,原有的沸石即失效,继续蒸馏需要重新加入新的沸石。

(4)须先向冷凝管内缓缓通入冷水,然后用适宜的加热方法加热蒸馏烧瓶使蒸馏液沸腾进行蒸馏,调节温度使蒸馏速度以每秒钟滴出1～2滴馏出液为宜。收集所需温度范围(沸程)的馏出液。

(5)蒸馏操作切忌蒸干,以防止爆炸。蒸馏结束,应先停止加热,再停止通冷却水。

2. 减压蒸馏

某些沸点较高的有机化合物在未达到沸点时往往发生分解或氧化,所以不能用常压蒸馏。液体沸腾的温度是随外界压力的降低而降低的,如果用真空泵连接盛有液体的容器,使液体表面上的压力降低,即可降低液体的沸点。这种在较低压力下进行蒸馏的操作称为减压蒸馏。

减压蒸馏时物质的沸点与压力有关,但有时在文献中查不到与减压蒸馏选择的压力相应的沸点,则减压条件下液体的沸点可由沸点—压力近似关系图推出(见图2-5-6)。

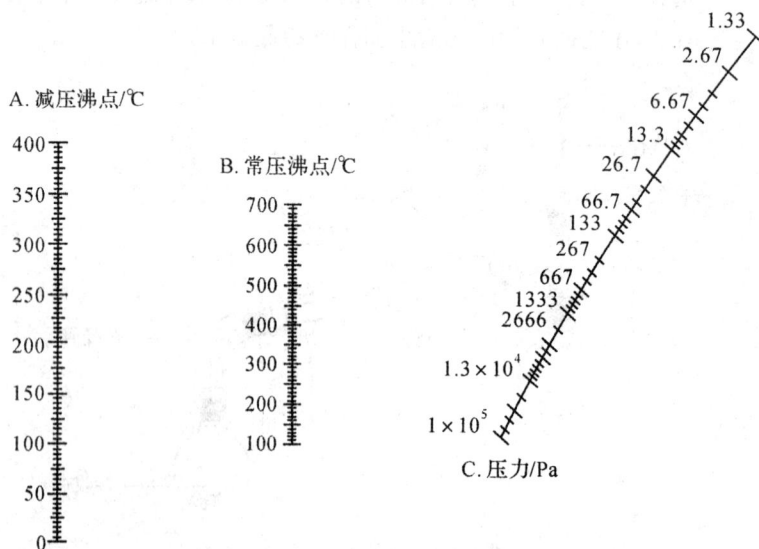

图 2-5-6 液体有机物沸点—压力近似关系图

例如,欲求在常压下沸点为202℃的苯乙酮在2666Pa时的沸点,可从图2-5-6(B)线找出相当于202℃的点,再从图(C)线找出2666Pa的点,连接这两点并延伸到与图(A)线相交的点,这就是苯乙酮在2666Pa时的近似沸点,约93℃。

减压蒸馏装置基本上由蒸馏、减压(抽气)和保护装置等三部分组成(见图2-5-7)。

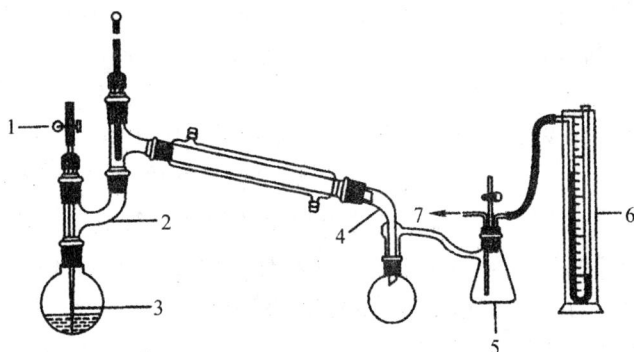

图 2-5-7　减压蒸馏装置

1—螺旋夹；2—克氏蒸馏头；3—毛细管；4—真空接受管；5—安全瓶；6—压力计；7—接抽气泵

蒸馏烧瓶上装置克氏蒸馏头,使用克氏蒸馏头的目的是为了避免减压蒸馏时因暴沸或产生泡沫使反应液进入冷凝管,克氏蒸馏头上面的两个接口分别装置毛细管与温度计,用毛细管代替沸石既可防止暴沸又可起均匀搅拌的作用。毛细管上端连有一段带螺旋夹的橡皮管。螺旋夹用以调节进入体系中空气的量,在减压状态下,持续进入体系的微小气泡可以作为液体沸腾的气化中心,使蒸馏平稳进行。

接受器可用蒸馏瓶或吸滤瓶,但不能使用平底烧瓶或锥形瓶,否则由于受力不均容易炸裂。蒸馏时可以使用多尾接液管,多尾接液管的几个分支管与多个圆底烧瓶连接起来。转动多尾接液管,就可使不同的馏分进入指定的接收瓶中。

实验室通常用水泵或油泵进行减压,水泵所能达到的最低压力为当时室温下水的蒸气压,如果要获得更高的真空度,就要使用油泵。实验室通常采用水银压力计来测量减压系统的压力。封闭式水银压力计,两臂液面高度之差即为蒸馏系统中的真空度。如果使用水泵也可以用真空表来测压力。

蒸馏部分与真空源之间应装有保护装置,其作用不仅是防止压力下降或停止抽气时水(或油)倒吸入接收瓶造成的污染,而且还可以防止物料进入减压系统。

减压蒸馏的关键是耐压装置的密封性要好,因此在安装仪器时,应在接头处涂抹少量凡士林以保证装置密封和润滑。仪器装好后,应空试密封性,方法是打开抽气管抽气,关闭安全瓶上的活塞,拧紧毛细管上的螺丝夹,待压力稳定后,观察压力计上的读数是否到了最小或所需要真空度。如果没有,说明系统内漏气,应进行检查。减压蒸馏过程中应及时观察,调节真空度和溶液温度,以达到最佳的蒸馏效果。

减压蒸馏开始的操作顺序是:打开真空源→调好真空度→通冷凝水→加热。减压蒸馏结束时的操作顺序恰好相反,即先停止加热撤去热浴→关闭冷凝水→体系稍冷后慢慢打开毛细管上的螺丝夹→慢慢打开安全瓶上的活塞→内外压力平衡后关闭真空源。

3.水蒸气蒸馏

水蒸气蒸馏是分离提纯液体或固体化合物的常用方法。当对一个互不相溶的挥发性混合物进行蒸馏时,在一定温度下,整个系统的蒸气压为各组分蒸气压之和。当总蒸气压与大气压力相等时,液体沸腾,显然混合物的沸点将比其中任何一个组分的沸点都低。在常压下用水蒸气蒸馏时,能在低于100℃的温度下将高沸点组分与水一起被安全地蒸馏出来。因此,水蒸气蒸馏适用于易在沸点发生分解或其他化学变化的高沸点化合物以及含有大量树脂状或不挥发性杂质的混合物和被较多固体反应物吸附的液体的分离和提纯。而作为被分离提纯的化合物必须具备的条件是：不溶或难溶于水，与水长时间共热不发生化学反应，在 100℃左右有不低于 667Pa 的蒸气压。

水蒸气蒸馏的装置和操作较减压蒸馏简便。水蒸气蒸馏装置由水蒸气发生器和蒸馏装置两部分组成，如图 2-5-8 所示。水蒸气发生器一般用金属制成，也可用圆底烧瓶代用，但内盛水位不要高于 2/3，也不应低于 1/3。发生器上边安装的玻璃管应插入距底部 1~2cm 处，使水蒸气和蒸馏物充分接触并起搅拌作用，从而调节体系内部的压力，并可防止系统发生堵塞时出现危险。蒸气导出管与一个 T 形管相连，另一端与蒸馏部分的导管相连（导管正对瓶底中央，距瓶底约 8~10mm），向下的支管上套一短橡皮管，并用螺丝夹夹住，以便调节蒸气量。水蒸气发生器与蒸馏烧瓶间的蒸气导管应尽可能的短。

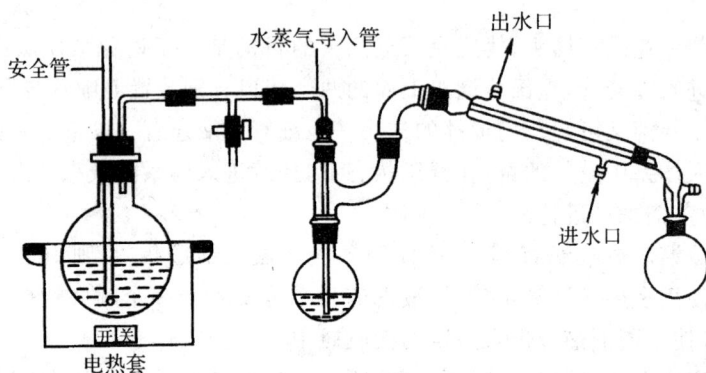

图 2-5-8　水蒸气蒸馏装置

水蒸气蒸馏装置装好后应检查系统的密闭性是否良好，被蒸馏物不应超过烧瓶容积的1/3。操作顺序是旋开 T 形管上的螺丝夹，加热水蒸气发生器，当有大量水蒸气产生时旋紧螺丝夹，水蒸气即进入烧瓶，开始水蒸气蒸馏，蒸馏速度为每秒 2~3 滴。当馏出液无明显油珠、澄清透明时，即可停止蒸馏，必须先旋开螺丝夹，再停止加热，以免发生倒吸现象。

在蒸馏过程中，必须经常检查安全管中水位是否正常、有无倒吸现象。安全管水位突然上升至几乎冲出，表明蒸馏系统内压增高，可能存在堵塞现象；当蒸馏烧瓶内压力大于水蒸气发生器内的压力时，就会发生倒吸现象。有此两种情况发生时，均应马上旋开螺丝夹，移去热源，找出原因并排除故障后，才能继续蒸馏。

四、萃　取

利用溶剂从混合物中提取出所需要物质的操作叫萃取，这种溶剂称作萃取剂；从混合物中除去不需要的杂质的操作叫洗涤。根据被萃取物质的状态不同，萃取分为两种：一种是用溶剂从液体混合物中分离物质，称为液—液萃取；另一种是用溶剂从固体混合物中分离所需物质，称为液—固萃取（或液—固提取）。

1. 液—液萃取

液—液萃取是利用物质在两种互不相溶（或微溶）的溶剂中的溶解度或分配比不同进行分

离的操作。经过反复多次萃取,可将绝大部分的物质分离出来。液—液萃取操作是在分液漏斗中进行的。所选用的分液漏斗的容积应比溶液体积(被萃取液和萃取剂的总体积)大 1～2 倍为宜。分液漏斗的玻塞和活塞都是配套使用的,不能随意换用。使用前,应将玻塞和活塞用细绳扎在漏斗上,并检查分液漏斗的玻塞和活塞是否严密。若发现分液漏斗有漏液现象,可卸下活塞,用纸或干布擦净活塞和活塞套,然后在活塞近把手的一端和活塞套的小口一端抹上薄薄的一层凡士林,注意不要抹在活塞的孔道中,插上活塞,旋转至透明。玻塞漏液不能抹凡士林,只能另换一个适用的塞子。确认不漏液后将活塞关闭好,从上口依次加入待萃取液和萃取剂,盖好玻塞(或封闭气孔,使玻塞上的凹槽或小孔与漏斗上口颈部的小孔错开位置),以免漏液。正确地拿好分液漏斗进行上下振摇或回转振摇,使互不相溶的液体充分接触,提高萃取效率,振摇时间太短则萃取效率降低。

　　振摇的方法是用右手紧紧握住分液漏斗的颈部,并用食指抵住玻塞(漏斗容积较大时,用掌心顶住),用左手握住活塞,斜持漏斗使活塞部分朝上并向无人处振摇(见图 2-5-9)。开始振摇时要慢,每振摇数次后将分液漏斗的活塞部分向上倾斜后立即开启活塞,逸出因振摇后溶剂汽化产生的蒸气,以平衡内外压力。若不注意放气,漏斗内蒸气压力过大,玻塞可能被顶出或使漏斗炸裂造成漏液。放气后,关闭活塞再振摇,如此重复数次至放气时压力很小时,

图 2-5-9　分液漏斗的振荡法

再剧烈振摇 2～3min,将分液漏斗放在铁圈上静置后将下层液体从活塞放出,当上下两层液体的界面接近活塞时,关闭活塞,静止片刻或适当振摇,下层液体往往会增多一些,再小心地打开活塞放出下层液体,待界面进入活塞孔道中时,立即关闭活塞。上层液体应从漏斗的上口倒出,切不可从活塞放出,以免被活塞下端所附着的残液所玷污。还需注意的是,不能用手拿分液漏斗的下端,也不能用手拿着分液漏斗进行分液操作。

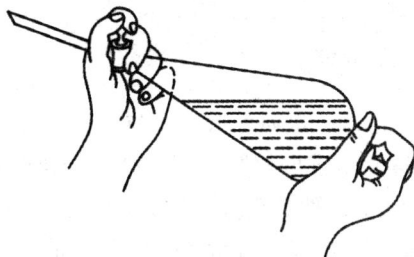

　　分液漏斗还有如下的用途:①分离两种分层而互不起作用的液体;②从溶液中萃取某种成分;③用水或碱或酸洗涤某种产品;④用来滴加某种试剂(即代替滴液漏斗)。

　　使用完毕的分液漏斗应立即清洗干净,与 NaOH 或 Na_2CO_3 等碱性溶液接触后的分液漏斗尤需冲洗干净。若较长时间不用,玻塞和活塞需用薄纸包好后再塞入,防止玻塞或活塞与分液漏斗粘在一起而打不开。

　　液—液萃取应选用对被萃取物质和杂质在溶解度上差别较大的溶剂作萃取剂,并应使萃取剂和原溶液中的溶剂的比重相差较大以便于分离。为了使溶剂回收和浓缩操作易于进行,萃取剂的沸点不宜过高。乙醚、苯、四氯化碳、氯仿、石油醚、二氯甲烷、二氯乙烷、正丁醇、乙酸酯等都是常用的萃取剂。

2. 液—固萃取

　　从固体混合物中萃取所需要的物质,可利用固体物质在溶剂中的溶解度不同来达到分离、提取的目的。通常是用浸出法或采用索氏提取器(脂肪提取器)来提取固体物质。浸出法是用溶剂长时间地渗透固体,浸出固体中的所需成分,但耗时长,溶剂需要量大。实验室常采用索氏提取器法,该法是利用溶剂加热回流及虹吸原理,使固体物质每一次都能被纯的溶剂所萃取,效率较高且节约溶剂,但不适用于对大量固体的萃取。索氏提取器由三部分构成,上部是

冷凝管,中部是带有虹吸管的抽提筒,下部是烧瓶,装置如图 2-5-10 所示。

萃取前应先将固体物质研细,以增加液体浸溶的表面积,然后将固体物质装入滤纸筒内,再将其置于抽提筒中,内装物不得超过虹吸管。烧瓶内盛溶剂,并与抽提筒相连,抽提筒上端接冷凝管。溶剂沸腾时,蒸气通过侧管上升,被冷凝管冷凝成液体,滴入滤纸筒中。当液面超过虹吸管的最高处时,产生虹吸,萃取液自动流入烧瓶中,萃取出溶于溶剂的部分物质。如此循环多次,把需提取的物质富集于烧瓶内。提取液经浓缩除去溶剂后即得产物。

五、色谱分离技术

1. 概述

图 2-5-10　索氏提取器

色谱法也叫色层法、层析法等,它是分离、提纯和鉴定有机化合物的重要方法。色谱法是 1903 年由俄国植物学家茨维特创建的,他在装有碳酸钙粉末的玻璃柱中成功地分离了植物色素,他把这种分离方法称为色谱法。现在是指在一种载体上进行物质分离的一类方法的总称。色谱法分离具有高效、灵敏、快速的特点,其分离效果远比重结晶、萃取等一般分离方法高,并且适用于少量乃至微量物质的分离和结构性质极相似的有机化合物的彼此分离,现已在化学、化工、生物学、医学、农学、环保等学科中得到了普遍的应用。

色谱分离是一种物理化学分离方法,其分离过程是由一种流动相(气体或液体)带着被分离的混合物流经固定相,在两相之间做相对运动时,利用混合物中各个组分物理化学性质(如吸附性、溶解性、亲和性、颗粒大小等)的差别,使各个组分得到分离。

色谱法按流动相和固定相的状态不同,可分为气相色谱法和液相色谱法。按色谱分离原理不同分为吸附色谱法、分配色谱法、离子交换色谱法和凝胶色谱法。按固定相所处的状态不同可分为柱色谱法、纸色谱法和薄层色谱法。

2. 吸附柱色谱

吸附柱色谱是将经活化的吸附剂装在一支玻璃管(或塑料管)中,作为固定相,叫做色谱柱;然后将待分离的样品溶液从柱的顶部加入。若样品溶液中含有 A、B、C 三种组分,则三种组分均被吸附剂吸附在柱的上端,形成一个环带,如图 2-5-11 所示。

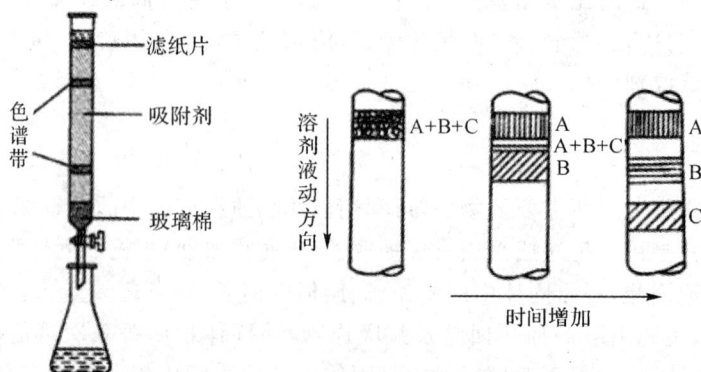

图 2-5-11　柱色谱装置和分离过程

当样品溶液全部加完后,再用适当的溶剂作流动相(洗脱剂)进行冲洗(这个操作过程称洗脱),这样 A、B、C 三种组分分别从吸附剂表面上解脱吸附(溶解)进入洗脱剂中,随洗脱剂一起向下移动时,又被新的吸附剂重新吸附,随着洗脱剂不断地加入冲洗柱身,柱内就连续不断地进行着吸附、解吸、再吸附、再解吸的过程。由于 A、B、C 三种组分对吸附剂具有不同的吸附选择性和吸附牢度,洗脱剂对 A、B、C 三种组分的解吸能力也就不同,即 A、B 和 C 的分配系数不同,A、B、C 三种组分在柱内移动的距离也不相同,吸附弱和溶解度大的组分(如 C)就容易洗脱下来,移动的距离也就大。当洗脱到一定程度时,三种组分即完全分开,形成三个环带,每一环带内是一种纯净的物质。如果 A、B、C 三种组分是有色物质,在柱上能清楚地看到三个色环,再继续洗脱,组分 C 就从柱的下端流出,用一容器收集,到组分 B 流出时,再用另一容器收集,继续洗脱就可将组分 C、B 和 A 从混合溶液中分离出来。

色谱分离中,样品分子与两相分子间发生吸附、脱附和溶解、挥发等过程,这个过程叫分配过程。分配过程进行的程度可用分配系数 K 来衡量:

$$K = \frac{c(\mathrm{s})}{c(\mathrm{m})}$$

式中:$c(\mathrm{s})$、$c(\mathrm{m})$ 分别表示组分在固定相和流动相中的浓度,在低浓度和一定温度、压力下是常数。如果吸附剂一定,K 值的大小仅取决于组分的性质。K 值大的组分大部分分配在固定相中,在色谱柱中停留时间长,在冲洗时后被洗脱出来;K 值小的组分在柱内停留时间短,先被洗脱出来;K 值为零的组分,不能进入固定相,将迅速流出。可见,被分离样品中各组分之间分配系数 K 值相差愈大,越容易分离;反之,则难于分离。为了达到完全分离的目的,必须根据被分离物质的结构和性质特点,选择合适的吸附剂和洗脱剂。

(1)吸附剂。常用的吸附剂有氧化铝、硅胶、氧化镁、碳酸钙和活性炭等,一般多用氧化铝。选择吸附剂的要求是与被分离组分及洗脱剂不起化学反应,也不溶解于洗脱剂中;有较大的吸附表面和足够大的吸附能力;颗粒均匀,一定粒度。

色谱用的氧化铝有酸性、中性和碱性三种,中性氧化铝应用最广。氧化铝的吸附能力与它的活性有关,其活性与含水量有关,含水量愈低,活性愈强。氧化铝的活性分为Ⅰ－Ⅴ级,Ⅰ级的吸附能力太强,Ⅴ级的吸附能力太弱,所以一般常用Ⅱ、Ⅲ和Ⅳ级,其含水量为 3%～6%。氧化铝的吸附能力也与被分离物质的极性有关,被分离物的极性愈强,吸附能力愈大。氧化铝对各种化合物的吸附能力按下列次序递减:酸、碱＞醇、胺、硫醇＞醛、酮、酯＞芳香族化合物＞卤代物＞醚＞烯＞饱和烃。

(2)溶剂。吸附剂的吸附能力除与被分离物质和吸附剂的性质有关,还与溶剂的性质有关。选择溶剂时还须考虑到分离物各组分的极性和溶解度。溶剂的极性应比被分离样品小一些,溶剂的极性大了,样品就不易被氧化铝吸附。溶剂对样品的溶解度不能太大,否则会影响吸附;溶解度太小会使样品溶液的体积增加,容易使色谱分散,影响分离效果。溶解样品的溶剂用作洗脱剂不能达到分离目的时,应改用其他洗脱剂。极性大的洗脱剂会减弱样品与氧化铝之间的吸附,容易将样品中的各个组分均被洗脱下来,就不能达到分离的目的。因此,在洗脱过程中,常使用一系列极性逐渐增大的洗脱剂依次洗脱。为了提高洗脱剂的洗脱能力和分离效果,有时也采用混合洗脱剂。常用洗脱剂的洗脱能力(极性)按下列次序递增:己烷＜石油醚＜环己烷＜四氯化碳＜甲苯＜苯＜二氯甲烷＜氯仿＜乙醚＜乙酸乙酯＜丙酮＜丙醇＜乙醇＜甲醇＜水＜乙酸。

3. 吸附薄层色谱

薄层色谱是一种微量、快速、灵敏、简便的分离分析方法。吸附薄层色谱是将吸附剂均匀地涂布在玻璃板或其他薄板上成一薄层作为固定相,称作层析板或薄层板。把要分离的样品溶液点加到薄层板的一端,放在密封容器中用合适的溶剂(称展开剂)作流动相展开。借助薄层板的毛细作用,展开剂由下而上移动,当展开剂流经样品时,由于吸附剂对样品中各组分的吸附能力不同,各组分在吸附剂和展开剂之间进行连续不断的吸附、解吸、再吸附、再解吸的过程。易被吸附的组分移动得慢些,较难吸附的组分移动得快些。经过一段时间的展开,不同组分在薄层板上形成彼此分开的斑点。

薄层色谱的简单操作如下:在洗涤干净的玻璃板上均匀地涂一层吸附剂,薄层色谱最常用的吸附剂是氧化铝和硅胶,待干燥、活化后,将样品溶液用管口平整的毛细管点加于薄层板一端,晾干后置薄层板于盛有展开剂的展开槽内,待展开剂前沿接近顶端时,将色谱板取出,干燥后喷以显色剂,或在紫外灯下显色。样品的分离情况用比移值(R_f)衡量(见图 2-5-12)。比移值的计量公式如下:

$$R_f = \frac{点样原点到展开斑点中心的距离(cm)}{点样原点到展开剂前沿的距离(cm)} = \frac{b}{a}$$

R_f 值常小于 1,被色谱分离出来的单个组分的最理想的 R_f 值为 0.4～0.5,良好的分离在 0.15～0.85,若小于 0.15 或大于 0.85(或两种组分的 R_f 值之差小于 0.2),则分离不好,需要改变展开条件。在一定条件下,一个纯净物质的 R_f 值是一个特有的常数,因此可以利用 R_f 值鉴定各种物质。由于影响 R_f 值的因素很多,如展开剂的纯度、组成和挥发性,温度,酸碱性,吸附剂的颗粒大小,薄层板的厚度和活性等级等,使得 R_f 值的重现性较差。因此在鉴定某一样品时,常采用已知标准样品与试样在同一薄层板上点样展开,如果 R_f 值相同,即可定性地认为该试样与标准样品是同一物质。

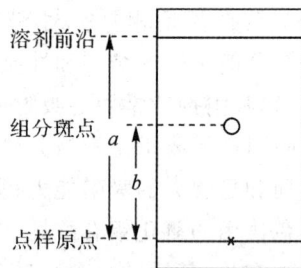

图 2-5-12　薄层色谱展开图

(1)吸附剂和展开剂:吸附薄层色谱中常用的吸附剂和柱色谱一样,有氧化铝和硅胶等,应用最多的是硅胶。吸附剂的粒度要求比柱色谱的吸附剂粒度要小得多,如果粒度太大,展开时溶剂移动迅速太快,分离效果不好;反之,如果粒度太小,展开太慢,得到拖尾而不集中的斑点,分离效果也不好。硅胶是多孔性物质,略具有酸性,能吸附大量的水分,硅胶的活性与含水量有关,当含水量大于 17% 时,吸附能力极弱,故涂布好的薄层板须经过活化处理。硅胶薄层的机械性能较差,一般常加黏合剂,故薄层用的硅胶有多种类型:硅胶 H——不含黏合剂,使用时必须加入适量的黏合剂,硅胶 G——加入 10%～15% 的煅石膏($CaSO_4 \cdot H_2O$)作黏合剂,硅胶 CMC——加入羧甲基纤维素(CMC),硅胶 HF——硅胶 H 中加入荧光物质。加黏合剂的薄层板称为硬板,不加黏合剂的称为软板。

展开剂的选择也是薄层色谱成败的关键因素。选择展开剂时,主要考虑展开剂的极性和待分离组分在展开剂中的溶解度。展开剂的极性愈强,待分离组分在其中的溶解度愈大,则它对组分的展开能力愈强,即在薄层板上能使该组分移动的距离愈大,R_f 值愈大。展开剂可以是单一溶剂,也可以是混合溶剂。若用混合溶剂,其极性基本上有相加性,即在原来的溶剂中加入另一种极性强的溶剂,其极性增强,加入的比例愈大,极性增加的愈大;反之,则变弱。

(2)薄层的展开方式。根据展开剂的移动方式,薄层展开有上行展开法、下行展开法和水平展开法。

①上行展开法(见图2-5-13(a))。将薄层板的下端浸入展开剂中,展开剂因毛细管效应自下而上地扩散。这种展开方式操作简单,重现性好,是常用的展开方式,但展开时间较长,一般用于分离 R_f 值相差较大的物质。

②下行展开法(见图2-5-13(b))。在层析缸的上部有一个盛展开剂的液槽,将薄层板的下端浸入展开剂中,上端靠在液槽边,用滤纸将薄层板的上端与浸入液槽中的展开剂相连,展开剂通过滤纸在薄层板上自上而下展开,展开剂由于在重力作用下,展开速度较上行法快一倍,但 R_f 值的重现性较差,斑点容易扩散,仅用于 R_f 值较小的样品分离。

③水平展开法。展开剂在圆形薄层板的中心向四周水平方向流动,由于展开剂流动时向四周扩散,展开后的图谱呈弧形,其展开速度介于上行法与下行法之间。

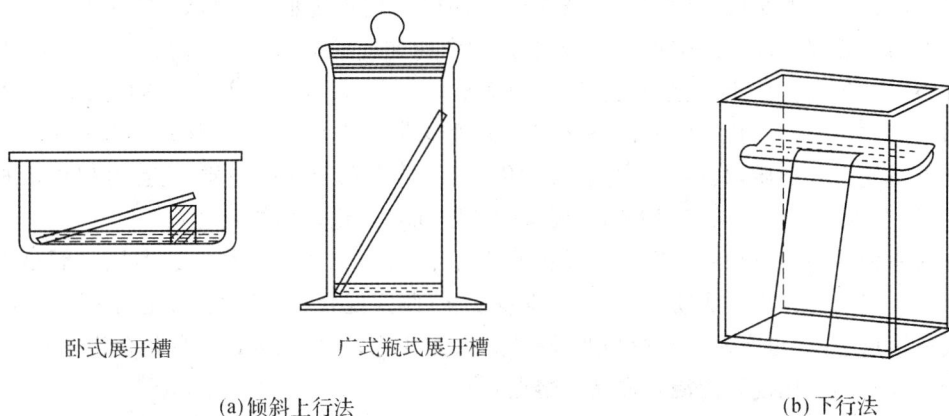

卧式展开槽　　　　广式瓶式展开槽

(a)倾斜上行法　　　　　　　　　　　　　　　　　(b)下行法

图 2-5-13　薄层的展开方式

(3)薄层板的制备。实验室中可采用推铺法、倾斜法、喷涂法、涂铺器涂铺法等制备湿板。薄层板制备质量的好坏直接影响色谱分离的结果,薄层必须尽量均匀,且厚度(0.25～1mm)要固定,否则展开时溶剂的前沿不整齐,色谱结果也不易重现。CMC薄层板的制备方法是:称取 0.5～0.6g 羧甲基纤维素钠,加 50mL 蒸馏水,加热至微沸,慢慢搅拌使其全部溶解,冷却后加入 15g 硅胶或氧化铝,在研钵中慢慢搅匀成糊状(剧烈搅拌会产生大量气泡,难以消失,使薄层板面出现小凹而不均匀,影响色谱效果),大约可铺 5cm×15cm 玻璃片 5 块。将适量糊状物倒在洁净干燥的玻璃板或其他薄板上,用两端各粘有两层胶布的玻璃棒压在玻璃板上,从一端推向另一端,即成一定厚度的薄层板,推动时用力要均匀,不宜太快,也不能中途停顿。调节胶布的圈数即可控制薄层的厚度。将适量的调好的浆料倒在玻璃板上,手持玻璃板将玻璃板前后左右倾斜,使浆液流满整个玻璃板,再轻轻敲玻璃板,使薄层均匀,然后把薄层板放置在水平的平板上,待晾干后在 105～110℃的烘箱内活化 30～60min,放干燥器中备用。

第六节　物理常数的测定技术

一、熔　点

1. 熔点测定原理

一般认为纯净结晶形固态物质在标准大气压(1.01×10^5Pa)下从固态转变为液态的温度为该物质的熔点。严格的定义应为固液两态在标准大气压下达到平衡状态,即固相蒸气压与液相蒸气压相等时的温度。大多数有机化合物晶体的熔点都低于400℃,较易测定。纯净的固体有机物一般都有固定的熔点,这是检验该化合物纯度的重要标志。固态物质受热后,从开始熔化(初熔)到完全熔化(全熔)的温度范围就是该化合物的熔点(实际上是熔点范围,称为熔程或熔距)。在一定压力下,固液两态之间的温度变化是非常敏锐的,熔程不超过$0.5 \sim 1$℃。如果该物质混含有杂质,其熔点就有显著变化,不仅熔点低于纯净物质,而且熔程也增长。因此,根据熔点测定结果可以鉴别未知的固态化合物和判断化合物的纯度。

如果两种固态晶形物质具有相同或相近的熔点,可以采用混合熔点法鉴别它们是否为同一化合物。将它们分别研成粉末后,各取少量混合,测定混合物的熔点,若是两种不同化合物,往往会使熔点下降(也有例外),熔程变长;若熔点无变化,则可认为这两种化合物相同(通常至少测定三种不同比例混合的混合样品的熔点)。

2. b形管(熔点测定管)测定熔点方法

实验室中常采用b形管法测定晶形化合物的熔点,装置如图2-6-1(a)所示,有时也用双浴式熔点测定器,如图2-6-1(b)所示。用双浴式熔点测定器测熔点时,热浴隔着空气(空气浴)将温度计和样品加热,使它们受热均匀,效果较好,但温度上升较慢。用b形管测熔点,管内的温度分布不均匀,往往使测得的熔点不准确,但该法加热、冷却速度快,使用方便,因此在实验室测熔点时多用此法。

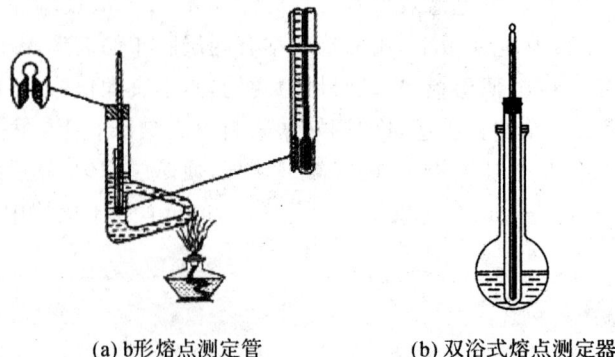

(a) b形熔点测定管　　　　　　(b) 双浴式熔点测定器

图 2-6-1　熔点测定装置

b 形熔点测定管中加入热溶液,应使液面稍高于上侧管,管口塞上有缺口的塞子,温度计插入其中,使温度计水银球恰好在 b 形熔点测定管的上下侧管中间,并使温度计刻度面向塞子缺口(便于观察温度)。将装有试样的毛细管用橡皮圈固定在温度计旁,使毛细管内样品中心位于温度计水银球的中间位置(橡皮圈不要碰到甘油),安装到 b 形熔点测定管上,用铁夹将 b 形熔点测定管固定在铁台上。用酒精灯加热熔点测定管下侧管底部。控制升温速度是准确测定熔点的关键,开始加热时,升温速度可以快些,可为 5～6℃/min,当热浴液温度低于样品熔点 10℃左右时,偏移酒精灯控制加热速度,使温度上升速度为 1℃/min。仔细观察毛细管内样品的变化,当毛细管壁的样品开始湿润和塌落、有微小液滴且部分透明时,即为初熔(记录此刻温度 t_1),立即偏移酒精灯,微热至样品完全消失且全部透明时,即为全熔,记录温度 t_2,温度之差即为熔程。测定第二个样品时,必须待热浴液的温度降到待测样品熔点以下约 30℃才能进行。为了顺利测定未知物的熔点,可先做一次粗测,加热速度可以快些,大致了解熔点范围后,另换毛细管重新装入样品精确测定,不得将已测过熔点的毛细管冷却后再测其中固化样品的熔点。

毛细管中装入试样的方法如下:取少量研细的试样并聚成堆,将一端封口的毛细管的开口端倒插入样品粉末堆中,使少量样品挤入毛细管中,再把毛细管颠倒使开口一端向上,从与桌面垂直的玻璃管的上端放入,自由落下使毛细管底部在桌面上弹跳,即可将样品很紧密地装入毛细管管底。重复上述操作数次,直到毛细管内装入高约 2～3mm 紧密的样品为止。

二、沸　点

1. 沸点测定原理

液体分子由于分子的热运动有从液体表面逸出的倾向,这种倾向随着温度的升高而增大。在密闭的真空容器中,液体分子会连续不断地逸出液面,同时也有蒸气分子回到液体中,当液体分子逸出的速度与分子由蒸气中回到液体中的速度相等时,液面上的蒸气保持一定的压力,它对液面所施的压力称为饱和蒸气压。液体的饱和蒸气压随温度的升高而增大,当液体的蒸气压增大到与外界施加于液面上的总压力相等时,就有大量气泡从液体内部逸出,称为沸腾,此时的温度就是该液体的沸点。显然,沸点与所受外界压力的大小有关,通常所说的沸点是指 101.325kPa 压力下液体沸腾时的温度。在外界气压略有偏高或偏低时,可用下式换算成标准状态下的沸点:

$$T_0 = t - (0.030 + 0.0011t) \times \Delta p$$

式中:T_0 是标准状态下的沸点;t 是测得的沸点;Δp 是测定时大气压与标准大气压之差。

纯物质有固定的沸点,沸点变化范围在 1～3℃。若含有杂质,则溶剂的蒸气压降低,沸点随之下降,沸点变化范围(沸程)将超过 3～5℃。因此,沸点是衡量物质纯度的一个标准。但具有固定沸点的液态有机物不一定都是纯的有机物,因为某些有机物常与其他组分形成二元或三元的共沸混合物,它们也有一定的沸点。

测定沸点的仪器、方法很多,最常用的是蒸馏法,若样品较少,可用毛细管法测定。

2. 微量法测定沸点方法

在沸点管中加入 4～5 滴待测样品,在此管中放入一根一端封口的毛细管,其开口处浸入样品中。将沸点管用橡皮圈固定于温度计旁,使沸点管中的样品中心位于温度计水银球的中间位置,一起浸入水浴中加热(见图2-6-2)。随着温度升高到样品的沸点,就有一连串连续的小气泡从毛细管内迅速逸出。停止加热,水浴温度逐渐下降,气泡逸出的速度渐渐减慢,当气泡停止逸出而最后一个气泡在毛细管口欲进而出时(或液体刚要进入毛细管、外液面与内液面等高时)即为毛细管内液体的蒸气压与外界压力相等,此瞬间的温度就是该样品的沸点。再慢慢加热水浴液,重复上述操作,记下各次沸点读数,要求各次读数误差不超过1℃,再取其平均值。

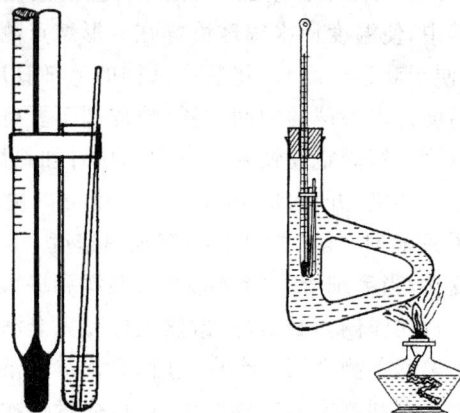

(a) 沸点管附着在温度计上的位置　　(b)b形管测沸点位置

图 2-6-2　微量法测定沸点装置

三、pH 值

1. pH 值测定原理

溶液的 pH 值可用电位法测定。将电极电位值恒定不变的参比电极(如甘汞电极)与电极电位值随溶液中 H^+ 活度改变而变化的指示电极一起插入待测溶液中组成原电池。测定溶液 pH 值的指示电极是一种玻璃膜电极,球形玻璃膜厚度约为 $30\sim100\mu m$,膜内装有 pH 值一定的缓冲溶液,膜外与待测溶液接触,在玻璃膜两端溶液间产生的电位差称为膜电位,膜电位的大小只与膜外待测溶液中的 H^+ 活度有关,并符合能斯特方程。

$$E_{膜}=E_{膜}^{\ominus}+0.0592\lg a(H^+)$$

测出的电池电动势,应为参比电极电位 E_r 与玻璃电极电位 $E_{膜}$ 的差值:

$$\varepsilon=E_r-E_{膜}=E_r-[E_{膜}^{\ominus}+0.0592\lg a(H^+)]$$

$$=(E_r-E_{膜}^{\ominus})+0.0592pH=K+0.0592pH$$

因此,测出电池电动势就可以求得溶液的 pH 值,但关系式中常数 K 的数值是随测定条件不同而变动的,故在实际测定时需用一个已知 pH 值的标准缓冲溶液对电极定位。

电位法测定溶液 pH 值的酸度计是具有高输入阻抗的直流毫伏计,能将玻璃电极产生的电极电位转换成 pH 值刻度尺,故可以直接从酸度计上读出溶液的 pH 值。

2. Delta 320-S 型酸度计结构和使用方法

Delta 320-S 型酸度计采用将参比电极和玻璃电极组合在一起的复合电极,故测量更为方便,其结构如图 2-6-3 所示。

Delta 320-S 型酸度计的面板上有液晶显示屏和六个控制键。开关键接通/关闭显示器;模式键选择酸度、mV 或温度方式;短按模式键,pH、mV 测量之间转换;长按模式键,进入 Prog 程序,设定手动补偿温度值和缓冲溶液组别;校正键在酸度方式下启动校准程序;读数键用于测量并在显示器上显示读数。接好电源及复合电极线,依次设定温度、设定缓冲溶液组别以及校正 pH 电极后,即可测定样品溶液的 pH 值。

温度的输入:按下电源开关键,在测量状态下长按(2s)"模式键"进入"Prog"设定程序,同时在显示器出现最近一次输入的温度值和"℃"图样,如果需输入新的温度,则按上升键Ⓐ或下降键Ⓥ,每按一次,温度值改变 0.5℃,直至所需的温度值,按模式键确认。再按"读数键"回到正常测量状态。在关机后,酸度计仍保留该温度值。

缓冲溶液组别设定:Delta 320-S 型酸度计有 3 组校正缓冲溶液,每组有 3 种不同 pH 值的校正液(见表 2-6-1),按下列步骤选择相应组别的校

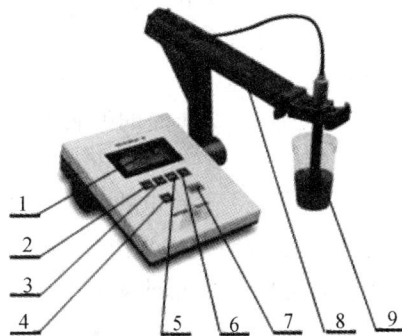

图 2-6-3 Delta 320-S 型酸度计

1—显示器;2—上升键;3—下降键;4—校正键;
5—模式键;6—开关键;7—读数键;8—电极支架;
9—复合电极

正缓冲溶液校正电极,在测量状态下长按模式键,进入 Prog 程序,按"模式键"进入 b=1(或者 b=2、3),按上升键Ⓐ或下降键Ⓥ选择合适组别数字,LCD 会逐一显示该缓冲溶液组内的缓冲溶液的 pH 值;按模式键确认;按"读数键"回到正常测量状态。

表 2-6-1 三种 pH 校准缓冲溶液

组别	校正液 1	校正液 2	校正液 3
组 1(b=1)	4.00	7.00	10.00
组 2(b=2)	4.01	7.00	9.21
组 3(b=3)	4.01	6.86	9.18

校正 pH 电极:用酸度计测定溶液的 pH 值,必须校正电极。淋洗复合电极,将电极端部浸没在所选择相应组别的标准缓冲溶液中,按"校正键",仪器开始自动校正,当达到终点时,显示屏上出现"/Ā"字符及相应的校正结果,即已自动完成一次校正,再按"读数键"就回到正常测量状态。

测定 pH 值:将电极从缓冲溶液中移出,用蒸馏水或待测溶液冲洗(若用蒸馏水冲洗需用软滤纸吸干电极上的水分),将电极放入待测溶液中并按读数键启动测定过程,小数点会闪烁,显示屏上同时显示数字式和模拟式 pH 值,按读数键小数点停闪,重复上述过程测定另一个待测溶液 pH 值。测定完毕后,按开关键再拔去电源,电极用蒸馏水冲洗后套上保湿帽放置于电极支架上。

四、折光率

1. 折光率测定原理

折光率是物质的特性常数,固体、液体和气体都有折光率,尤以液体样品普遍使用,不仅可用来鉴定未知物,也可检验物质的纯度。它的准确度要比沸点可靠,可测到 5 位有效数字。折

光率不仅与物质的结构和入射光的波长有关,而且受温度的影响较大。许多液态有机化合物当温度升高1℃,折光率就降低 $3.5 \times 10^{-4} \sim 5.5 \times 10^{-4}$,所以折光率($n$)的表示需要注出所用单色光的波长和测定的温度,常用 n_D^T 表示,D 表示钠光,T 表示温度。

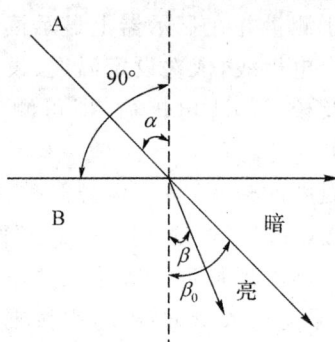

图 2-6-4 光在不同介质中的折射现象

如图 2-6-4 所示,在确定的外界条件下,光线由介质 A 进入介质 B,由于在两介质的光速不同,分界面上发生折射现象。此时入射角的正弦与折射角的正弦之比等于介质 B 对介质 A 的相对折光率,即 $n = \dfrac{\sin\alpha}{\sin\beta}$。如果介质 A 为光疏介质,介质 B 为光密介质,则折射角 β 必小于入射角 α。当入射角 $\alpha = 90°$ 时,折射角 β 达到最大值,称为临界角,用 β' 表示。由此可导出折光率 $n = \dfrac{\sin 90°}{\sin\beta'} = \dfrac{1}{\sin\beta'}$。

2. 2WA-J 型阿贝折射仪的结构和使用方法

2WA-J 型阿贝折射仪的结构如图 2-6-5 所示。每次测定工作之前及进行示值校准时必须将进光棱镜的毛面、折射棱镜的抛光面及标准试样的抛光面,用无水乙醇与乙醚(1∶4)的混合液和脱脂棉花轻擦干净,以免留有其他物质,影响成像清晰度和测量精度。

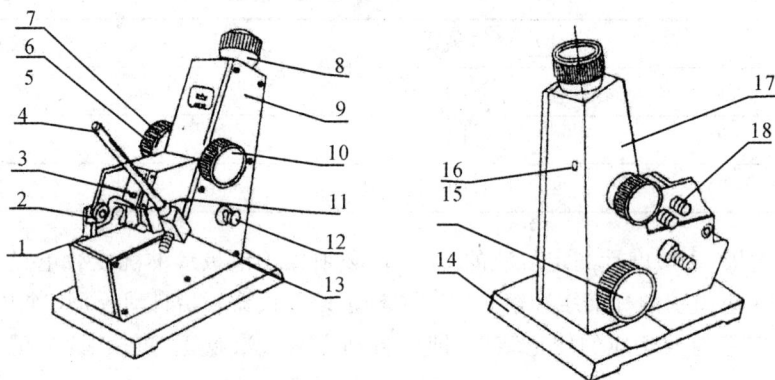

图 2-6-5 2WA-J 型阿贝折射仪

1—反射镜;2—棱镜转轴;3—遮光板;4—温度计;5—进光棱镜座;6—手轮;7—色散值刻度圈;8—目镜;9—盖板;10—棱镜手轮;11—折射棱镜座;12—聚光镜子;13—温度计座;14—底座;15—折射率调节手轮;16—校正螺钉;17—亮体;18—恒温器接头

将被测液体用干净滴管加在折射棱镜表面,并将进光棱镜盖上,用棱镜手轮(10)锁紧,要求液层均匀,充满视场,无气泡。打开遮光板(3),合上反射镜(1),调节目镜视度,使十字线成像清晰,此时旋转手轮(15)并在目镜视场中找到明暗分界线的位置,再旋转手轮(6)使分界线不带任何彩色,微调手轮(15),使分界线位于十字线的中心,再适当转动聚光镜(12),此时目镜视场下方显示的示值即为被测液体的折射率。2WA-J 型阿贝折射仪上有两个刻度尺,下方的刻度是折射率读数,读数范围为 $1.3000 \sim 1.7000$;上方刻度直接用于试样溶液中糖的百分含量的测定,即已将折射率转换成糖的含量。

若需测量在不同温度时的折射率,将温度计旋入温度计座(13)中,接上恒温器的通水管,把恒温器的温度调节到所需测量温度,接通循环水,待温度稳定 10min 后,即可测量。

五、旋光率

1. 旋光率测定原理

具有手性的分子能使平面偏振光发生旋转,使平面偏振光旋转角度的大小叫旋光度,每一种光学活性物质都有一定的比旋光度,因此常用比旋光度来表示各物质的旋光性,旋光度和比旋光度间的关系是:

$$[\alpha]_D^T = \frac{\alpha}{c \cdot L}$$

测定旋光度的仪器叫旋光仪,其基本构造如图 2-6-6 所示。

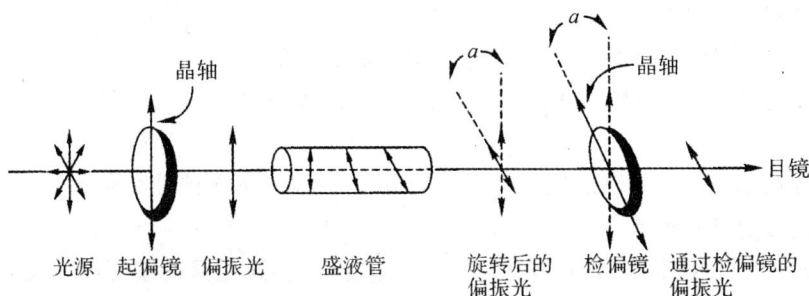

图 2-6-6　旋光仪的基本构造和光路

当波长为 589nm 的钠光通过起偏镜时引起偏振成为平面偏振光(简称偏振光)。偏振光经过盛有旋光性物质的旋光测定管时,由于物质的旋光性使偏振光不能通过检偏镜,必须使检偏镜转动一定的角度时,才能在目镜中看到明亮的光线。这个转角就是该溶液的旋光度 α,其数值可从刻度盘上读出。

2. WZZ-2A 型自动旋光仪的结构和使用方法

图 2-6-7 所示为 WZZ-2A 型自动旋光仪,其操作方法如下:

(1)将仪器电源插头插入 220V 交流电源,要求使用交流电子稳压器(1kVA)并将接地脚可靠接地。

(2)打开电源开关,这时钠光灯应启亮,钠光灯需要预热 10min,使之发光稳定。

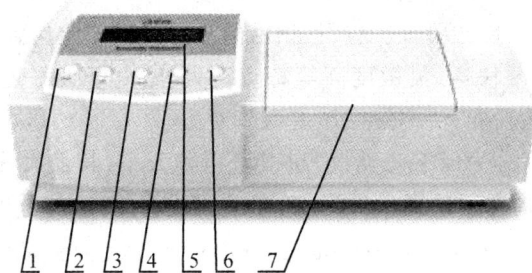

1-电源;2-光源;3-读数;4-复测;5-显示器;6-清零;7-样品室盖

图 2-6-7　WZZ-2A 型自动旋光仪

(3)打开光源开关。若光源开关打开后，钠光灯熄灭，则再将光源开关上下重复打开1～2次，使钠光灯在直流下点亮，为正常。

(4)打开测量开关，机器处于待测状态。

(5)将装有蒸馏水或其他空白溶剂的测定管放入样品室，盖上箱盖，待示数稳定后，按清零按钮。测定管中若有气泡，应先让气泡浮在凸颈处；通光面两端的雾状水滴，应用软布揩干。测定管螺帽不宜旋得过紧，以免产生应力，影响读数。测定管安放时应注意标记的位置和方向。

(6)取出测定管，将待测样品注放测定管，按相同的位置和方向放入样品室内，盖好箱盖，仪器读数窗将显示出该样品的旋光度。

(7)逐次揿下复测按钮，重复读几次数，取平均值作为样品的测定结果。

(8)如果样品超过测量范围，仪器在±45°处停止。此时，取出测定管，打开箱盖按箱内回零按钮，仪器即自动转回零位。

(9)仪器使用完毕后，应依次关闭测量、光源、电源开关。

(10)测深色样品，当被测样品透过率过低时，仪器的示数重复性将有所降低，此系正常现象。

(11)钠灯在直流供电系统出现故障不能使用时，仪器也可在钠灯交流供电的情况下测试，但仪器的性能可能略有降低。

(12)当放入小角度样品(小于0.5°)时，示数可能变化，这时只要按复测按钮，就会出现新的数字。

第七节　分析天平

一、电子天平

1. 基本原理

电子天平的工作原理是电磁力平衡原理，它利用电子装置完成电磁力补偿的调节，使物体在重力场中实现力的平衡，或通过电磁力矩的调节，使物体在重力场中实现力矩的平衡。使用电子天平称量时，全量程不用砝码，放上被称物后的几秒钟内即能达到平衡，显示称量结果，因此具有稳定性好、操作简便快速、灵敏度高等特点。另外，电子天平还具有自动校正、累计称量、自动去皮、超载指示等功能，使称量操作更为简便。

按电子天平的精度可分为以下几类：①超微量电子天平，其最大称量值是2～5g，标尺分度值小于最大称量值的10^{-6}。②微量天平，称量范围在3～50，其分度值小于最大称量值的10^{-5}。③半微量天平，称量范围在20～100g，其分度值小于最大称量值的10^{-5}。④常量电子天平，最大称量一般在100～200g，其分度值小于最大称量值的10^{-5}。超微量天平、微量天平、半微量天平和常量天平都属于分析天平。

2. FA1104N 型电子天平使用简介

FA1104N 型电子天平结构如图 2-7-1 所示。

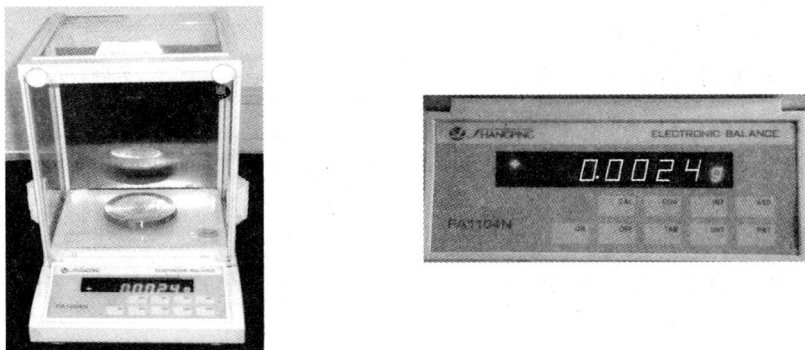

图 2-7-1 FA1104N 型电子天平

用电子天平进行称量操作的方法如下:

(1)调节水平:调整水平调节螺栓高度,使水平仪内空气气泡位于圆环中央。

(2)开机预热:接通电源,按开关键直至全屏自检,出现称量模式"0.0000g"后,一般即可称量;初次接通电源或长时间断电之后,至少需要预热 30min。

(3)校正:首次使用或放置时间较长、位置移动、环境变化或为获得精确测量结果的天平必须校正。按住校准键(CAL 键),至显示屏出现"CAL"字样再松开按键,放上所需的外校准砝码(显示屏中 CAL 后的闪烁码)。天平经自动校准,至"0.0000g"闪烁时移取校准砝码。稍待片刻,天平显示"0.0000g"后,即可称量。

(4)称量:使用去皮键(TAR 键),除皮清零,显示器显示"0.0000g"时,放置样品进行称量。读数时应关闭天平边门。

(5)关机:按 OFF 键关机。

使用电子天平时应注意以下几点:

(1)电子天平为精密仪器,操作时要小心,往秤盘里放置物品时要轻。

(2)秤盘虽是不锈钢做的,但它很易受碱、氧化性酸和氯化物的腐蚀。要尽量避免与上述药品类接触,当秤盘上掉有物品时,要及时清理干净。

(3)被称物品不要超过天平的称量范围。

(4)要有足够的通电预热时间以使天平趋向稳定。

(5)电子天平使用时要置于遮光避风处。

3. 直接称量法和差减称量法

一般的称量方法有直接称量法和差减称量法两种。直接称量法是先称出空容器的质量,再按规范操作将试样逐一加入至所需质量。差减称量法又称减量法,先准确称量样品和称量瓶总质量,然后按规范操作将所需样品"轻敲"入锥形瓶(或烧杯)中,再次准确称量该样品和称量瓶总质量,两次称得的质量之差即为该锥形瓶中试样的质量。当待称量物是易吸水、易氧化、易吸收二氧化碳等物质,并需称出多份该试样时,宜选用差减称量法。

使用差减称量法时通常将被称物放在称量瓶中进行称量,其操作步骤如下:在结晶干燥的称量瓶中装入一定量的固体试样,盖上瓶盖,用纸带套住称量瓶,放在天平盘中央,称出其质量;用纸带带出称量瓶,悬在待放容器的上方,使称量瓶向内(身体方向)倾斜,用小纸片隔开,打开称量瓶盖,用盖轻轻敲击瓶口上缘,渐渐倾出样品(见图 2-7-2),当估计倾出的试样结晶所需的质量时,边敲击瓶口边将称量瓶慢慢竖起,使沾在瓶口的试样落到容器内或落回称量瓶内,盖上瓶盖,将称量瓶放到天平盘上再次称量。两次称量之差,即是倒入容器内的固体试样的质量。若试样的质量不够,重复上述操作;若试样倾倒太多,不可借助药勺将试样取出放回称量瓶中,只能弃去重称。

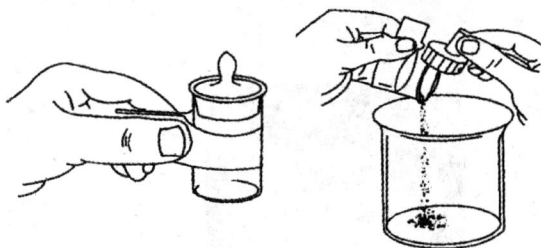

图 2-7-2　用称量瓶倾倒试样

二、半自动电光天平

半自动电光天平是根据杠杆原理设计而成的,它用已知质量的砝码来衡量被称样品的质量。

半自动电光分析天平的基本构造包括天平梁、悬挂系统、升降枢纽、机械加码装置、光学读数装置和天平箱。天平梁是天平的主要部件,起平衡和承载物体的作用。悬挂系统主要包括称盘、空气阻尼器和吊耳,左盘盛放称量物体,右盘盛放砝码;阻尼器使天平较快达到平衡状态,加快称量速度;吊耳上装天平盘和阻尼器。升降枢纽用于启动和关闭天平。机械加码装置用于通过转动指数盘加减环形码(亦称圈码)。光学读数装置读取 $0\sim10mg$ 读数。天平箱保证天平在稳定气流中称量,并能防尘、防潮。半自动电光天平结构如图 2-7-3 所示。

半自动电光分析天平的使用方法如下:

(1)检查天平:掀开防尘罩,叠好放在天平箱上方。检查天平是否正常;天平是否水平;称量盘是否洁净,否则,用软毛刷小心清扫;继续检查指数盘是否在"000"位;圈码是否脱落;吊耳是否错位等。

(2)调节零点:接通电源,按顺时针方向轻轻旋转升降枢纽,启动天平,光屏上标尺停稳后,其中央的黑线若与标尺中的"0"线重合,即为零点(天平空载时平衡点)。如不在零点,差距小时,可调节微动调节杆,移动屏的位置,调至零点;如偏差大时,关闭天平,调节横梁上的平衡螺丝,再开启天平,反复调节,直至零点。

(3)称量:零点调好后,关闭天平。把称量样品放在左盘中央,关闭左门;打开右门,根据估计的称量物的质量,把相应质量的砝码放入右盘中央,然后将天平升降枢半打开,观察标尺移动方向(标尺迅速往哪边跑,哪边就重),以判断所加砝码是否合适并确定如何调整。当调整到两边相关的质量小于 1 时,应关好右门,再依次调整 100 组和 10 组圈码,按照"减半加减码"的顺序加减砝码,可迅速找到物体的质量范

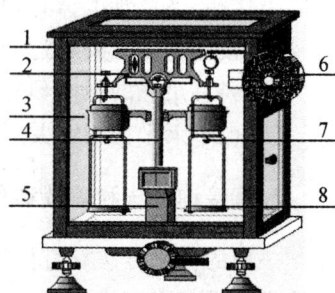

图 2-7-3　型半自动电光天平
1—天平箱;2—天平梁;3—吊耳;
4—读数显示系统;5—升降枢纽;
6—机械加码旋钮;7—阻尼器;8—
称盘

围。调节圈码到 10 以后,完全启动天平,准备读数。

称量过程中必须注意以下事项:①称量未知物的质量时,一般要在台秤上粗称。②加减砝码的顺序是由大到小,折半加入。在取、放称量样品或加减砝码时(包括圈码),必须关闭天平。启动开关旋钮时,一定要缓慢均匀,避免天平剧烈摆动,以保护天平刀口不受损伤。③称量样品和砝码必须放在称盘中央,避免称量盘左右摆动,不能称量过冷或过热的样品,以免引起空气对流,使称量的结果不准确。称取具腐蚀性、易挥发样品时,必须放在密闭容器内称量。④加减砝码必须用镊子夹取,不可用手直接拿取,以免玷污砝码。在使用机械加码旋钮时,要轻轻逐格旋转,避免圈码脱落。

(4)读数:砝码加圈码的质量再加标尺读数等于被称样品质量。天平平衡后,关闭天平门,待标尺在投影屏上停稳后再读数,并及时记录在记录本上,如图 2-7-4 所示。读数完毕,应立即关闭天平。

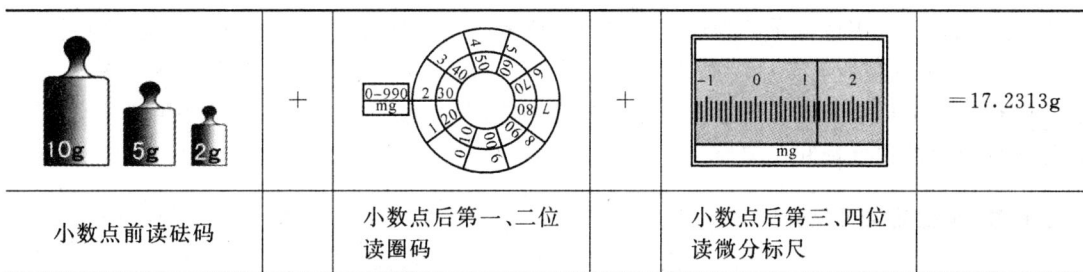

小数点前读砝码	小数点后第一、二位读圈码	小数点后第三、四位读微分标尺	=17.2313g

图 2-7-4　半自动电光天平读数法

(5)复原:称量完毕,取出被称样品放到指定位置,将砝码放回盒内,指数盘退回到"000"位,关闭两侧门,关闭电源,盖上防尘罩,登记。

第八节　紫外—可见分光光度计

一、紫外—可见吸收光谱法的基本原理

朗伯—比尔定律是分光光度法测定的理论基础。该定律表述为当一束单色光通过含有吸光物质的溶液后,溶液的吸光度与吸光物质的浓度及吸光层厚度成正比,即

$$A = \lg \frac{I_0}{I} = \varepsilon bc$$

式中:I_0 为某波长入射光强度;I 为通过被吸收物后透射光的强度;c 为吸收溶液的浓度;b 为吸收液的厚度;A 为吸光度;ε 为摩尔吸光系数,它与物质的本性和吸收波长有关。当 b 和 ε 一定时,吸光度 A 与浓度 c 成正比,可以表示为

$$A = kc$$

式中:k 为常数。根据该式,在测得吸光度 A 后,可采用标准曲线法、标准加入法等进行定量分析,求出待测物质的浓度。

二、常见紫外—可见分光光度计的简介

紫外—可见分光光度计的种类和型号很多,但一般总是由光源、单色器、样品池、检测器和显示器构成,如图 2-8-1 所示。

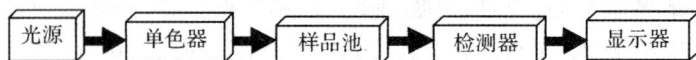

```
光源 ➡ 单色器 ➡ 样品池 ➡ 检测器 ➡ 显示器
```

图 2-8-1 紫外—可见分光光度计结构

光源提供入射光。对光源的要求有三点:一是能发射强度足够且稳定的连续光谱;二是光辐射强度随波长的变化小;三要有足够的使用寿命。可见光的常用光源为钨灯和卤钨灯,紫外光的常用光源是氢灯和氙灯。单色器将光源辐射的复合光色散为单色光,通常由狭缝、色散元件及透镜组成。常用色散元件为棱镜和光栅。吸收池用于盛装试液。一般可见光区使用玻璃比色皿,紫外光区使用石英比色皿。检测器将光信号转变为电信号。常用的检测器有硒光电池、光电池、光电倍增管等。显示器将检测器输出的信号放大并显示出来。常用数字显示器或电脑软件进行数据处理和仪器控制。

1. 722N 型光栅可见分光光度计

722N 型光栅可见分光光度计结构如图 2-8-2 所示。图中"A/T/C/F"键用于切换 A、T、C、F 值,其中 A 为吸光度;T 为透射比;C 为浓度;F 为斜率(F 值通过按键输入)。"SD"键用于 RS232 串行口和计算机传输数据;当处于 F 状态时该键具有确认功能。"▽/0%"键用于调零,按键后显示 000.0;当处于 F 状态时该键作为下降键。"△/100%"键在 A 和 T 状态时,关闭样品室盖,按键显示 0.000 和 100.0;当处于 F 状态时该键作为上升键。

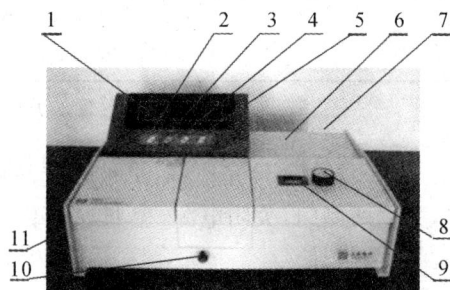

图 2-8-2 722N 型光栅可见分光光度计
1-数字显示器;2-功能选择按钮;3-SD 键;4-0％T 旋钮;5-100％T 旋钮;6-光源室;7-电源开关;8-波长手轮;9-波长刻度窗;10-试样架拉手;11-干燥器

722N 型光栅可见分光光度计操作步骤如下:

(1)安全性检查:在连接电源前,检查电源线、连接线是否牢固,接地是否良好,各调节旋钮起始位置是否正确。

(2)波长调节:旋动仪器波长旋钮,把测试所需的波长调节至刻度线处。

(3)预热:开启电源,指示灯亮,仪器预热 30min。

(4)透光度调节:调节"A/T/C/F"键至 T 位置,打开吸收池盖(光门自动关闭),按"▽/0%"键,使数字显示为"000.0"。然后将参比溶液置于光路并盖上吸收池盖(光门打开),使光电管受光,按"△/100%"键调节透光度为"100.0％"。

(5)调零:调节"A/T/C/F"键至 A 位置,按"▽/0%"键调节吸光度为"0.000"。

(6)吸光度测定:将待测溶液推入光路,显示值即为待测溶液的吸光度值 A。

(7)如果大幅度改变测试波长,需等数分钟后才能正常工作(因波长由长波向短波或短波向长波移动时,光能量变化急剧,光电管受光后响应较慢,需一段光响应平衡时间)。

2. S53 型紫外—可见分光光度计

S53 型紫外—可见分光光度计结构如图 2-8-3 所示。

波长类标尺包括当前波长、起始波长、结束波长和波长间隔四个按钮。"当前波长"指示作当前波长的设定,可以用"△"或"▽"键设定;"起始波长"指示作起始波长的设定,可用"△"或"▽"键设定;"结束波长"指示作结束波长的设定,可用"△"或"▽"键设定;"波长间隔"指示波长扫描时的数据点,一般是 1nm,峰谷检测时自动设定为 0.1nm。

光度类标尺包括透射比、吸光度、浓度因子和浓度直读四个按钮。"透射比"用于对透明固体或透明液体测量透射特点;"吸光度"用于采用标准曲线法或绝对吸收法定量分析;"浓度因子"用于在浓度因子法浓度直读时设定浓度因子;"浓度直读"用于标样法浓度直读时,作设定和读出,也用于设定浓度因子后的浓度直读。

各标尺之间的转换用模式键操作并由其向对应的指示灯指示。

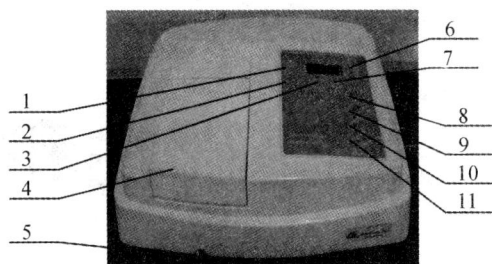

图 2-8-3　S53 型紫外—可见分光光度计

1—波长类标尺按钮;2—波长参数按钮;3—▽/0%,△/100%调节按钮;4—吸收池;5—波长调节旋钮;6—光度类标尺按钮;7—模式;8—扫描;9—功能;10—联机;11—打印

S53 型紫外—可见分光光度计测定溶液吸光度的简单步骤如下:

(1)开机自检与自校:该仪器开机后显示窗两侧 8 盏灯会亮,指示进入自检与自校状态,约 5min。

(2)预热:仪器开机自检与自校成功后,应 30min 预热后才能进行测定工作。如果紧急应用时请注意随时调 0%T 和 100%T。

(3)设定波长:按波长参数键到当前波长灯亮,按△或▽至要求波长,再按波长参数键确认,显示窗改变波长至设定值即可。

(4)调零:按"0%"键,即自动调整零位。状态为"--------",0%T 值则不显示。

(5)调整 100%T:将空白样品置入样品室光路中,盖下试样盖按下"100%T"键即自动调整 100%T(一次有误差时可加按)。注意调整 100%T 时整机自动增益系统重调可能影响0%T,调整后请检查 0%T,如果有变化可重调 0% 一次。

(6)吸光度测定:改变试样槽位置让不同样品进入光路,当拉杆到位时有定位感,到位时请前后轻轻推动一下以确保定位正确。

3. 比色皿使用注意事项

(1)比色皿装液时需用待装溶液将比色皿内壁洗涤 2～3 次,使比色皿内溶液浓度与原瓶溶液浓度一致。

(2)比色皿装液不宜太满,一般为比色皿容积的 2/3～4/5。

(3)溢出在比色皿外面的液体用擦镜纸或软纸沿一个方向轻擦至干。

(4)拿取比色皿时,只能用手捏住比色皿的毛面,不能接触光面,比色皿的光面应对准光路,并与光路垂直。

(5)测定多个溶液吸光度值时,只能使用同一盒内的比色皿,以减少测量误差。

(6)测定结束后,立即用蒸馏水洗净比色皿并倒置晾干后存放于比色皿盒内。

第三章

基础性和综合性实验

一、基础性和综合性实验的目的

(1)培养学生规范的基本操作技能,并能综合运用各种技能解决较复杂的问题。

(2)使学生在理论课程中学到的重要理论和概念得到验证和提高。

(3)培养学生实事求是的科学工作态度、认真细致的工作作风和良好的实验室工作习惯。

二、基础性和综合性实验要求及过程

实验教学方法创新是实验教学改革的核心内容。为培养学生的创新应用能力,提高综合素质,只把实验教学方法归为教师指导、启发式提问,学生的实验预习和现代实验技术手段的采用是不够的,必须提供给学生自主式、合作式和研究型的学习方式,以刺激学生的成就感,从而激发学生的专业学习兴趣与钻研的好奇心。

基础性和综合性实验的操作程序如下:实验预习及准备工作—实验讲解及检查指导—完成实验内容及实验数据处理—撰写实验报告。我们希望学生全程参与实验过程的实验教学方法,即以上各实验程序的主体是学生,教师仅仅是出题者、组织者、指导者与裁判员。建议这种实验教学方法按如下流程进行:

(1)在课程开始前将实验大纲发给学生。内容包括实验性质与类型、实验任务与要求、计划进度、实验结果评价指标与方法、实验室可利用资源及课程成绩评定方法。

(2)将每个实验班分成若干个小组,3~5位学生一组,每组选定2~3个基础性和1~2个综合性实验项目。

(3)小组同学在课前查阅资料,预做实验,发现并探讨问题,写出预做实验报告。

(4)小组同学根据预做实验情况给班级其他学生准备实验,包括仪器的准备和试剂的配制。

(5)上课时,这个小组的学生在课堂上讲解实验原理,教师补充并修正;实验过程中小组同学辅助指导其他学生完成实验。

　　整个过程中,指导教师要有高度的责任感,必须全程参与,及时地因势利导。这种实验教学方法,有利于提高学生实验的兴趣,使学生深入理解实验的设计思路和关键之处,提高每一个实验教学效果,又充分培养学生自主学习、创新、交流、表达、沟通能力和团队协作精神,真正体现了学生的主体地位和教师的主导作用。

第一节　无机及分析化学实验

实验一　粗食盐的提纯

(一)实验目的

(1)掌握提纯 NaCl 的原理和方法。

(2)学习溶解、沉淀、常压过滤、减压过滤、蒸发浓缩、结晶和烘干等基本操作。

(3)了解 Ca^{2+}、Mg^{2+} 和 SO_4^{2-} 等离子的定性鉴定。

(二)实验原理

　　粗食盐中含有泥沙等不溶性杂质和溶于水的 K^+、Ca^{2+}、Mg^{2+}、Fe^{3+}、SO_4^{2-}、CO_3^{2-} 等可溶性杂质离子。将粗食盐溶于水后,用过滤的方法可除去不溶性杂质,可溶性杂质需加入合适的化学试剂,使之转化为沉淀而过滤除去,其方法是:

　　(1)在粗食盐浓溶液中加入稍过量的 $BaCl_2$ 溶液,可将 SO_4^{2-} 离子转化为 $BaSO_4$ 沉淀,过滤除去 SO_4^{2-}。

$$Ba^{2+} + SO_4^{2-} =\!=\!= BaSO_4 \downarrow$$

　　(2)向粗食盐溶液中加入 NaOH 和 Na_2CO_3 溶液,使溶液中的 Ca^{2+}、Mg^{2+}、Fe^{3+} 及过量加入的 Ba^{2+} 转化为 $CaCO_3$、$Mg_2(OH)_2CO_3$、$Fe(OH)_3$ 和 $BaCO_3$ 沉淀后过滤除去。

$$Ca^{2+} + CO_3^{2-} =\!=\!= CaCO_3 \downarrow$$
$$2Mg^{2+} + 2OH^- + CO_3^{2-} =\!=\!= Mg_2(OH)_2CO_3 \downarrow$$
$$Fe^{3+} + 3OH^- =\!=\!= Fe(OH)_3 \downarrow$$
$$Ba^{2+} + CO_3^{2-} =\!=\!= BaCO_3 \downarrow$$

　　(3)用稀 HCl 溶液调节食盐溶液使 pH 至 2～3,除去过量加入的 NaOH 和 Na_2CO_3。

$$H^+ + OH^- =\!=\!= H_2O$$
$$2H^+ + CO_3^{2-} =\!=\!= CO_2 \uparrow + H_2O$$

　　粗食盐中的 K^+ 离子不与上述试剂作用,仍留在溶液中。在蒸发和浓缩溶液时,由于 NaCl 的溶解度小先结晶出来,过滤时,溶解度大而含量少的 KCl 则留在残液中而被除掉。吸附在 NaCl 晶体表面上的 HCl 可用乙醇洗涤除去。

(三)预备知识

(1)查出 $NaCl$、$CaCO_3$、$BaCO_3$、$Mg_2(OH)_2CO_3$ 等在水中的溶解度。

(2)试样溶解、蒸发、结晶、干燥等操作。

(3)试纸的使用。

(4)减压抽滤的特点、布氏漏斗使用和抽滤操作的注意事项。

(四)实验器材

1. 仪器设备

循环水 SHZ-D(Ⅲ)式真空泵,HH-2 恒温水浴锅,托盘天平,烧杯(100mL),量筒(100mL,10mL),漏斗,布氏漏斗,抽滤瓶,漏斗架,蒸发皿,表面皿,酒精灯,试管,玻棒,pH 试纸,滤纸。

2. 试剂

粗食盐,$2mol \cdot L^{-1}$ HCl 溶液,$2mol \cdot L^{-1}$ NaOH 溶液,$1mol \cdot L^{-1}$ $BaCl_2$ 溶液,$1mol \cdot L^{-1}$ Na_2CO_3 溶液,饱和 Na_2CO_3 溶液,饱和 $(NH_4)_2C_2O_4$ 溶液,镁试剂(对硝基偶氮间苯二酚),$6mol \cdot L^{-1}$ HAC 溶液,65%乙醇。

(五)实验内容

1. 粗食盐的提纯

(1)粗食盐的溶解

在托盘天平上称取 5.0g 粗食盐置于 100mL 烧杯中,加 20mL 蒸馏水,加热搅拌,使粗食盐溶解,不溶性杂质沉于底部,过滤除去不溶性杂质(若杂质不多或没有,可省略这一步)。

(2)SO_4^{2-} 离子的除去

将溶液加热至近沸,边搅拌边慢慢滴加 $1mol \cdot L^{-1}$ $BaCl_2$ 溶液,直至 SO_4^{2-} 离子沉淀完全(约加 1~2mL),继续加热 5min 使 $BaSO_4$ 沉淀颗粒长大而易于沉降。

从石棉网上取下烧杯,待沉淀沉降后,在上清液中滴加 1~2 滴 $BaCl_2$ 溶液,若有白色混浊现象,表明 SO_4^{2-} 离子仍未除净,还需补加 $BaCl_2$ 溶液,直到上清液中不再产生混浊现象为止。趁热进行抽滤,用少量蒸馏水淋洗布氏漏斗上的沉淀物 2~3 次,滤液(总体积不要超过 35mL)收集于烧杯中。

(3)Ca^{2+}、Mg^{2+}、Fe^{3+} 及过量加入的 Ba^{2+} 的除去

滤液在加热、搅拌下,加入 10 滴 $2mol \cdot L^{-1}$ NaOH 溶液和饱和 Na_2CO_3 溶液(约 1.5~2mL),加热至沸,静置片刻后,在上清液中滴加 Na_2CO_3 溶液,直到上清液中不再产生混浊现象为止,再多加 0.5mL Na_2CO_3 溶液(此时溶液 pH 在 9 左右),抽滤,收集滤液于蒸发皿中。

(4)除去过量的 OH^- 和 CO_3^{2-} 离子

在搅拌下将 $2mol \cdot L^{-1}$ HCl 溶液逐滴加入滤液中,至不再有气泡产生为止,此时溶液呈

微酸性(pH 为 2～3)。

(5)蒸发浓缩与结晶

将蒸发皿置于恒温水浴锅上加热浓缩,使溶液保持微微沸腾的状态,其间不断搅拌,将溶液浓缩成液面出现晶膜的糊状后,停止加热,冷却后抽滤,用少量 65% 乙醇洗涤晶体,抽干。

将 NaCl 晶体转移至事先称量好的表面皿上,小火烘干,冷却后,称出表面皿与晶体的总质量,计算产率。

2. 产品纯度的检验

取粗食盐和纯化食盐各 0.5g 放入两支试管内,分别溶于 6mL 蒸馏水中,然后各等分在 3 支试管中,分成 3 组,用对比法比较它们的纯度。

(1)SO_4^{2-} 离子的检验:向第一组试管中各滴加 2 滴 $1mol \cdot L^{-1}$ $BaCl_2$ 溶液,观察溶液中白色混浊情况。

(2)Ca^{2+} 离子的检验:向第二组试管中各滴加 2 滴 $6mol \cdot L^{-1}$ HAc 溶液,再各加入 2 滴饱和$(NH_4)_2C_2O_4$ 溶液,比较溶液中白色沉淀生成情况。

(3)Mg^{2+} 离子的检验:向第三组试管中各滴加 2 滴 $2mol \cdot L^{-1}$ NaOH 溶液,再加入 1 滴镁试剂,观察有无蓝色沉淀生成。

3. 实验现象与数据

(1)表面皿与晶体的总质量_____g,表面皿质量_____g,产品质量_____g,产率_____。产品外观_____,粗食盐外观_____。

(2)产品纯度检验。其结果记录于表 3-1-1 中。

表 3-1-1　产品纯度检验现象记录表

检验项目	检验方法	被检溶液	现象	结论
SO_4^{2-}	加入 $1mol \cdot L^{-1}$ $BaCl_2$ 溶液	粗食盐溶液		
		纯 NaCl 溶液		
Ca^{2+}	加入$(NH_4)_2C_2O_4$ 饱和溶液	粗食盐溶液		
		纯 NaCl 溶液		
Mg^{2+}	加入 $2mol \cdot L^{-1}$ NaOH 溶液和镁试剂溶液	粗食盐溶液		
		纯 NaCl 溶液		

(六)注意事项与注释

(1)除杂的沉淀反应应在热溶液中进行。在热溶液中,沉淀的溶解度增大,溶液的相对过饱和度降低,易获得大的晶粒而沉降,又能减少对体系中其他物质的吸附;不加热时,所生成的沉淀颗粒细小,过细的沉淀在过滤时还能透过滤纸,分离效果降低。

(2)为进一步检查 SO_4^{2-} 离子是否除净,可取少量滤液于试管中,滴加几滴 $BaCl_2$ 溶液,若无白色混浊现象产生即可,否则需重复除 SO_4^{2-} 离子的操作。

(3)$BaCl_2$ 毒性很大,使用时必须小心! 使用过程中,既要注意不能进入口中,也要合理处

理含 $BaCl_2$ 的废液,不污染水体。

(4)蒸发浓缩已除杂质的食盐溶液,减少溶液中的溶剂使之形成接近饱和溶液,在冷却时析出结晶;但由于各种被结晶物质在水中的溶解性能不同,故不可能通过过分的蒸发浓缩、减少溶剂来得到较多结晶的目的。在本实验中,溶液中还有在除杂过程无法除去的 KCl,蒸干溶剂将使 KCl 共存于食盐结晶中。

(七)思考题

(1)5.0g 食盐溶解在 20mL 蒸馏水中,所配溶液是否饱和?为什么不将粗食盐溶解配制成饱和溶液?

(2)在除去 Ca^{2+}、Mg^{2+}、SO_4^{2-} 离子时为什么要先加 $BaCl_2$ 溶液,然后再加 Na_2CO_3 溶液,先加 Na_2CO_3 溶液可以吗?若加入 $BaCl_2$ 溶液将 SO_4^{2-} 沉淀后,不经过滤继续加 Na_2CO_3 溶液,只进行一次过滤可以吗?

(3)除杂时,溶液中加入沉淀剂($BaCl_2$ 或 Na_2CO_3)后要加热,为什么?

(4)为什么中和过量的 Na_2CO_3,须用 HCl 而不用其他的无机酸?

(5)提纯后的食盐溶液在浓缩时为什么不能蒸干?

(6)在除杂过程中,如果加热时间过长,液面上会有细小的晶体出现,这是什么物质?这时能否过滤除去杂质?

(7)减压过滤的操作要点是什么?减压过滤与普通过滤相比有哪些优点?

(8)检验 Ca^{2+} 离子时,加入 $(NH_4)_2C_2O_4$ 饱和溶液生成白色 CaC_2O_4 沉淀,为何还要加入 HAc 溶液?能否加入 HCl 溶液?

(八)实验报告评分依据

"粗食盐的提纯"实验报告评分依据如表 3-1-2 所示。

表 3-1-2 "粗食盐的提纯"实验报告评分依据   单位:分/处

考查项目	主要考查内容	扣分
报告内容的完整性	实验报告格式内容不完整	-5～-1
原始记录	原始实验记录不完整或任意改动	-10～-2
提纯收率	提纯收率小于理论提纯收率的 60% 或大于 120%	-10
	提纯收率小于理论提纯收率的 70% 或大于 115%	-7
	提纯收率小于理论提纯收率的 80% 或大于 110%	-5
	提纯收率小于理论提纯收率的 90% 或大于 105%	-3
	提纯收率小于理论提纯收率的 95% 或大于 100%	-1
	处理实验数据时的计算错误(包括有效数字)	-2
产品纯度检验	没有纯度检验的内容	-10
	纯度检验结果错误	-2
分析与讨论	只写实验操作注意事项,未进行讨论	-10
	不结合实验的实际情况空洞叙述	-8
	只作一般说明	-5
实验思考题	每小题 5 分,按回答质量评分	

实验二 化学反应级数的测定

(一)实验目的

(1)了解测定 Fe^{3+} 与 I^- 反应的反应级数的原理和方法。

(2)理解浓度与反应速率的定量关系——反应速率方程。

(3)学习秒表的使用和实验数据的作图法处理。

(二)实验原理

各种化学反应的反应速率不同,其大小主要是由化学反应的本性决定的,而反应物的浓度、温度和催化剂等因素均会影响反应速率。在温度一定时,化学反应速率与反应物浓度的定量关系可用反应速率方程表示,例如非基元反应:

$$2Fe^{3+}(aq)+2I^-(aq)\!=\!\!=\!\!=\!\!2Fe^{2+}(aq)+I_2(aq) \tag{3-2-1}$$

速率方程式为

$$v=k[c(Fe^{3+})]^x \cdot [c(I^-)]^y$$

方程式中:k 为反应速率常数,浓度项指数 x 和 y 分别是该反应对反应物 Fe^{3+} 和 I^- 的级数,x 和 y 之和为反应的总级数。一般化学反应的反应级数不能根据反应方程式直接确定,只能由实验确定。测定 Fe^{3+} 的级数 x 时,应使温度以及 I^- 的浓度等其他反应条件保持不变,测定 Fe^{3+} 在不同起始浓度 $c_0(Fe^{3+})$ 时的反应速率 v,此时,$k[c(I^-)]^y$ 为定值,用符号 K 表示,则反应速率方程为

$$v=K[c(Fe^{3+})]^x$$

对该速率方程的两边作对数运算,则为

$$\lg v=x\lg[c(Fe^{3+})]+\lg K$$

即 $\lg v$ 对 $\lg c_0(Fe^{3+})$[或 $\ln v$ 对 $\ln c_0(Fe^{3+})$]呈线性关系,可以作出一条直线,Fe^{3+} 离子的反应级数 x 即为该一次方程的斜率。

实验中无法测得 dt 时间内微观量的变化值 $dc(Fe^{3+})$,只能测定反应在 Δt 时间内的平均反应速率,即由消耗相同量 $Na_2S_2O_3$ 所需的 Δt 来确定的。因为反应溶液中加入的 $Na_2S_2O_3$ 可使反应式(3-2-1)生成的 I_2 立即转变为无色的 I^- 离子和 $S_4O_6^{2-}$ 离子。

$$2S_2O_3^{2-}(aq)+I_2(aq)\!=\!\!=\!\!=\!\!S_4O_6^{2-}(aq)+2I^-(aq) \tag{3-2-2}$$

一旦溶液中的 $Na_2S_2O_3$ 耗尽时,反应式(3-2-1)生成的 I_2 即与淀粉作用生成特征的蓝色。由反应式(3-2-1)和式(3-2-2)的化学计量数关系可知,反应中 Fe^{3+} 与 $S_2O_3^{2-}$ 的浓度变化量相等,即在 Δt 时间内:

$$\Delta c(Fe^{3+})=\Delta c(S_2O_3^{2-})=c_0(S_2O_3^{2-})$$

因此,平均反应速率为

$$v=-\Delta c(Fe^{3+})/\Delta t=-\Delta c(S_2O_3^{2-})/\Delta t=c_0(S_2O_3^{2-})/\Delta t$$

因此，只需测定从反应溶液混合至蓝色出现的时间间隔 Δt，由已知的 $Na_2S_2O_3$ 溶液的起始浓度 $c_0(S_2O_3^{2-})$［即 $\Delta c(S_2O_3^{2-})$］就能求得反应速率 v。

同理，当温度以及 Fe^{3+} 的浓度等其他反应条件保持不变时，可以测定 I^- 的级数 y。由得到的 x 和 y 值可以求得总反应级数，也可求算出反应速率常数 k。

(三)预备知识

(1)了解反应速率与总反应级数的关系及实验法确定化学反应级数的原理。

(2)滴定管的使用技术。

(3)实验数据作图法及应注意的问题，实验与计算中的有效数字。

(四)实验器材

1.仪器设备

恒温水浴锅(或塑料盆)，电子秒表，酸式滴定管(25mL)2 支，碱式滴定管(25mL)2 支，量筒(5mL,25mL)，烧杯(100mL,250mL)各 4 个，温度计(100℃)，白瓷板，玻棒，坐标纸，标签纸。

2.试剂

$0.04mol \cdot L^{-1}$ $Fe(NO_3)_3$ 溶液，$0.15mol \cdot L^{-1}$ HNO_3 溶液，$0.004mol \cdot L^{-1}$ $Na_2S_2O_3$ 溶液，$0.04mol \cdot L^{-1}$ KI溶液，1%淀粉溶液。

(五)实验内容

1.实验器材准备

洗净滴定管，2 支酸式滴定管分别用 $Fe(NO_3)_3$ 溶液和 HNO_3 溶液润洗，2 支碱式滴定管分别用 $Na_2S_2O_3$ 溶液和 KI 溶液润洗，贴上标签备用。

2.Fe^{3+} 级数的测定

(1)配制反应液

将 4 只烧杯(250mL)和 4 只烧杯(100mL)分别标记为 A 组和 B 组，分为四组按表中编号 Ⅰ 至 Ⅳ 的配比，准确量取各种溶液，置于相应烧杯中，混合均匀，配成 A 液和 B 液。A 液由 $Fe(NO_3)_3$ 溶液、HNO_3 溶液和 H_2O 组成，4 个 A 液的总体积相同，只是 $Fe(NO_3)_3$ 溶液浓度不同，而 B 液由 $Na_2S_2O_3$ 溶液、KI 溶液、淀粉溶液和 H_2O 组成，4 个 B 液的配比均相同。

(2)恒温水浴

恒温水浴锅(或塑料盆)中放入适量自来水(其液面应高于 A 液加 B 液的液面)作室温水浴用，并在盆内底部放一块白瓷板(便于观察颜色变化)。

分别将盛放 Ⅰ 组 A 液和 B 液的 2 只烧杯浸入水浴中 2～3min，使烧杯中溶液的温度与水浴温度一致，测量并记录水浴温度。

（3）测量反应进行时间

将恒温的 B 液迅速、完全倒入 A 液中（既不能将溶液溅出烧杯外，又不能将烧杯外的自来水带入 A 液中），立即按动电子秒表计时，同时用玻棒小心搅动混匀。当反应液中刚有蓝色出现时，立即按停电子秒表，记录时间，反应溶液开始混合至蓝色出现的时间间隔即为反应时间 Δt。再次测量水浴温度，以平均值表示反应体系温度。重复上述操作，依次将 Ⅱ 组、Ⅲ 组和 Ⅳ 组的 A 液和 B 液恒温后混合，分别测出各组反应液的反应时间 Δt。

Fe^{3+} 反应级数测定的溶液配比如表 3-2-1 所示。

表 3-2-1 Fe^{3+} 反应级数测定的溶液配比

试　剂	测定序号	Ⅰ	Ⅱ	Ⅲ	Ⅳ	Ⅴ	Ⅵ	Ⅶ
		Fe^{3+} 反应级数的测定				I^- 反应级数的测定		
V_A/mL	0.04mol·L^{-1} $Fe(NO_3)_3$ 溶液	25.00	20.00	15.00	10.00	10.00	10.00	10.00
	0.15mol·L^{-1} HNO_3 溶液	5.00	10.00	15.00	20.00	20.00	20.00	20.00
	H_2O	20.0	20.0	20.0	20.0	20.0	20.0	20.0
V_B/mL	0.04mol·L^{-1} KI 溶液	10.00	10.00	10.00	10.00	15.00	20.00	25.00
	0.004mol·L^{-1} $Na_2S_2O_3$ 溶液	10.00	10.00	10.00	10.00	10.00	10.00	10.00
	H_2O	25.0	25.0	25.0	25.0	20.0	15.0	10.0
	1%淀粉溶液	5.0	5.0	5.0	5.0	5.0	5.0	5.0

（4）实验数据及作图求曲线斜率

根据实验数据，计算出相应的 $\lg c_0(Fe^{3+})$ 和 $\lg v$ 的数值，以 $\lg c_0(Fe^{3+})$ 为横坐标、$\lg v$ 为纵坐标作图，并从图上求出斜率，即反应物 Fe^{3+} 的级数 x。Fe^{3+} 反应级数测定的数据请记录于表 3-2-2 中。

表 3-2-2 Fe^{3+} 反应级数测定的数据记录

测定序号		Ⅰ	Ⅱ	Ⅲ	Ⅳ
100mL 混合溶液中各物质的起始浓度 c_0/mol·L^{-1}	$Fe(NO_3)_3$				
	KI				
	$Na_2S_2O_3$				
水浴的平均温度 T/K					
反应时间 Δt/s					
$\Delta c(S_2O_3^{2-})$/mol·L^{-1}					
反应速率 v/mol·L^{-1}·s^{-1}					
$\lg v$					
$c_0(Fe^{3+})$/mol·L^{-1}					
$\lg c_0(Fe^{3+})$					
级数 x					

3. I$^-$级数的测定

另取 4 只烧杯(250mL)和 4 只烧杯(100mL)分为四组,按表 3-2-1 中编号Ⅳ至Ⅶ的配比配成 A 液和 B 液,A 液中 Fe(NO$_3$)$_3$ 溶液体积相同,改变 B 液中 KI 溶液的体积。按照测定 Fe^{3+} 级数的同样步骤测定反应时间间隔 Δt,计算出相应的 lgc_0(I$^-$)和 lg$v$ 的数值,绘制以 lg$v$—lgc_0(I$^-$)曲线,求得反应物 I$^-$ 的级数 y。I$^-$反应级数测定的数据请记录于表 3-2-3 中。

表 3-2-3 I$^-$反应级数测定的数据记录

测定序号		Ⅰ	Ⅱ	Ⅲ	Ⅳ
100mL 混合溶液中各物质的起始浓度 c_0/mol·L^{-1}	Fe(NO$_3$)$_3$				
	KI				
	Na$_2$S$_2$O$_3$				
水浴的平均温度 T/K					
反应时间 Δt/s					
Δc(S$_2$O$_3^{2-}$)/mol·L^{-1}					
反应速率 v/mol·L^{-1}·s^{-1}					
lg$v$					
c_0(I$^-$)/mol·L^{-1}					
lgc_0(I$^-$)					
级数 y					

4. 反应速率常数的计算

由算式 $k=\dfrac{v}{c^x(\text{Fe}^{3+})\cdot c^{\ominus}(\text{I}^-)}$ 即可求出该反应的速率常数。

(六)注意事项与注释

(1)2S$_2$O$_3^{2-}$(aq)+I$_2$(aq)===S$_4$O$_6^{2-}$(aq)+2I$^-$(aq)的反应速率很快,几乎可在瞬间完成。

(2)配制 Fe(NO$_3$)$_3$ 溶液时,为防止 Fe^{3+} 发生水解,需加入适量 HNO$_3$。

(3)实验中所用的淀粉溶液极容易变浑浊,须在临用时配制。配制时应先将淀粉调至糊状,然后慢慢加入沸水中,再煮沸 5min,冷却备用。

(4)配制反应液的烧杯应清洗干净,若 Fe^{3+} 离子溶液未与 I$^-$ 和 S$_2$O$_3^{2-}$ 混合液混合前即有蓝色出现,表示溶液已被污染,应重新配制。

(5)秒表是准确测量时间的仪器,有电子数字式和机械式两种,各有多种规格。图 3-2-1 中的数字秒表(电子表)上有三个按钮,右边按钮(B 键)为

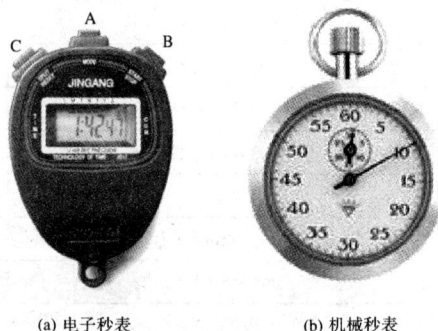

(a) 电子秒表   (b) 机械秒表

图 3-2-1 秒表

启动和停止钮,左边按钮为复位钮(C 键),中间按钮(A 键)为设置钮。

电子秒表功能和使用方法为:

①秒表计时:按 A 键直至秒表显示,若秒表不为零,按 B 键停止计时,按 C 键复位到零;按 B 键开始计时,再按动则停止(重复按 B 键,重复开始/停止),按 C 键复位到零。图 3-2-1 所示秒表盘面上显示的五位数字,左起第一位数记录分值(min),二、三位记录秒值(s),四、五位是秒的小数部分,数值为十进位。图 3-2-1 中的时间为 1 分 42.47 秒,即 102.72 秒。

②时间、日历、星期和响闹显示:按 A 键直至显示正常走时,按 B 键显示月日和星期;按 C 键显示响闹时间,同时按住 B 和 C 键响闹取消/保持。

③设置时间、日历:在正常走时状态,按 A 键三次。正常走时的秒及星期闪烁,进入时间设置状态,按 B 键置数(按住不放,出快速置数)。按 C 键,选择秒、分、时、日、月、星期(A/P 为 12h 制,"A"为上午,"P"为下午,"H"为 24h 制)作为调校对象,调校完毕,按 A 键回到时间显示状态。

④设置响闹时间:在正常走时,按 A 键两次,时和星期同时闪烁,进入响闹设置方式。再按 C 键选择时和分,按 B 键改变分和时的数字。按 A 键回到时间显示。

⑤设置每小时响闹:在正常走时,先按住 C 键不放,再按 A 键,星期显示为有每小时报时,如无星期显示为无报时。

使用机械式秒表时,先旋紧发条,用拇指或食指按柄头,按一下,表就走动;再按柄头,秒针和分针就都停止,便可读数;第三次按柄头时,秒针和分针就都返回零点,恢复原始状态。常用的一种机械式见图 3-2-1,其秒针转一周为 30s,分针转一周为 15min,这种秒表可读准到 0.01s。

(6)实验数据作图处理法的有关知识。

实验数据作图法处理是对实验结果分析和表达的一种重要方法,作图的正确与否直接影响着实验结果,用直角毫米坐标纸和计算机作图软件是常用的作图方法。用直角坐标纸作图时应注意:

①用坐标纸作图时,一般以自变量为横轴,应变量为纵轴。横、纵坐标的读数不一定从"0"开始。坐标轴旁应注明所代表变量的名称及单位,在纵轴之左边及横轴下边每隔一定距离写下该处变数所对应的数值,以便于作图和迅速简便地读数及计算。

②选择坐标轴比例要适当,要使实验测得的有效数字与相应坐标轴分度精度的有效数字位数相符,以免作图处理后得到各量的有效数字发生变化。单位坐标格子所代表的变量须是 1、2 或 5 的倍数,不宜为 3、7 的倍数。尽量使数据点分散开,占满纸面,而不应使图形太小,偏于一角。

③将相当于测得的实验数据的各点画在坐标图上,在点的周围画上圆圈、方块或其他符号,符号的中心位置为读数值,其面积大小应代表测量的精确度。若测量的精确度高,符号作得小些,反之就大些。若在一张图纸上有几组不同的测量值时,各组测量值之代表点应用不同符号表示,以示区别,并需在图上注明。

④作图时,根据数据点的分布情况,把它们连接为直线或曲线,不必要求它全部通

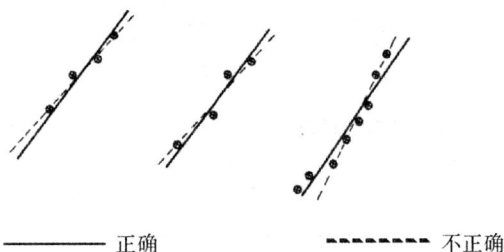

———— 正确　　　--------- 不正确

图 3-2-2　画线方法

过数据点,但要求数据点均匀地分布在曲线的两边,点的数目和点与线的偏差比较均匀,如图 3-2-2 所示。利用直尺画直线,利用曲线板画出光滑的曲线。若作的图是直线,应使其斜率接近于 1。最优化作图的原则是使每一个坐标点到达曲线距离的平方和最小。

⑤求直线的斜率时,所取的点须是直线上的点,而不是实验中所测得的两组数据(除非这两组数据代表的点恰在直线上)。为了减少误差,所取两点的距离不宜太近。

(七)思考题

(1)如何测定某一反应的总反应级数?实验时应固定什么条件,改变什么条件?

(2)测定 Fe^{3+} 的反应级数时,为什么倾倒 KI 与 $Na_2S_2O_3$ 混合溶液的动作要快,既不能使溶液溅出,还要尽量倒尽?

(3)反应溶液出现蓝色的时间间隔 Δt 的长短取决于哪些因素?反应溶液出现蓝色时,反应是否就已停止?

(4)实验中加入 $Na_2S_2O_3$ 溶液的目的是什么?$Na_2S_2O_3$ 溶液用量过多或过少,对实验结果有何影响?

(5)作图法处理本实验的数据时,为什么要用 $lgc_0(Fe^{3+})$ 与 lgv 作图?若分别用 $c_0(Fe^{3+})$、v 做横坐标和纵坐标进行作图,结果如何?

(八)实验报告评分依据

"化学反应级数的测定"实验报告评分依据如表 3-2-4 所示。

表 3-2-4 "化学反应级数的测定"实验报告评分依据　　　　　　　　单位:分/处

考查项目	主要考查内容	扣分
报告内容的完整性	实验报告内容不完整	$-5\sim-1$
原始记录	原始实验记录不完整或任意改动	$-10\sim-2$
曲线图绘制及反应级数的测定结果	坐标单位不合适或坐标轴方向错误	-4
	实验值点位不准,曲线图绘制粗糙(或误差大)	$-10\sim-8$
	实验值点位基本准确,但在所作曲线两边的分布不均匀	-3
	未能从曲线图上的数据求算反应级数 x	-10
	反应级数测定值小于理论值的 60% 或大于 120%	-10
	反应级数测定值小于理论值的 70% 或大于 115%	-7
	反应级数测定值小于理论值的 80% 或大于 110%	-5
	反应级数测定值小于理论值的 90% 或大于 105%	-3
	反应级数测定值小于理论值的 95% 或大于 102%	-1
	处理实验数据时的计算错误(包括有效数字)	-2
分析与讨论	只写实验操作注意事项,未进行讨论	-10
	不结合实验的实际情况空洞叙述	-8
	只作一般说明	-5
实验思考题	每小题 5 分,按回答质量评分	

实验三　物质称量与容量仪器校准

(一)实验目的

(1)掌握正确使用 FA1104N 型电子天平的方法,掌握直接称量法和差减称量法的操作。

(2)基本掌握定量分析仪器的校准方法和意义。

(3)了解 TG328B 型半自动电光天平的使用方法。

(二)实验原理

　　滴定管、移液管、容量瓶是分析实验中常用的玻璃量器,玻璃材料的容量仪器在制造过程中是以 20℃ 为标准予以总容积的定容(分刻度则为均分),其容积常与它的标示值不完全符合;由于玻璃管径的不均匀性及玻璃具有热胀冷缩的性质,在不同温度下,其容积也会有所改变。因此,对于准确度要求较高的分析,必须对量器进行校准。容量器皿的校准方法通常有相对校准法和称量法两种,具体实验原理见第二章第二节。

(三)预备知识

(1)电子天平的操作程序和使用规则。

(2)滴定管、移液管、容量瓶等量器的使用和操作技术。

(3)实验数据的记录和有效数字的运算规则。

(四)实验器材

1.仪器设备

　　FA1104N 电子天平,称量瓶,表面皿,酸式(或碱式)滴定管(25mL),容量瓶(25mL,250mL),移液管(25mL),吸耳球,温度计,滴管,纸带,滤纸。

2.试剂

硼砂。

(五)实验内容

1.电子天平称量

(1)直接称量法称量表面皿

领取一个洁净的表面皿,记下其编号。在电子天平上准确称量,记录其质量(准确至小数点后第四位)。

（2）差减称量法称取试样

用纸带带住已经装入试样的称量瓶，轻轻放入电子天平的盘上准确称其质量（准确至小数点后第四位）。用纸带带住称量瓶从天平箱中移出，在表面皿上方用小纸片隔开取下称量瓶瓶盖，用瓶盖轻轻敲击称量瓶口侧上缘，倾出 0.38～0.42g 试样于表面皿，边弹击称量瓶口边使称量瓶慢慢直立，盖上瓶盖后再在电子天平上准确称量，两次称量之差即为倾于表面皿的试样质量。

将盛有试样的表面皿放到电子天平托盘上再次称量，减去空的表面皿质量即是试样的质量。比较试样质量的符合程度。

同法再在表面皿上依次称取 0.38～0.42g 试样两份，并作称量结果检验。

2. 容量仪器的校准

（1）容量瓶（250mL）与移液管（25mL）的相对校正

用洗净的 25mL 移液管准确吸取蒸馏水移入已洗净并经自然晾干的 250mL 容量瓶中，共移取 10 次，观察瓶颈处弯月面最低点是否与刻度线相切，如不相切，应另作一个标记。经相互校准后的移液管和容量瓶可以配套使用。

（2）容量瓶（25mL）的校正

先准确称出干燥洁净的 25mL 容量瓶的质量，加入蒸馏水至刻度，用滤纸将瓶外及瓶颈内壁刻度以上的水吸干，然后再称量，两次质量之差即为蒸馏水的质量，算出该容量瓶在 20℃时的实际体积。

（3）25mL 滴定管的校正

先准确称出干燥洁净的 25mL 容量瓶的质量。在洁净的滴定管中装入蒸馏水并调至零刻度，然后放出一段蒸馏水（如 10mL，准确记录读数至 0.01mL）于容量瓶中，盖上盖子，准确称出容量瓶和瓶中蒸馏水的总质量；再继续放第二段滴定管中的蒸馏水，再称量，直至放出 25.00mL。由每段蒸馏水的质量算出滴定管每段的实际容积，并计算每段滴定管的校正值和总校正值。以滴定管读数为横坐标，总校正值为纵坐标，绘制该滴定管的校正曲线。

3. 实验数据处理

电子天平编号 ＿＿＿＿＿＿＿＿＿＿＿＿＿

（1）直接法称量表面皿

表面皿编号 ＿＿＿＿＿＿＿＿＿＿＿，表面皿质量 ＿＿＿＿＿＿＿＿＿＿＿。

（2）差减法称量

差减法称量的数据请记录于表 3-3-1 中。

表 3-3-1　差减法称量的数据记录

称量序号	1	2	3	4
称量瓶及试样质量/g				
倾出部分试样后称量瓶及试样质量/g				
倾出试样的质量(m_1)/g				
表面皿＋倾出试样质量/g				
表面皿内试样的质量(m_2)/g				
称量结果检验(m_1-m_2)/g				

(3)容量瓶与移液管的相对校正

容量瓶内溶液体积比容量瓶标示值_____。

(4)容量瓶的校正

室温_____,水温_____。

称量法校正容量瓶的数据请记录于表 3-3-2 中。

表 3-3-2　称量法校正容量瓶的数据记录

容量瓶质量/g	容量瓶+蒸馏水质量/g	蒸馏水质量/g	容量瓶容积/mL	实际体积/mL	校正值/mL

(5)滴定管的校正

室温_____,水温_____。

称量法校正滴定管的数据请记录于表 3-3-3 中。

表 3-3-3　称量法校正滴定管的数据记录

滴定管初读数/mL	滴定管终读数/mL	放出蒸馏水的体积/mL	容量瓶+蒸馏水质量/g	蒸馏水质量/g	实际体积/mL	校正值/mL	总校正值/mL
0.00	0.00	0.00					
	25.00						

(六)注意事项与注释

(1)使用电子天平称量前,必须先检查和调节水平。在称量过程中,不能移动电子天平。

(2)差减法称量时,拿取称量瓶的原则是避免手指直接接触器皿,不能直接放置在实验桌上,以减少称量误差。多次称量时,需在同一台天平上完成。

(3)相对校正实验中,如果溶液弯月面低于刻度线,可用 0.50mL(或 1mL)吸量管将蒸馏水加到与弯月面最低点与刻度线相切,记录加入的蒸馏水体积;若溶液弯月面略高于刻度线,可由 0.50mL(或 1mL)吸量管先加入一定量蒸馏水后,再用该吸量管将容量瓶中蒸馏水弯月面最低点调节到与刻度线相切,记录吸量管中多出的蒸馏水体积。

(4)测量实验水温时,须将温度计插入水中 5～10min 后才读数,读数时温度计球部仍应浸在水中。

(七)思考题

(1)什么是直接称量法、固定称量法和差减称量法?什么情况下选用差减称量法?

（2）在取放称量瓶时，为什么只能用纸带带动？

（3）用减量法称取试样，若称量瓶内的试样吸湿，将对称量结果造成什么误差？若试样倾倒入烧杯内以后再吸湿，对称量是否有影响？

（4）称量水法校准滴定管时，对所用的容量瓶有什么要求？将滴定管中的水放入容量瓶中，为什么流速要控制在每分钟约 10mL？

（5）分段校准滴定管时，每次放出的纯水的体积是否一定要整数？为什么？

（6）称量水法校准容量仪器时，为什么称量只要称准到 0.01g？

（7）利用称量水法进行容量仪器校准时，为何要求水温和室温一致？若两者稍微有差异时，以哪一温度为准？

（八）实验报告评分依据

"物质称量和容量器皿校准"实验报告评分依据如表 3-3-4 所示。

表 3-3-4　"物质称量和容量器皿校准"实验报告评分依据　　　　　单位：分/处

考查项目	主要考查内容	扣分
报告内容的完整性	实验报告内容不完整	$-5\sim-1$
原始记录及处理	原始实验记录不完整或任意改动	$-10\sim-2$
	处理实验数据时的计算错误（包括有效数字）	-2
物质称量	表面皿称量值与实验室提供的质量数据有较大差值	$-5\sim-3$
	未采用差减法称取指定质量范围的试样	-3
	未能在表面皿上连续称取试样	-3
试样称量结果的检验	差减法称量结果与表面皿内试样质量之差大于 0.0005g	-2
	差减法称量结果与表面皿内试样质量之差大于 0.0010g	-3
	差减法称量结果与表面皿内试样质量之差大于 0.0015g	-4
	差减法称量结果与表面皿内试样质量之差大于 0.0020g	-6
移液管与容量瓶的相对校准	校准误差在 0.05～0.19mL	-2
	校准误差在 0.20～0.49mL	-3
	校准误差在 0.50～0.69mL	-4
	校准误差在 0.70～0.99mL	-5
	校准误差大于 1.00mL	$-8\sim-6$
容量瓶和滴定管的校准	校准误差在 0.05～0.09mL	-2
	校准误差在 0.10～0.14mL	-3
	校准误差在 0.15～0.19mL	-5
	校准误差大于 0.20mL	$-8\sim-6$
分析与讨论	只写实验操作注意事项，未进行讨论	-10
	不结合实验的实际情况空洞叙述	-8
	只作一般说明	-5
实验思考题	每小题 5 分，按回答质量评分	

实验四　酸碱平衡与酸碱滴定系列实验

一、酸碱标准溶液的配制和标定

(一)实验目的

(1)掌握酸碱标准溶液的间接配制法和浓度的比较滴定。
(2)掌握滴定操作,初步掌握准确确定终点的方法。
(3)学会滴定分析中容量器皿的正确使用。
(4)熟悉指示剂变色原理和终点颜色的变化,初步掌握酸碱指示剂的选择方法。

(二)实验原理

在酸碱滴定中,HCl 和 NaOH 是最常用的滴定剂,常用以配制浓度为 $0.1mol \cdot L^{-1}$ 的酸碱标准溶液。浓盐酸易挥发放出 HCl 气体而浓度不定,NaOH 试剂常吸收 CO_2 和水蒸气,试剂纯度也不确定,因此,HCl 和 NaOH 标准溶液不能通过准确移取浓盐酸体积或准确称取 NaOH 质量的方法来直接配制,通常先配制成近似 $0.1mol \cdot L^{-1}$ 浓度的溶液,再通过比较滴定和标定来确定它们的准确浓度。

酸碱中和反应在化学计量点时:

$$\frac{V(\text{HCl})}{V(\text{NaOH})} = \frac{c(\text{NaOH})}{c(\text{HCl})}$$

酸碱溶液的比较滴定反应完全时,可确定酸碱溶液的浓度比,当标定了酸(或碱)溶液的准确浓度后,即可计算出另一种溶液的准确浓度。

NaOH 溶液对 HCl 溶液的比较滴定是一个强碱滴定强酸的实验,化学计量点时的 pH 为7.0,滴定的突跃范围为 pH4.3~9.7,选用酚酞作指示剂,溶液由无色变为浅粉红色即为滴定终点。

标定 HCl 溶液浓度的基准物质有无水碳酸钠和硼砂,因硼砂较易纯化,不易吸湿,性质稳定,摩尔质量也大($M = 381.4g \cdot mol^{-1}$),故常用硼砂来标定 HCl 溶液的浓度,反应式为

$$Na_2B_4O_7 + 2HCl + 5H_2O =\!=\!= 2NaCl + 4H_3BO_3$$

反应产物硼酸是弱酸($K_{a1}^{\ominus} = 5.8 \times 10^{-10}$),溶液 pH 约为 5.1,可用甲基红指示滴定终点。

基准物邻苯二甲酸氢钾($KHC_8H_4O_4$,$K_{a2}^{\ominus} = 3.9 \times 10^{-6}$)不含结晶水,性质稳定,摩尔质量大($M = 204.2g \cdot mol^{-1}$),常用来标定 NaOH 溶液浓度,反应式为

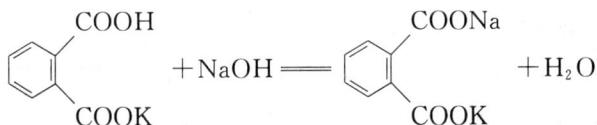

滴定产物邻苯二甲酸钾钠呈弱碱性,溶液 pH 约为 9,可用酚酞作指示剂。

(三)预备知识

(1)滴定管的使用技术和干燥器的使用方法。

(2)酸碱指示剂的选择原则,酚酞、甲基红指示剂的变色范围。

(3)基准物必须具备的条件。

(4)化学计量点 pH 值的计算方法和滴定终点的判断方法。

(5)实验数据的记录、有效数字运算规则和实验误差等知识。

(6)电子天平的使用及差减法称量。

(四)实验器材

1. 仪器设备

FA1104N 电子天平,托盘天平,酸式滴定管(25mL),碱式滴定管(25mL),玻璃塞细口试剂瓶(1000mL),橡皮塞细口试剂瓶(1000mL),容量瓶(100mL),烧杯(250mL),量筒(10mL),锥形瓶(250mL),称量瓶,玻棒,称量纸,滤纸。

2. 试剂

NaOH(AR),浓盐酸(AR),0.1%酚酞,0.05%甲基红。

(五)实验内容

1. 酸碱标准溶液的配制

(1)配制 $0.1mol \cdot L^{-1}$ HCl 溶液

用洁净量筒量取 8.3mL(如何算得的?)浓盐酸,倒入装有约 500mL 蒸馏水的试剂瓶中,再用蒸馏水稀释至 1L,盖上玻璃塞,充分摇匀,贴上标签备用。

(2)配制 $0.1mol \cdot L^{-1}$ NaOH 溶液

在托盘天平上快速称取固体 NaOH 4g(如何算得的?)于烧杯中,立即用新煮沸并冷却至室温的蒸馏水使之溶解,稍冷后转入试剂瓶中,加蒸馏水稀释至 1L,瓶口用橡皮塞塞紧,充分摇匀,贴上标签备用。

2. 酸碱溶液浓度的比较

(1)分别用 $0.1mol \cdot L^{-1}$ HCl 溶液和 $0.1mol \cdot L^{-1}$ NaOH 溶液润洗酸式滴定管和碱式滴定管 2~3 次,每次用 5~10mL,然后将酸碱溶液分别倒入滴定管中,排除滴定管管尖部分的气泡,再使滴定管中溶液体积读数在 0~1mL。

(2)从酸式滴定管中准确放出 20.00mL HCl 溶液于锥形瓶中,放液速度为 10mL/min,加入 2 滴酚酞指示剂,用 $0.1mol \cdot L^{-1}$ NaOH 溶液滴定至溶液呈微红色,并保持 30s 不褪色即为终点,记下 NaOH 溶液体积读数。平行测定 3 份(每次测定均需将酸碱溶液重新装至滴定管的零刻度线附近),要求 3 次滴定之间所消耗的 $V(NaOH)$ 的最大差值小于 0.04mL。计算 $V(HCl)/V(NaOH)$,并对实验数据作统计处理。

3. HCl 溶液浓度的标定

(1)标定 HCl 溶液

方法一:在电子天平上用差减法准确称取 0.38~0.42g(准确至 0.1mg)硼砂 3 份于 3 个洁净的锥形瓶中,各加蒸馏水约 40mL 溶解(必要时可用小火加热促溶后再冷却),加 4~5 滴甲基红指示剂,用 0.1mol·L^{-1} HCl 溶液滴定至黄色变为橙色,保持 30s 不褪色即为终点,记下所耗用的 HCl 溶液体积。HCl 溶液浓度按下式计算:

$$c(HCl) = \frac{m(Na_2B_4O_7 \cdot 10H_2O)}{M\left(\frac{1}{2}Na_2B_4O_7 \cdot 10H_2O\right) \cdot V(HCl)}$$

方法二:用差减法在电子天平上准确称取 1.9~2.1g(准确至 0.1mg)硼砂于洁净的小烧杯中,加蒸馏水约 40mL 溶解(必要时可用小火加热促溶后再冷却),定量转移到 100mL 容量瓶中,定容、摇匀。用 20mL 移液管准确移取 20.00mL 硼砂溶液于洁净的锥形瓶中,加 4~5 滴甲基红指示剂,用 0.1mol·L^{-1} HCl 溶液滴定至黄色变为橙色,保持 30s 不褪色即为终点,记下所耗用的 HCl 溶液体积。平行滴定 3 份,要求相对平均偏差≤0.2%。HCl 溶液浓度按下式计算:

$$c(HCl) = \frac{m(Na_2B_4O_7 \cdot 10H_2O) \times \frac{20.00}{100.00}}{M\left(\frac{1}{2}Na_2B_4O_7 \cdot 10H_2O\right) \cdot V(HCl)}$$

(2)NaOH 溶液浓度的确定

由酸碱溶液比较滴定结果和 HCl 溶液浓度算出 NaOH 溶液的浓度。

4. 实验数据处理

(1)近似 0.1mol·L^{-1} HCl 溶液的配制

量取浓 HCl 体积_____mL,配制成_____mL HCl 溶液。

浓 HCl 用量的计算:

(2)近似 0.1mol·L^{-1} NaOH 溶液的配制

称取固体 NaOH _____g,溶解后配制成_____mL NaOH 溶液。

固体 NaOH 用量的计算:

（3）酸碱溶液浓度比较滴定

酸碱溶液浓度比较滴定的数据请记录于表 3-4-1 中。

表 3-4-1　酸碱溶液浓度比较滴定的数据记录

测定序号	1	2	3
HCl 溶液体积终读数/mL			
HCl 溶液体积初读数/mL			
HCl 溶液的耗用体积 $V(\text{HCl})$/mL			
NaOH 溶液体积终读数/mL			
NaOH 溶液体积初读数/mL			
NaOH 溶液的耗用体积 $V(\text{NaOH})$/mL			
$V(\text{HCl})/V(\text{NaOH})$			
平均值 $(\bar{x})$			
相对平均偏差 $(\bar{d}/\bar{x})$			
标准偏差 (s)			
95% 置信水平时的置信区间			

（4）硼砂标定 HCl 溶液

硼砂标定 HCl 溶液的数据请记录于表 3-4-2 中。

表 3-4-2　硼砂标定 HCl 溶液的数据记录

测定序号	1	2	3
倾出前(称量瓶+基准物质)质量/g			
倾出后(称量瓶+基准物质)质量/g			
基准物质的质量 m/g			
HCl 溶液体积终读数/mL			
HCl 溶液体积初读数/mL			
HCl 溶液的耗用体积 $V(\text{HCl})$/mL			
HCl 溶液的浓度 $c(\text{HCl})$/mol $\cdot$ L^{-1}			
平均值 $(\bar{c})$/mol $\cdot$ L^{-1}			
相对平均偏差 $(\bar{d}/\bar{c})$			
标准偏差 (s)			
95% 置信水平时的置信区间			
NaOH 溶液的浓度/mol $\cdot$ L^{-1}			

（六）注意事项与注释

（1）固体 NaOH 和蒸馏水在放置和使用过程中因会吸收 CO_2，故采取将一定质量固体 NaOH 溶解、稀释成一定体积的配制方法所得的 NaOH 溶液并不纯净，会影响滴定分析结果。

如果测量准确度要求较高时,应在配制 NaOH 时除去 CO_3^{2-} 离子,方法有 3:①加入 1～2mL20‰BaCl$_2$ 溶液,使 CO_3^{2-} 离子完全沉淀,再取上清液放入洁净的试剂瓶中;②将称得的固体 NaOH 置于烧杯中,用 5～10mL 新煮沸并冷却到室温的蒸馏水(除去溶解的 CO_2)迅速洗涤 2～3 次,除去固体 NaOH 上少量的 Na$_2$CO$_3$,再将 NaOH 固体用煮沸并冷后的蒸馏水溶解、稀释成一定体积;③可在塑料瓶中配制 50‰NaOH 溶液,静置,待 Na$_2$CO$_3$ 沉淀(Na$_2$CO$_3$ 不溶于浓 NaOH 溶液)下沉后,吸取上清液,用新煮沸并冷却到室温的蒸馏水稀释。各种浓度的 NaOH 标准溶液有 2 个月的保存期,各种酸溶液(各种浓度)的保存期为 3 个月。

(2)滴定剂应从试剂瓶中直接倒入滴定管中,不得借用任何容器中转,以免引起溶液浓度改变或污染;同时滴定管管尖内不应留有气泡。

(3)对于初学者,甲基红指示剂由黄色转变成终点的橙色不易观察,可用两个锥形瓶比较的方法来帮助判断,溶解好硼砂试样的两个锥形瓶中,分别加入甲基红指示剂,溶液呈黄色,用 HCl 溶液滴定其中一瓶硼砂试样溶液,滴定至溶液颜色色调不同于另一瓶试样溶液(但未变为红色)时,即可确定橙色。

(4)溶液标签书写内容要齐全、字迹清晰、符号准确。根据化学分析中所用试剂的用途和准确度,可将溶液分为标准溶液和一般溶液两大类,其标签内容略有不同。

①标准溶液:标准溶液的配制、标定、校验及稀释等都要有详细记录。标准溶液标签的书写内容包括标准溶液名称、浓度类型、浓度值、介质、配制日期、配制温度、瓶号、校核周期和配制人、注意事项及其他需要注明的事项等。

②一般溶液:这类溶液的浓度要求不太严格,不需要用标定或其他比对方法求得其准确浓度。它们通常在分析过程中作为"条件"溶液,其浓度与用量不参与被测组分含量的计算。这类溶液可按用途分为显色剂溶液、掩蔽剂溶液、缓冲溶液、萃取溶液、吸收液、指示剂溶液、沉淀剂溶液等。一般溶液标签的书写内容包括溶液名称、浓度、纯度、介质、日期、配制人及其他说明。

邻苯二甲酸氢钾标准溶液
$c(KHC_8H_4O_4)=0.1016mol \cdot L^{-1}$
18℃,校核时间:半年
×××　　　　2010.10.10

HAc-NaAc 缓冲溶液,
分析纯,pH=5.00
夏玉宇　化验员使用手册(第二版)P238
×××　　　　2010.10.10

(5)干燥器用以防止被干燥物质在空气中吸潮,常用于保存基准物质。干燥器是个具有磨口盖子的厚质玻璃器皿,磨口上涂有一薄层凡士林,使其更好地密合。底部放适当的干燥剂(一般用变色硅胶),其上架有洁净的有孔瓷板,用于放置盛有被干燥物质的容器。开启或关闭干燥器时,用左手按住干燥器的下部,右手握住盖子的圆把手,小心地向左平推即可,取下的盖子必须仰面放稳。搬动干燥器时,应用两手拇指同时按住干燥器的盖子和器体(见图 3-4-1)。

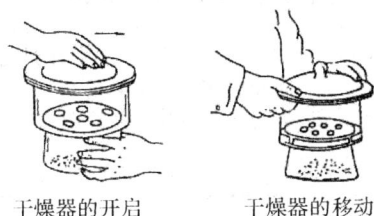

干燥器的开启　　　　　干燥器的移动

图 3-4-1　干燥器的使用方法

(七)思考题

(1)配制 NaOH 溶液时要注意什么？使用放置太久(如超过 2 个月保存期)的 NaOH 溶液对分析结果会有什么影响？放置过的溶液在使用前为什么必须摇匀？

(2)滴定分析中,滴定管和移液管使用前需用所装的溶液润洗,那么所用的烧杯或锥形瓶是否也要用所装的溶液进行润洗？为什么？

(3)每次滴定时,滴定管读数为什么应从"0.00"附近开始？

(4)滴定终点将要到达时,为什么要用少量蒸馏水淋洗锥形瓶内壁？

(5)标定 HCl 溶液时,为什么需称取基准物 $Na_2B_4O_7 \cdot 10H_2O$ 的质量范围为 0.38～0.42g,这些称量值是如何估算的？基准物称得太多或太少,对标定有何影响？

(6)溶解基准物的蒸馏水需用什么量器移取？如果实际加入的蒸馏水加多了,对标定结果有无影响？为什么？

(7)用硼砂标定 HCl 溶液浓度时,为什么选用甲基红指示剂？用甲基橙作指示剂是否可行？

(8)怎样配制不含或少含 Na_2CO_3 的 NaOH 标准溶液？

(八)实验报告评分依据

"酸碱标准溶液的配制和标定"实验报告评分依据如表 3-4-3 所示。

表 3-4-3 "酸碱标准溶液的配制和标定"实验报告评分依据 单位:分/处

考查项目	主要考查内容	扣分
报告内容的完整性	实验报告内容不完整	-5～-1
原始记录	原始实验记录不完整或任意改动	-10～-2
滴定读数	滴定管初读数大于 1.00mL	-2
	滴定管读数不准(包括有效数字)	-5
数据处理	未作说明或 Q 检验即舍弃实验数据	-4
	相对标准偏差在 0.2%～0.3%	-2
	相对标准偏差在 0.3%～0.4%	-3
	相对标准偏差在 0.4%～0.6%	-4
	相对标准偏差大于 0.6%	-10～-6
	称取的硼砂质量偏大或偏小	-2
	所配制的 HCl 溶液浓度未在 0.095～0.105mol·L^{-1}	-2
	处理实验数据时的计算错误(包括有效数字)	-2
分析与讨论	只写实验操作注意事项,未进行讨论	-10
	不结合实验的实际情况空洞叙述	-8
	只作一般说明	-5
实验思考题	每小题 5 分,按回答质量评分	

二、醋酸解离度和解离平衡常数的测定

(一)实验目的

(1)进一步掌握移液管、吸量管、滴定管和容量瓶的正确使用方法,熟练掌握滴定操作和溶液配制技术。

(2)学习用 pH 计测定乙酸解离度和解离平衡常数的原理和方法,加深对弱电解质解离平衡的理解。

(3)学会 Delta 320-S 型酸度计的使用方法。

(二)实验原理

乙酸(HAc)是一元有机弱酸,在水溶液中部分解离,存在下列解离平衡:

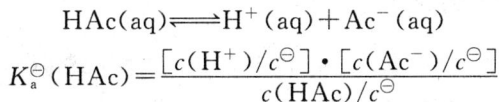

$$HAc(aq) \Longrightarrow H^+(aq) + Ac^-(aq)$$

$$K_a^{\ominus}(HAc) = \frac{[c(H^+)/c^{\ominus}] \cdot [c(Ac^-)/c^{\ominus}]}{c(HAc)/c^{\ominus}}$$

式中:$c(H^+)$、$c(Ac^-)$、$c(HAc)$分别是 H^+、Ac^- 和 HAc 的平衡浓度。

若以 c_0 表示乙酸溶液的起始浓度,α 为解离度,则在纯乙酸溶液中,$c(HAc) = c_0 - c(H^+) = c_0(1-\alpha)$、$c(H^+) = c(Ac^-) = c_0\alpha$,代入上式即得

$$K_a^{\ominus}(HAc) = \frac{[c(H^+)/c^{\ominus}]^2}{c_0 - (H^+)/c^{\ominus}} = \frac{c_0 \cdot \alpha^2}{1-\alpha}$$

乙酸的解离度较小,当 $\alpha < 5\%$ 时,$c(HAc) = c_0 - c(H^+) \approx c_0$,则

$$K_a^{\ominus}(HAc) = \frac{[c(H^+)/c^{\ominus}]^2}{c_0} = c_0 \cdot \alpha^2$$

因此,通过对已知准确浓度的乙酸溶液的 pH 测定,即可求出解离度和解离平衡常数。

(三)预备知识

(1)弱电解质解离平衡、解离度和解离平衡常数。

(2)溶液 pH 值测定的基本原理和 Delta 320-S 型酸度计的使用方法。

(3)实验数据记录及其计算的有效数字。

(4)滴定管、移液管、吸量管、容量瓶的使用。

(四)实验器材

1. 仪器设备

Delta 320-S 型酸度计,酸式滴定管,碱式滴定管,移液管(20mL),锥形瓶,容量瓶

(100mL),容量瓶(25mL)3 个,吸量管(5mL),量筒(10mL),塑料烧杯(50mL)4 个,滴管,温度计,玻棒,擦镜纸。

2.试剂

2.5mol · L^{-1} 乙酸溶液,0.1mol · L^{-1} NaOH(标准溶液),标准 pH 缓冲溶液,酚酞指示剂。

(五)实验内容

1.乙酸溶液浓度的测定

准确量取 2.5mol · L^{-1} 乙酸溶液 4.00mL 于 100mL 容量瓶中,稀释、定容、摇匀。用移液管移取 20.00mL 乙酸稀溶液 3 份,分别置于 3 个锥形瓶中,加入 1～2 滴酚酞指示剂,用 NaOH 标准溶液滴定至呈现微红色且保持 30s 不褪色即为终点,记录耗用的 NaOH 溶液体积。平行测定 3 次,三次滴定之间所消耗的 V(NaOH)的最大差应小于 0.04mL。计算 HAc 稀溶液的浓度。

2.不同浓度的乙酸溶液的配制

用吸量管分别移取 5.00mL、2.50mL 和 1.00mL 乙酸稀溶液于 3 个 50mL 容量瓶中,定容后摇匀,分别计算各 HAc 溶液的准确浓度。

3.乙酸溶液 pH 的测定和解离度 α、解离平衡常数 $K_a^\ominus$ 的计算

将上述三种乙酸系列溶液和乙酸稀溶液分别放入用待装溶液洗涤过的塑料烧杯中,并按溶液浓度由稀到浓次序依次用酸度计测定它们的 pH 值,并记录温度,将所得数据和计算结果列于表中,取 $K_a^\ominus$ 的平均值即为乙酸在_____℃温度下的解离平衡常数。

4.实验数据及处理

(1)乙酸溶液浓度的测定。

乙酸溶液浓度的测定数据记录于表 3-4-4 中。

表 3-4-4　乙酸溶液浓度的测定

测定序号	1	2	3
c(NaOH)/mol · L^{-1}			
NaOH 溶液体积终读数/mL			
NaOH 溶液体积初读数/mL			
NaOH 溶液耗用体积 V(NaOH)/mL			
乙酸稀溶液的浓度/mol · L^{-1}			
平均值($\bar{c}$)/mol · L^{-1}			
相对平均偏差($\bar{d}/\bar{c}$)			
标准偏差(s)			
置信水平 95％时的置信区间			

(2)乙酸溶液 pH 的测定和解离度、解离平衡常数的计算。数据请记录于表 3-4-5 中。

表 3-4-5　乙酸溶液 pH 的测定和解离度 α、解离平衡常数 $K_a^{\ominus}$ 计算

溶液编号	乙酸溶液起始浓度 c_0/mol·L^{-1}	pH	$c(H^+)$/mol·L^{-1}	α	$K_a^{\ominus}$(HAc)	
					测定值	平均值

(六)注意事项与注释

(1)乙酸溶液浓度的测定结果直接影响了所计算的乙酸系列溶液的浓度准确度,也就影响到所测得的解离平衡常数的准确程度,必要时应增大平行测定次数。

(2)配制系列溶液时,容量瓶中的溶液是否混匀对实验的影响很大,所以必须充分混匀。

(七)思考题

(1)用吸量管移取溶液时,应怎样操作才能使误差最小?

(2)如果改变所测乙酸溶液的温度、浓度,乙酸的解离度和解离常数有无变化? 如有变化,将是怎样的变化?

(3)采用 pH 法测定 HAc 的解离度和解离平衡常数时,为什么要先准确测定 HAc 溶液的浓度? 实验中是如何测得 HAc 和 Ac$^-$ 的平衡浓度的?

(4)若所用的乙酸溶液浓度很稀,是否还能用 $K_a^{\ominus}(HAc) = \dfrac{[c(H^+)/c^{\ominus}]^2}{c_0}$ 计算 $K_a^{\ominus}$(HAc)? 为什么?

(5)用 pH 计测定溶液的 pH 时,为何要用标准 pH 值的缓冲溶液校正电极?

(6)测量一系列不同浓度的同种溶液的 pH 值时,为何要按从稀到浓的顺序依次测量?

(7)取 25.00mL 未知浓度的 HAc 溶液,用已知的 NaOH 标准溶液滴定至终点,再加 25.00mL 未知浓度的该乙酸溶液,测得其 pH 值,试根据上述实验过程推导出计算 HAc 解离常数的算式。

(8)根据你的实验结果,总结解离度、解离常数和 HAc 溶液浓度间的关系。

(八)实验报告评分依据

“醋酸解离度和解离平衡常数的测定”实验报告评分依据如表 3-4-6 所示。

表 3-4-6　"醋酸解离度和解离平衡常数的测定"实验报告评分依据　　　　单位:分/处

考查项目	主要考查内容	扣分
报告内容的完整性	实验报告内容不完整	$-5\sim-1$
原始记录	原始实验记录不完整或任意改动	$-10\sim-2$
滴定读数	滴定管初读数大于 1.00mL	-2
	滴定管读数不准(包括有效数字)	-5
HAc 溶液浓度 标定数据处理	未作说明或 Q 检验即舍弃实验数据	-4
	相对标准偏差在 0.2%～0.3%	-2
	相对标准偏差在 0.3%～0.4%	-3
	相对标准偏差在 0.4%～0.6%	-4
	相对标准偏差大于 0.6%	$-10\sim-6$
	处理实验数据时的计算错误(包括有效数字)	-2
HAc 解离度和 解离常数的测定	HAc 系列溶液 pH 测定值有误差	-3
	解离常数测定值小于理论值的 60% 或大于 120%	-10
	解离常数测定值小于理论值的 70% 或大于 115%	-7
	解离常数测定值小于理论值的 80% 或大于 110%	-5
	解离常数测定值小于理论值的 90% 或大于 105%	-3
	解离常数测定值小于理论值的 95% 或大于 102%	-1
	处理实验数据时的计算错误(包括有效数字)	-2
分析与讨论	只写实验操作注意事项,未进行讨论	-10
	不结合实验的实际情况空洞叙述	-8
	只作一般说明	-5
实验思考题	每小题 5 分,按回答质量评分	

三、甲醛法测定氮肥中的含氮量

(一)实验目的

(1)了解酸碱滴定法的应用,理解甲醛法测定铵盐中氮含量的原理和方法。

(2)进一步熟练容量瓶、移液管的使用方法。

(二)实验原理

铵盐中的 NH_4^+ 是 NH_3 的共轭酸,由于 $K_b^\ominus(NH_3)=1.8\times10^{-5}$, $K_a^\ominus(NH_4^+)=5.6\times10^{-10}$,因此不能用 NaOH 标准溶液直接滴定溶液中的 NH_4^+。通常用下列两种间接方法测定铵盐中氮的含量。

1. 蒸馏法(凯氏定氮法)

蒸馏法适用于无机、有机物质中氮含量的测定,准确度较高,但需用凯氏定氮仪(见图 3-4-2)消化试样,操作比较麻烦。

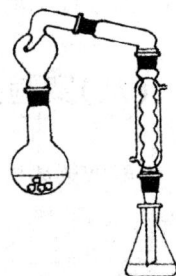

图 3-4-2　定氮蒸馏装置

2.甲醛法

甲醛法适用于铵盐中铵态氮的测定,方法简便、迅速,准确度较差。将铵盐与甲醛作用,定量生成质子化的六亚甲基四胺和 H^+,反应式为

$$4NH_4^+ + 6HCHO \Longrightarrow (CH_2)_6N_4H^+ + 3H^+ + 6H_2O$$

所生成的质子化六亚甲基四胺($K_a^\ominus = 7.1 \times 10^{-6}$)和游离的 H^+ 均能被标准 NaOH 溶液滴定,由反应式可知, $n(NH_4^+) = n(NaOH)$,滴定终点时溶液呈弱碱性,故可用酚酞作指示剂,滴定至溶液呈微红色即为终点。

甲醛中常含有少量因被空气氧化而生成的微量甲酸,使用前须用 NaOH 中和,否则将引起正误差。

若试样中含有游离酸,加甲醛之前应先以甲基红为指示剂,用 NaOH 标准溶液中和,以免影响测定结果。

(三)预备知识

(1)酸碱平衡和酸碱滴定的理论知识及其应用。

(2)电子天平的使用规则。

(3)试样的称量、溶解、转移和定容操作。

(4)实验数据记录及其计算的有效数字。

(四)实验器材

1.仪器设备

FA1104N 电子天平,碱式滴定管(25mL),移液管(25mL),容量瓶(250mL),量筒(10mL),锥形瓶,烧杯(100mL),玻棒。

2.试剂

0.1mol·L⁻¹ NaOH 标准溶液,硫酸铵试样,18%甲醛(即 1:1)溶液,1%酚酞。

(五)实验内容

1.硫酸铵试样中氮含量的测定

准确称取硫酸铵试样 1.3～1.5g(准确至 0.1mg)于小烧杯中,加入少量蒸馏水溶解,然后将溶液定量转移到 250mL 容量瓶中,用蒸馏水定容,摇匀。

用 25mL 移液管移取试样溶液 3 份,分别置于洁净的锥形瓶中,加入 5mL 18%甲醛溶液和 1～2 滴酚酞指示剂,摇匀并放置 5min,用 0.1mol·L⁻¹ NaOH 标准溶液滴定至溶液呈微红色,并保持 30s 不褪色即为终点。记录所耗用的 NaOH 溶液体积,计算试样中氮的质量分数。

$$w(\mathrm{N}) = \frac{2c(\mathrm{NaOH}) \cdot V(\mathrm{NaOH}) \cdot M(\mathrm{N})}{m_s} \times \frac{250.00}{25.00}$$

2. 实验数据处理

硫酸铵试样中氮含量测定的数据请记录于表 3-4-7 中。

表 3-4-7　硫酸铵试样中氮含量测定的数据记录

样品称量/g	倾出前(称量瓶+试样)的质量 m_1		倾出后(称量瓶+试样)的质量 m_2	
试样质量($m_1 - m_2$)/g				
测定序号	1	2	3	4
试样溶液体积/mL				
NaOH 溶液体积终读数/mL				
NaOH 溶液体积初读数/mL				
NaOH 溶液的耗用体积 $V(\mathrm{NaOH})$/mL				
$w(\mathrm{N})$				
平均值 $\overline{w}(\mathrm{N})$				
相对平均偏差($\overline{d}/\overline{x}$)				
标准偏差(s)				
实验结果报告值(置信水平 95% 置信区间)				

(六)注意事项与注释

(1)放置中的甲醛常有白色乳状的聚合物(多聚甲醛)存在,可加入少量浓硫酸加热使之解聚。中和甲醛中微量甲酸的方法是:取原瓶装甲醛上层清液于烧杯中,加水稀释一倍,加入 2~3 滴酚酞为指示剂,用 0.1mol·L^{-1} NaOH 标准溶液滴定甲醛溶液至呈微红色,并保持 30s 不褪色。

(2)试样中含有游离酸时,应在滴定之前在试样溶液中加入 1~2 滴甲基红指示剂,用 NaOH 标准溶液滴定使溶液由红色变为黄色(pH≈6);在同一份溶液中,加入酚酞指示剂 2~3 滴,用 NaOH 标准溶液继续滴定,溶液呈现微红色时即为终点。因有两种指示剂混合,终点不很敏锐,有点拖尾现象。如试样中含有的游离酸不多,则不必事先以甲基红为指示剂滴定。也可采用在一定体积的试样溶液中加入甲基红作指示剂,用 NaOH 标准溶液滴定至橙色,耗用的 NaOH 标准溶液体积即为空白值。另在相同体积的试样溶液中以酚酞作指示剂,用 NaOH 标准溶液滴定至终点,由所耗用的 NaOH 标准溶液体积中扣除测游离酸时所消耗的 NaOH 溶液的体积即为作用于试样中铵盐的 NaOH 标准溶液实际体积。

(3)$\mathrm{NH_4^+}$ 与甲醛的反应在室温下进行较慢,加入甲醛后须放置 5min 再滴定。

(七)思考题

(1)如何估算本实验中硫酸铵试样的称量范围?

(2)如何计算 NaOH 溶液滴定质子化六亚甲基四胺溶液时化学计量点的 pH?

(3)能否用甲醛法分别对硝酸铵、氯化铵和碳酸氢铵试样进行氮含量测定?

(4)尿素 $(NH_2)_2CO$ 中氮含量的测定方法是:先加 H_2SO_4 加热消解,全部变为 $(NH_4)_2SO_4$ 后,按甲醛法进行测定,那么如何根据滴定结果计算尿素试样中的氮含量?

(5)根据本实验原理及思考题(4)的内容设计一个定量分析某蛋白质试样中氮含量的实验过程。

(八)实验报告评分依据

"甲醛法测定氮肥中的含氮量"实验报告评分依据如表 3-4-8 所示。

表 3-4-8 "甲醛法测定氮肥中的含氮量"实验报告评分依据 单位:分/处

考查项目	主要考查内容	扣分
报告内容的完整性	实验报告内容不完整	$-5\sim-1$
原始记录	原始实验记录不完整或任意改动	$-10\sim-2$
试样称量	试样称量数据不完整	-3
	称取的试样质量偏多或偏少	$-4\sim-2$
滴定读数	滴定管初读数大于 1.00mL	-2
	滴定管读数不准(包括有效数字)	-5
数据处理	未作说明或 Q 检验即舍弃实验数据	-4
	相对标准偏差在 0.2%~0.3%	-2
	相对标准偏差在 0.3%~0.4%	-3
	相对标准偏差在 0.4%~0.6%	-4
	相对标准偏差大于 0.6%	$-10\sim-6$
	试样的含氮量超过理论含量	$-8\sim-6$
	处理实验数据时的计算错误(包括有效数字)	-2
分析与讨论	只写实验操作注意事项,未进行讨论	-10
	不结合实验的实际情况空洞叙述	-8
	只作一般说明	-5
实验思考题	每小题 5 分,按回答质量评分	

四、混合碱的含量测定

(一)实验目的

1. 了解和掌握用双指示剂法测定混合碱含量的原理。
2. 理解强酸滴定二元弱碱的滴定过程、化学计量点 pH 值的计算及指示剂的选择。

(二)实验原理

Na_2CO_3 与 $NaHCO_3$ 或 Na_2CO_3 与 $NaOH$ 的混合物称为混合碱,根据在一份试样溶液中先后加入两种指示剂连续滴定时所耗用的 HCl 标准溶液体积可以确定混合碱的组成及其组分的含量计算。其原理如下:

Na_2CO_3 是二元弱碱,其 $K_{b1}^{\ominus} = 1.79 \times 10^{-4}$,$K_{b2}^{\ominus} = 2.38 \times 10^{-8}$,且 $K_{b1}^{\ominus}/K_{b2}^{\ominus} \approx 10^4$,即 Na_2CO_3 第一级和第二级解离产生的 OH^- 均可勉强被分步滴定,有两个滴定突跃。Na_2CO_3 被 HCl 标准溶液滴定至第一化学计量点时的生成物是 $NaHCO_3$,两性物质 $NaHCO_3$ 溶液中 H^+ 离子浓度可由下列近似式计算:

$$c(H^+) = c^{\ominus} \cdot \sqrt{K_{a1}^{\ominus}(H_2CO_3) \cdot K_{a2}^{\ominus}(H_2CO_3)}$$
$$= c^{\ominus} \cdot \sqrt{4.3 \times 10^{-7} \times 5.6 \times 10^{-11}}$$
$$= 4.9 \times 10^{-9} \text{mol} \cdot L^{-1}$$
$$pH = 8.3$$

可选用酚酞作指示剂,也可用变色较敏锐的百里酚蓝—甲酚红混合指示剂(变色点为8.3)来提高滴定准确度。

如果混合碱中的另一组分为 $NaOH$,当酚酞变色时,$NaOH$ 被完全滴定;如果若混合碱中的另一组分为 $NaHCO_3$,则不能被 HCl 溶液滴定,滴定终点均为 pH=8.3,设此时耗用 V_1(HCl)。可能的滴定反应式为

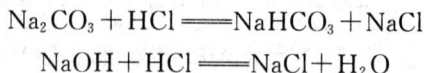

$$Na_2CO_3 + HCl \!=\!=\!= NaHCO_3 + NaCl$$
$$NaOH + HCl \!=\!=\!= NaCl + H_2O$$

第一化学计量点后,继续用 HCl 溶液滴定至第二化学计量点时的生成物为 H_2CO_3(CO_2 + H_2O),滴定反应式为

$$NaHCO_3 + HCl \!=\!=\!= H_2CO_3 + NaCl$$

在室温下,CO_2 饱和水溶液中 $c(H_2CO_3) = 0.04 \text{mol} \cdot L^{-1}$,溶液中 H^+ 离子浓度可按一元弱酸来计算:

$$c(H^+) = c^{\ominus} \cdot \sqrt{K_{a1}^{\ominus}(H_2CO_3) \cdot [c(H_2CO_3)/c^{\ominus}]}$$
$$= c^{\ominus} \cdot \sqrt{4.3 \times 10^{-7} \times 0.04}$$
$$= 1.3 \times 10^{-4} \text{mol} \cdot L^{-1}$$
$$pH = 3.88$$

因此在第一化学计量点后,可加甲基橙(或变色点为 3.9 的溴甲酚绿—二甲基黄混合指示剂)作指示剂,用 HCl 标准溶液继续滴定至溶液由黄色变为橙色即为终点,又耗用的 HCl 溶液体积为 V_2(HCl)。如果 V_1(HCl)$>V_2$(HCl),混合碱样应由 NaOH 与 Na_2CO_3 组成,V_2(HCl)仅为作用于由 Na_2CO_3 生成的 $NaHCO_3$,理论上与作用于 Na_2CO_3 时耗用的 HCl 溶液体积相等;若 V_1(HCl)$<V_2$(HCl),混合碱样应由 Na_2CO_3 与 $NaHCO_3$ 组成,V_1(HCl)为将 Na_2CO_3 滴定成 $NaHCO_3$ 时耗用的 HCl 溶液体积。

(三)预备知识

(1)多元弱酸、碱能被直接滴定的依据、化学计量点 pH 计算及其指示剂的选择。

(2)多元弱酸、碱混合试样组分含量计算。

(3)电子天平、滴定管、容量瓶和移液管的使用。

(四)实验器材

1. 仪器设备

FA1104N 电子天平,酸式滴定管(25mL),容量瓶(250mL),移液管(25mL),锥形瓶(250mL),称量瓶,烧杯(100mL),滴管。

2. 试剂

混合碱样,0.1mol·L^{-1} HCl 标准溶液,0.2%酚酞的乙醇溶液,0.1%甲基橙溶液,百里酚蓝—甲酚红混合指示剂,溴甲酚绿—二甲基黄混合指示剂。

(五)实验内容

1. 试样溶液的配制

差减法准确称取 2.0~2.2g(准确至 0.1mg)混合碱试样于小烧杯中,加 50mL 蒸馏水溶解,定量转移到 250mL 容量瓶中,定容,摇匀。

2. 混合碱组分含量分析

用 25mL 移液管移取试样溶液 3 份,分别置于 3 个洁净的锥形瓶中,加入 2 滴酚酞指示剂,用 HCl 标准溶液滴定至红色恰好消失即为终点,记下用去的 HCl 标准溶液的体积 V_1。然后加入 2 滴甲基橙指示剂,继续用 HCl 标准溶液滴定至溶液由黄色变为橙色,记录又耗用的 HCl 溶液的体积 V_2。根据 V_1 和 V_2 判断混合碱的组成并计算各组分的含量。

3. 实验数据处理

混合碱含量测定的数据请记录于表 3-4-9 中。

表 3-4-9　混合碱含量测定的数据记录

		1	2	3
倾出前(称量瓶＋混合碱样)质量/g				
倾出后(称量瓶＋混合碱样)质量/g				
混合碱样的质量 m/g				
测定时的混合碱样质量/g(20.00/250.0)				
测定序号		1	2	3
HCl 溶液体积终读数/mL				
HCl 溶液体积初读数/mL				
HCl 溶液的耗用体积 V_1(HCl)/mL				
HCl 溶液体积终读数/mL				
HCl 溶液体积初读数/mL				
HCl 溶液的耗用体积 V_2(HCl)/mL				
混合碱的组成				
第一滴定终点 酚酞变色	$w(Na_2CO_3)$			
	平均值($\overline{w}$)			
	相对平均偏差			
第二滴定终点 甲基橙变色	w(另一组分)			
	平均值($\overline{w}$)			
	相对平均偏差			

(六)注意事项与注释

(1)以酚酞指示第一滴定终点时,溶液颜色由红色褪成无色,颜色变化不易准确判断,往往易过量,如改用变色点为 8.3 的甲酚红—百里酚蓝混合指示剂,碱式色为紫色,酸式色为黄色,变色点颜色为樱桃色,颜色变化十分明显,可减小终点误差。

(2)在第一滴定终点前,HCl 溶液的滴加速度要慢,并要不断摇动锥形瓶,待溶液颜色稳定后再加下一滴,否则,由于锥形瓶内局部 HCl 浓度过大,将使一部分 Na_2CO_3 被直接滴定成 CO_2,致使指示剂颜色变化较慢而过量。

(3)混合碱组分不明前,首先 HCl 溶液耗用体积 V_1 和 V_2 是不清楚的,可能存在剩余的 HCl 溶液不能完成第二滴定终点所需的体积;其次不均匀的滴定管会有一定的体积误差,故在滴定每个组分前,均应将 HCl 溶液加到滴定管读数为 0~1mL。

(4)接近第二滴定终点时,应剧烈摇动锥形瓶,使 CO_2 逸出以防形成 CO_2 的过饱和溶液而使终点提前到达。

(5)用变色点为 3.9 的溴甲酚绿—二甲基黄混合指示剂指示第二滴定终点时,溶液由绿色变为黄色。

(6)滴定终点前应以尽可能少的蒸馏水淋洗锥形瓶内壁,因为过度的稀释,将使指示剂的变色不敏锐。

(七)思考题

(1)混合碱是 Na_2CO_3 与 $NaHCO_3$ 或 Na_2CO_3 与 $NaOH$ 的混合物,用 HCl 标准溶液滴定时,有几个滴定突跃? 化学计量点时的 pH 值为多少? 可选用哪些酸碱指示剂来指示滴定终点?

(2)什么是混合指示剂? 甲基橙、甲基红和甲基红—溴甲酚绿混合指示剂的变色范围各为多少? 混合指示剂的优点是什么?

(3)用 HCl 标准溶液滴定两份体积相同的混合碱试样溶液,一份以酚酞作指示剂,另一份以二甲基黄—溴甲酚绿作指示剂,滴定到终点时,哪一份试样溶液耗用的 HCl 溶液体积多? 为什么?

(4)用 HCl 标准溶液滴定混合碱时,取完一份试样溶液就要立即滴定,若在空气中放置一段时间后再滴定,对混合碱组分含量测定结果有什么影响?

(5)测定混合碱含量时,达到第一滴定终点前,由于滴定速度过快,摇动不均匀,对混合碱组分含量测定结果会带来什么影响?

(6)测定混合碱各组分含量时,可以采用差减法准确称取 3 份试样,溶解后分别用 HCl 标准溶液进行滴定,也可以准确称取一份试样,配制成 100mL 试样溶液,准确移取一定体积试样溶液 3 份,再分别用 HCl 标准溶液滴定。比较这两种分析方法的优缺点。

(7)采用酚酞、甲基橙双指示剂法测定可能是 $NaOH$、$NaHCO_3$、Na_2CO_3 或它们的混合物的碱性溶液,若以酚酞为指示剂,耗去 V_1 mL HCl 溶液;但以甲基橙作指示剂,耗去 V_2 mL HCl 溶液,测得的 V_1、V_2 可能存在下列五种情况,试分别判断碱性溶液的组成:

(Ⅰ)当 $V_1 = V_2$ 时,组成是_____;　　(Ⅱ)当 $V_2 = 2V_1$ 时,组成是_____;

(Ⅲ)当 $V_2 > 2V_1$ 时,组成是_____;　　(Ⅳ)当 $V_1 < V_2 < 2V_1$ 时,组成是_____。

(Ⅴ)当 $V_1 = 0$,$V_2 > 0$ 时,组成是_____。

(8)只要测定混合碱的总碱度,应选用哪种指示剂? 如何计算混合碱的总碱度 $w(Na_2O)$?

(八)实验报告评分依据

"混合碱的含量测定"实验报告评分依据如表 3-4-10 所示。

表 3-4-10　"混合碱的含量测定"实验报告评分依据　　　　单位:分/处

考查项目	主要考查内容	扣分
报告内容的完整性	实验报告内容不完整	$-5 \sim -1$
原始记录	原始实验记录不完整或任意改动	$-10 \sim -2$
试样称量	称取的试样质量偏多或偏少	$-4 \sim -2$
滴定读数	滴定管初读数大于 1.00mL 滴定管读数不准(包括有效数字)	-2 -5

续表

考查项目	主要考查内容	扣分
数据处理	未作说明或 Q 检验即舍弃实验数据	-4
	相对标准偏差在 $0.2\% \sim 0.3\%$	-2
	相对标准偏差在 $0.3\% \sim 0.4\%$	-3
	相对标准偏差在 $0.4\% \sim 0.6\%$	-4
	相对标准偏差大于 0.6%	$-10 \sim -6$
	试样的含量偏高或偏低	$-5 \sim -3$
	处理实验数据时的计算错误(包括有效数字)	-2
分析与讨论	只写实验操作注意事项,未进行讨论	-10
	不结合实验的实际情况空洞叙述	-8
	只作一般说明	-5
实验思考题	每小题 5 分,按回答质量评分	

实验五　氧化还原与配位滴定系列实验

一、KMnO₄ 溶液的标定与 H₂O₂ 含量的测定

(一)实验目的

(1)掌握 $KMnO_4$ 溶液的配制和标定原理,掌握温度、滴定速度对氧化还原滴定分析的影响。

(2)学习 $KMnO_4$ 法测定 H_2O_2 含量的原理和方法。

(二)实验原理

1. KMnO₄ 溶液的配制和浓度标定

$KMnO_4$ 是氧化还原滴定中最常用的氧化剂之一。但市售的 $KMnO_4$ 试剂中常含有 MnO_2、硫酸盐、氯化物及硝酸盐等杂质,而本身又有强氧化性,易与蒸馏水中的有机物及空气中的灰尘等还原性物质作用,析出 $MnO(OH)_2$ 沉淀;$KMnO_4$ 还能自行分解,见光分解得更快,MnO_2 和 $MnO(OH)_2$ 也能促进 $KMnO_4$ 分解。因此,$KMnO_4$ 溶液的浓度容易改变,不能用直接法配制 $KMnO_4$ 标准溶液。

为配制较稳定的 $KMnO_4$ 标准溶液,可称取比理论量稍多的 $KMnO_4$,溶于一定体积的蒸馏水中,加热煮沸,冷却后贮存于棕色瓶中,在暗处放置 7 天左右,待 $KMnO_4$ 将溶液中的还原

性物质充分氧化后,过滤除去析出的沉淀,再进行标定。

标定 $KMnO_4$ 溶液浓度的基准物质有 $(NH_4)_2Fe(SO_4)_2 \cdot 6H_2O$、$H_2C_2O_4 \cdot 2H_2O$、$Na_2C_2O_4$、$As_2O_3$ 和纯铁丝等,其中 $Na_2C_2O_4$ 不含结晶水,容易纯化,没有吸湿性,是常用的基准物质。标定反应为

$$2MnO_4^- + 5C_2O_4^{2-} + 16H^+ = 2Mn^{2+} + 10CO_2 + 8H_2O$$

滴定时应注意以下问题:

(1)酸度。$KMnO_4$ 在酸性条件下的氧化能力较强,故该反应需在酸性条件下进行,通常用 H_2SO_4 控制溶液酸度在 $0.5 \sim 1 mol \cdot L^{-1}$。

(2)温度。标定 $KMnO_4$ 溶液浓度的反应在 $60 ℃$ 以下进行较慢,需将溶液加热到 $75 \sim 85 ℃$,并趁热滴定。温度过高时,草酸将会部分分解:

$$H_2C_2O_4 = CO_2 + H_2O + CO$$

(3)滴定速度。该反应为自动催化反应,反应生成的 Mn^{2+} 有催化作用,但在反应开始时,还没有 Mn^{2+},因此滴定速度不宜过快。当加入的第 1 滴 $KMnO_4$ 溶液颜色褪去后才能滴加第 2 滴,否则加入的 $KMnO_4$ 溶液来不及与 $C_2O_4^{2-}$ 反应,就在热的酸性溶液中分解:

$$4KMnO_4 + 2H_2SO_4 = 4MnO_2 \downarrow + 2K_2SO_4 + 2H_2O + 3O_2 \uparrow$$

导致标定结果偏低。

由于 $KMnO_4$ 溶液本身具有特殊的紫红色,滴定时,稍过量的 $KMnO_4$ 即可使溶液呈微红色,若在 30s 内不褪色即为滴定终点。其浓度可由下式计算:

$$c\left(\frac{1}{5}KMnO_4\right) = \frac{m(Na_2C_2O_4)}{M\left(\frac{1}{2}Na_2C_2O_4\right) \cdot V(KMnO_4)}$$

2. H_2O_2 含量的测定

H_2O_2 分子中有过氧键,在酸性溶液中是一种强氧化剂,具有杀菌、消毒、漂白等作用,但遇 $KMnO_4$ 时显示还原性,在酸性溶液中用 $KMnO_4$ 标准溶液滴定来测定其含量,反应式为

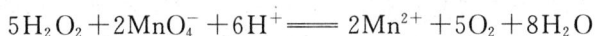

$$5H_2O_2 + 2MnO_4^- + 6H^+ = 2Mn^{2+} + 5O_2 + 8H_2O$$

开始时反应速率较慢,但生成的 Mn^{2+} 有自催化作用,加快反应速率,能顺利滴定至终点,稍过量的 $KMnO_4$ 使溶液呈稳定的微红色,且在 30s 内不褪色即为滴定终点。按下式计算 H_2O_2 的含量:

$$\rho(H_2O_2) = \frac{c\left(\frac{1}{5}KMnO_4\right) \cdot V(KMnO_4) \cdot M\left(\frac{1}{2}H_2O_2\right)}{V(H_2O_2)}$$

市售的 H_2O_2 溶液一般为 3% 或 30%(密度约为 $1.1g \cdot cm^{-3}$)水溶液。H_2O_2 不稳定,常加入少量乙酰苯胺、尿素、丙乙酰胺等有机物作稳定剂,这类物质也消耗 $KMnO_4$,因而会产生较大误差。

(三)预备知识

(1)$KMnO_4$ 标准溶液的配制方法。

(2)$Na_2C_2O_4$ 标定 $KMnO_4$ 溶液浓度以及 $KMnO_4$ 标准溶液测定 H_2O_2 含量时,应控制的反应条件。

（3）在强酸性、中性或强碱性溶液中进行反应时，$KMnO_4$ 的还原产物各是什么？查 $KMnO_4$ 和 H_2O_2 在酸性介质中的电极电势，比较它们的氧化能力强弱。

（4）滴定管中深色溶液的体积读数的读取方法。

（5）H_2O_2 的重要性质及使用时的注意事项。

（6）基本单元及氧化还原反应中基本单元的确定方法。

（四）实验器材

1. 仪器设备

FA1104N 电子天平，HH-2 恒温水浴锅，托盘天平，电炉，酸式滴定管，棕色试剂瓶，烧杯（500mL），量筒（50mL，10mL），微孔玻璃漏斗，容量瓶（250mL），移液管（10mL，25mL），干燥器，表面皿，锥形瓶，玻棒。

2. 试剂

$KMnO_4(s)$，$Na_2C_2O_4(s)$（A.R），$3mol \cdot L^{-1} H_2SO_4$ 溶液，市售 3％ H_2O_2 溶液。

（五）实验内容

1. $c\left(\dfrac{1}{5}KMnO_4\right) = 0.1mol \cdot L^{-1} KMnO_4$ 溶液的配制

用托盘天平称取 1.5g $KMnO_4$ 固体于烧杯中，加入适量蒸馏水溶解后，倒入洁净的棕色试剂瓶中，用水稀释至约 500mL，摇匀，塞好塞子，暗处放置约 7 天，其上层溶液用微孔玻璃漏斗过滤除去 MnO_2 等杂质，滤液置于洁净的棕色玻璃瓶中，摇匀，放置于暗处，待标定。

如果用 500mL 蒸馏水将 $KMnO_4$ 溶于烧杯中，盖上表面皿，加热至沸并保持微沸状态 1h，随时补充因蒸发而失去的水，冷却后过滤，则不必长期放置，就可以标定其浓度。

2. $KMnO_4$ 溶液浓度的标定

在电子天平上准确称取已于 110℃ 干燥的 $Na_2C_2O_4$ 固体 0.13～0.15g（准确至 0.1mg）3 份，分别置于洁净的锥形瓶中，各用约 30mL 蒸馏水使之溶解，再加 10mL $3mol \cdot L^{-1} H_2SO_4$ 溶液，加热至 75～85℃，趁热用 $KMnO_4$ 标准溶液滴定，滴入第 1 滴后，摇动，变为无色后再滴入第 2 滴，待溶液中产生 Mn^{2+} 后，可加快滴定速度，至溶液呈微红色并保持 30s 不褪色即为终点，记录 $KMnO_4$ 溶液的用量。

3. H_2O_2 含量的测定

用移液管准确移取 10.00mL 3％ H_2O_2 溶液于 250mL 容量瓶中，加水稀释至刻度，充分摇匀。用移液管移取 25.00mL 试样溶液于锥形瓶中，加 30mL 水和 30mL $3mol \cdot L^{-1} H_2SO_4$ 溶液，用 $KMnO_4$ 标准溶液滴定至微红色并保持 30s 不褪色即为终点。记录 $KMnO_4$ 溶液的体积，计算商品液中 H_2O_2 的含量。平行测定 3 次。

因 H_2O_2 与 $KMnO_4$ 溶液开始反应速率很慢，需控制 $KMnO_4$ 标准溶液滴加速度，待有

Mn^{2+} 生成时,可加快滴定速度。

4. 实验数据处理

$KMnO_4$ 溶液浓度标定的数据请记录于表 3-5-1 中。

表 3-5-1　　$KMnO_4$ 溶液浓度标定的数据记录

测定序号	1	2	3
倾出前(称量瓶＋基准物质)质量/g			
倾出后(称量瓶＋基准物质)质量/g			
基准物质的质量 m/g			
$KMnO_4$ 溶液体积终读数/mL			
$KMnO_4$ 溶液体积初读数/mL			
$KMnO_4$ 溶液的耗用体积 $V(KMnO_4)$/mL			
$KMnO_4$ 溶液的浓度 $c\left(\frac{1}{5}KMnO_4\right)$/mol·$L^{-1}$			
平均值$(\bar{x})$/mol·L^{-1}			
相对平均偏差$(\bar{d}/\bar{x})$			
标准偏差(s)			
实验结果报告值(置信水平 95％置信区间)			

H_2O_2 含量测定的数据请记录于表 3-5-2 中。

表 3-5-2　　H_2O_2 含量测定的数据记录

测定序号	1	2	3
$KMnO_4$ 溶液体积终读数/mL			
$KMnO_4$ 溶液体积初读数/mL			
$KMnO_4$ 溶液的耗用体积 $V(KMnO_4)$/mL			
H_2O_2 含量 $\rho(H_2O_2)$/g·L^{-1}			
平均值$(\bar{x})$/g·L^{-1}			
相对平均偏差$(\bar{d}/\bar{x})$			
标准偏差(s)			
实验结果报告值(置信水平 95％置信区间)			

(六)注意事项与注释

(1)因 $KMnO_4$ 试样溶液能腐蚀滤纸,不能采用普通过滤方法过滤,溶液中的 MnO_2 或 $MnO(OH)_2$ 沉淀需用微孔玻璃漏斗过滤,滤去 MnO_2 和 $MnO(OH)_2$ 沉淀后保存于棕色瓶中。使用过的砂芯漏斗,应根据不同的沉淀物选用合适的洗涤剂先溶解沉淀,或反复用水抽洗沉淀物,再用蒸馏水冲洗干净,被积尘或沉淀堵塞滤孔时则很难洗净。砂芯漏斗的规格和用途如表 3-5-3 所示。

表 3-5-3　砂芯漏斗的规格和用途

滤板编号	砂芯平均孔径/μm	用　　途
G_1	20～30	滤除粗颗粒沉淀及胶状沉淀物,洗涤粗分子气体
G_2	10～15	滤除较粗颗粒沉淀,收集或洗涤较粗分子气体
G_3	4.5～9	滤除细沉淀、杂质和水银过滤,收集或洗涤一般气体
G_4	3～4	滤除液体中细的沉淀物或极细沉淀物
G_5	1.5～2.5	滤除较大杆菌及酵母
G_6	<1.5	滤除 1.4～0.6μm 的病菌

(2)标定 $KMnO_4$ 溶液浓度的适宜反应温度为 75～85℃,但不能用温度计去测溶液的温度,否则会产生误差,因而常由如下经验方法判断:加热至瓶口开始冒气,手触瓶壁感觉烫手,瓶颈可以用手握住时即可。也可在恒温水浴锅中加热。

(3)$KMnO_4$、碘液等溶液能与橡皮发生反应,故 $KMnO_4$ 溶液应装在酸式滴定管中。由于 $KMnO_4$ 溶液颜色很深,不易观察溶液的凹液面的最低点,因此,常从液面最高边缘处读取体积读数。

(4)试验结束后应及时清洗有关玻璃仪器,否则残留的 $KMnO_4$ 溶液在空气中将进一步转化为 $MnO_2 \cdot nH_2O$,该物质在玻璃器皿表面有较强的附着作用,用刷洗的方法是很难将它们洗去的。如果出现这种现象,可用 $FeSO_4$ 和 H_2SO_4 溶液浸泡,若将溶液适当加热,效果会更好。

(5)如果需对含有稳定剂的 H_2O_2 溶液进行含量测定,应采用碘量法。其原理是在 H_2O_2 溶液中加入过量的 KI,使之置换出等量的 I_2,然后用 $Na_2S_2O_3$ 标准溶液滴定置换出来的 I_2。滴定反应为

$$H_2O_2 + 2I^- + 2H^+ \Longrightarrow 2H_2O + I_2$$
$$I_2 + 2S_2O_3^{2-} \Longrightarrow 2I^- + S_4O_6^{2-}$$

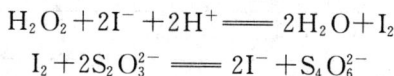

操作方法是:移取 1.00mL 市售的 30% H_2O_2 溶液于 100mL 容量瓶中稀释、定容、摇匀,移取 10.00mL 试样溶液于锥形瓶中,加入 8mL 3mol·L^{-1} H_2SO_4 溶液、10mL 30% KI 溶液和 3 滴 3‰钼酸铵溶液(作反应催化剂),用 $Na_2S_2O_3$ 标准溶液滴定至溶液呈浅黄色,再加淀粉溶液 5mL,继续滴定至蓝色恰好消失即为滴定终点。

(七)思考题

(1)过滤 $KMnO_4$ 溶液后的滤器上、装 $KMnO_4$ 溶液的滴定管下端,均可能沾附有红棕色沉淀物,这是什么物质? 应选用什么物质清洗干净?

(2)用 $Na_2C_2O_4$ 标定 $KMnO_4$ 时候,为什么必须在 H_2SO_4 介质中进行? 酸度过高或过低有何影响? 为什么要加热到 75～85℃? 溶液温度过高或过低有何影响?

(3)标定 $KMnO_4$ 溶液时,为什么第 1 滴 $KMnO_4$ 溶液加入后,溶液的红色褪去很慢,而以后红色褪去越来越快?

(4)$KMnO_4$ 和 H_2O_2 都是氧化剂，为什么 $KMnO_4$ 能氧化 H_2O_2？

(5)用高锰酸钾法测定 H_2O_2 含量时，能否用 HNO_3、HCl 或 HAc 来控制酸度？

(6)$KMnO_4$ 标准溶液滴定 3% H_2O_2 时，先将 10.00mL H_2O_2 稀释成 250mL 后再移取 25.00mL 进行测定，而不是直接移取 1.00mL 3% H_2O_2 溶液进行测定，为什么？

(7)若试样是 30% H_2O_2 溶液，应怎样制备 H_2O_2 试样溶液？

（八）实验报告评分依据

"$KMnO_4$ 溶液的标定与 H_2O_2 含量的测定"实验报告评分依据如表 3-5-4 所示。

表 3-5-4　"$KMnO_4$ 溶液的标定与 H_2O_2 含量的测定"实验报告评分依据　　单位：分/处

考查项目	主要考查内容	扣分
报告内容的完整性	实验报告内容不完整	$-5\sim-1$
原始记录	原始实验记录不完整或任意改动	$-10\sim-2$
滴定读数	滴定管初读数大于 1.00mL	-2
	滴定管读数不准（包括有效数字）	-5
数据处理	未作说明或 Q 检验即舍弃实验数据	-4
	相对标准偏差在 0.2%~0.3%	-2
	相对标准偏差在 0.3%~0.4%	-3
	相对标准偏差在 0.4%~0.6%	-4
	相对标准偏差大于 0.6%	$-10\sim-6$
	称取的 $Na_2C_2O_4$ 质量偏大或偏小	-2
	处理实验数据时的计算错误（包括有效数字）	-2
分析与讨论	只写实验操作注意事项，未进行讨论	-10
	不结合实验的实际情况空洞叙述	-8
	只作一般说明	-5
实验思考题	每小题 5 分，按回答质量评分	

二、食品添加剂亚硝酸钠含量的测定

（一）实验目的

(1)理解和掌握 $KMnO_4$ 返滴定法测定食品添加剂中 $NaNO_2$ 含量的原理。

(2)了解 $NaNO_2$ 的性质及使用。

（二）实验原理

$NaNO_2$ 是食品添加剂，常用作肉制品加工中的发色剂；硝酸盐广泛存在于自然界，在细菌的作用下,硝酸盐可还原为亚硝酸盐。食品中的亚硝酸盐可与其中固有的仲胺类化合物作用产生致癌物质——N-亚硝胺。

$NaNO_2$ 为白色或淡黄色的结晶性粒状或粉末状物质,有吸湿性,在空气中缓慢吸收氧而变为 $NaNO_3$,在 H_2SO_4 溶液中会分解生成黄褐色 NO_2 气体。$NaNO_2$ 具有还原性,NO_2^- 在酸性介质中可将 MnO_4^- 还原为 Mn^{2+},当 $KMnO_4$ 的紫红色消失时,表示 $KMnO_4$ 全部被 $NaNO_2$ 还原,根据 $KMnO_4$ 溶液消耗量可计算样品中亚硝酸钠的含量。为了防止 $NaNO_2$ 在酸性溶液中分解,$NaNO_2$ 宜在过量的 $KMnO_4$ 酸性溶液中进行反应,再用过量的 $Na_2C_2O_4$ 溶液分解剩余 $KMnO_4$,然后用 $KMnO_4$ 溶液滴定剩余的 $Na_2C_2O_4$。有关的反应为

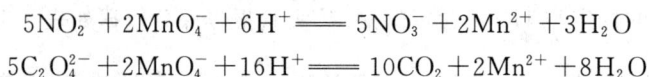

$$5NO_2^- + 2MnO_4^- + 6H^+ \Longrightarrow 5NO_3^- + 2Mn^{2+} + 3H_2O$$
$$5C_2O_4^{2-} + 2MnO_4^- + 16H^+ \Longrightarrow 10CO_2 + 2Mn^{2+} + 8H_2O$$

(三)预备知识

(1)$KMnO_4$ 标准溶液的配制及浓度标定方法。

(2)$NaNO_2$ 的性状及其性质,用作食品添加剂(发色剂)时的限量规定及对人体的危害。

(3)$NaNO_2$ 在酸性介质中的电极电势;影响反应定量进行的滴定条件。

(4)滴定管中深色溶液的体积读数的读取方法。

(四)实验器材

1. 仪器设备

FA1104N 电子天平,HH-2 恒温水浴锅,酸式滴定管(50mL),容量瓶(100mL),移液管(20mL,25mL),锥形瓶(250mL),称量瓶,烧杯(100mL),量筒(5mL,50mL),干燥器,玻棒,滴管。

2. 试剂

添加剂亚硝酸钠试样,$c(\frac{1}{5}KMnO_4) = 0.1\,mol \cdot L^{-1}$ 的 $KMnO_4$ 标准溶液,$c(\frac{1}{2}Na_2C_2O_4) = 0.1\,mol \cdot L^{-1}$ $Na_2C_2O_4$ 标准溶液,$3\,mol \cdot L^{-1}$ H_2SO_4 溶液。

(五)实验内容

1. 试样溶液的配制

差减法准确称取 $0.50 \sim 0.53g$(准确至 $0.1mg$)试样于烧杯中,加水溶解,定量转移到 100mL 容量瓶中,用水稀释至刻度,摇匀。

2. $NaNO_2$ 含量分析

锥形瓶中加入 40.00mL $KMnO_4$ 标准溶液、10mL $3\,mol \cdot L^{-1}$ H_2SO_4 溶液和 50mL 蒸馏水,将移液管管尖插在上述混合溶液的液面下加入 20mL 试样溶液,放置 5min 后,加入

25.00mL 0.1mol·L⁻¹ Na₂C₂O₄ 标准溶液，溶液置于 75～85℃ 水浴中加热数分钟，趁热用 KMnO₄ 标准溶液滴定溶液中剩余的草酸，至溶液呈浅粉红色并保持 30s 不褪色即为滴定终点。用同样的方法进行空白试验。平行测定 3 次，按下式计算亚硝酸钠含量：

$$w(\text{NaNO}_2) = \frac{\left[c\left(\frac{1}{5}\text{KMnO}_4\right) \cdot V(\text{KMnO}_4) - c\left(\frac{1}{2}\text{Na}_2\text{C}_2\text{O}_4\right) \cdot V(\text{Na}_2\text{C}_2\text{O}_4)\right] \times M\left(\frac{1}{2}\text{NaNO}_2\right)}{m_{样} \times \frac{100.0}{20.00}}$$

3. 实验数据处理

添加剂中 NaNO₂ 含量测定的数据请记录于表 3-5-5 中。

表 3-5-5 添加剂中 NaNO₂ 含量测定的数据记录

倾出前(称量瓶＋试样)质量/g			
倾出后(称量瓶＋试样)质量/g			
试样的质量 m/g			
测定序号	1	2	3
试样溶液中加入 KMnO₄ 溶液体积终读数/mL			
试样溶液中加入 KMnO₄ 溶液体积初读数/mL			
加入 KMnO₄ 溶液体积 V_1/mL			
滴定时 KMnO₄ 溶液体积终读数/mL			
滴定时 KMnO₄ 溶液体积初读数/mL			
滴定时 KMnO₄ 溶液的耗用体积 V_2/mL			
KMnO₄ 溶液的总体积 V/mL			
$w(\text{NaNO}_2)$			
平均值($\overline{w}$)			
相对平均偏差			

(六)注意事项与注释

(1)NaNO₂ 具有吸湿性，含水量在 3% 以下，故试样宜在 100℃ 干燥 5h 后进行定量分析，试样称量范围为 0.50～0.53g。

(2)为防止 NaNO₂ 在酸性溶液中分解，宜将试样溶液加到过量的 KMnO₄ 酸性溶液中。

(3)配制 NaNO₂ 试样溶液时所用的蒸馏水中会存在有机物及其他还原性物质，在滴定过程中会消耗一定量的 KMnO₄ 标准溶液，需扣除相同体积蒸馏水中的这些干扰成分所耗用的空白值。

(七)思考题

(1)什么是空白试验？作空白试验的目的是什么？

(2)称取吸湿试样进行 $NaNO_2$ 含量测定时,如何确定试样中的含水量?

(3)$KMnO_4$ 能在酸性介质中氧化 NO_2^-,本实验中为什么不用 $KMnO_4$ 标准溶液直接滴定试样中的 $NaNO_2$ 含量?

(八)实验报告评分依据

"酸碱标准溶液的配制和标定"实验报告评分依据如表 3-5-6 所示。

表 3-5-6 "酸碱标准溶液的配制和标定"实验报告评分依据

考查项目	主要考查内容	扣分
报告内容的完整性	实验报告内容不完整	$-5\sim-1$
原始记录	原始实验记录不完整或任意改动	$-10\sim-2$
滴定读数	滴定管初读数大于 1.00mL	-2
	滴定管读数不准(包括有效数字)	-5
数据处理	未作说明或 Q 检验即舍弃实验数据	-4
	相对标准偏差在 $0.2\%\sim0.3\%$	-2
	相对标准偏差在 $0.3\%\sim0.4\%$	-3
	相对标准偏差在 $0.4\%\sim0.6\%$	-4
	相对标准偏差大于 0.6%	$-10\sim-6$
	称取的试样质量偏大或偏小	-2
	$NaNO_2$ 含量测定值较实际含量偏高或偏低	$-12\sim-6$
	处理实验数据时的计算错误(包括有效数字)	-2
分析与讨论	只写实验操作注意事项,未进行讨论	$-5\sim-3$
	不结合实验的实际情况空洞叙述	-6
	只作一般说明	-8
实验思考题	每小题 5 分,按回答质量评分	

三、水样溶解氧含量的测定

(一)实验目的

(1)巩固已学的重要氧化还原反应的理论知识,了解硫代硫酸钠溶液的配制及标定方法。

(2)了解测定水中溶解氧(DO)的意义和原理。

(3)掌握用碘量法测定水中溶解氧的操作技术和实验条件。

(二)实验原理

溶解在水中的分子态氧称为溶解氧。天然水中的溶解氧含量与空气中氧的分压、水温和水中的含盐量有关。清洁地表水溶解氧接近饱和状态。当水中有藻类物质繁殖时,因其光合作用,水中的溶解氧会增加;当水体受到还原性有机物或无机物污染时,溶解氧的浓度即会降低,因此溶解氧在一定程度上反映了水体的受污染程度。

水中溶解氧的测定方法有碘量法、修正碘量法、膜电极法和现场快速溶解氧仪法,碘量法仍是目前最准确、可靠的分析方法,其基本原理为:水中溶解氧在碱性溶液中将 $Mn(OH)_2$ 氧化为棕色的四价锰的水合物 H_4MnO_4,在酸性溶液中四价锰与 KI 定量反应而析出 I_2,以淀粉作指示剂,用硫代硫酸钠滴定析出的碘,反应式为

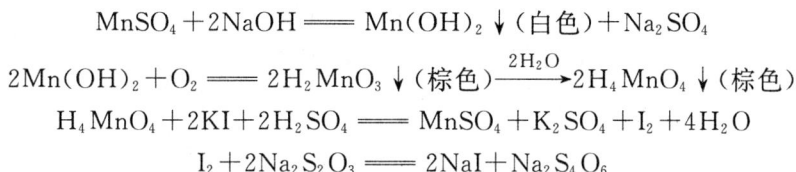

$$MnSO_4 + 2NaOH == Mn(OH)_2 \downarrow (白色) + Na_2SO_4$$

$$2Mn(OH)_2 + O_2 == 2H_2MnO_3 \downarrow (棕色) \xrightarrow{2H_2O} 2H_4MnO_4 \downarrow (棕色)$$

$$H_4MnO_4 + 2KI + 2H_2SO_4 == MnSO_4 + K_2SO_4 + I_2 + 4H_2O$$

$$I_2 + 2Na_2S_2O_3 == 2NaI + Na_2S_4O_6$$

由上述反应式,可得相关物质间存在如下物质的量关系:$1mol\ O_2 \backsim 2\ mol\ I_2 \backsim 4mol\ Na_2S_2O_3$。根据 $Na_2S_2O_3$ 溶液的用量可计算溶解氧的含量。

$$溶解氧(O, mg \cdot L^{-1}) = \frac{c(Na_2S_2O_3) \cdot V(Na_2S_2O_3) \times \frac{15.999}{2} \times 1000}{V_{水样}}$$

硫代硫酸钠($Na_2S_2O_3 \cdot 5H_2O$)一般都含有少量杂质(如 S,Na_2SO_3,Na_2SO_4),同时还容易风化和潮解,不能直接配制成准确浓度的溶液。配制时,应使用新煮沸后冷却的蒸馏水并加入少量的碳酸钠,使溶液呈弱碱性,$Na_2S_2O_3$ 溶液应贮存于棕色试剂瓶中。标定 $Na_2S_2O_3$ 溶液浓度的基准物有 $K_2Cr_2O_7$、$KBrO_3$、KIO_3 等,本实验用 $K_2Cr_2O_7$ 标准溶液进行标定,反应式为

$$K_2Cr_2O_7 + 6KI + 7H_2SO_4 == Cr_2(SO_4)_3 + 3I_2 + 4K_2SO_4 + 7H_2O$$

$$I_2 + 2Na_2S_2O_3 == 2NaI + Na_2S_4O_6$$

$$c(Na_2S_2O_3) = \frac{c\left(\frac{1}{6}K_2Cr_2O_7\right) \cdot V(K_2Cr_2O_7)}{V(Na_2S_2O_3)}$$

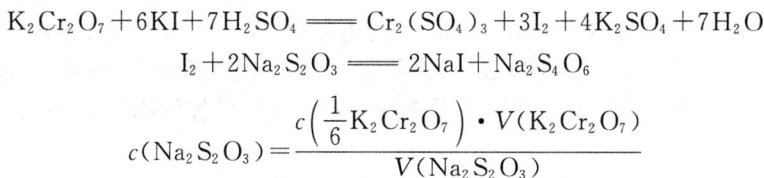

清洁水可直接采用碘量法测定。水样中有色或含有氧化性及还原性物质、藻类、悬浮物等影响测定。氧化性物质可使碘化物游离出碘,产生正干扰;某些还原性物质可把碘还原成碘化物,产生负干扰;有机物(如腐殖酸、丹宁酸、木质素等)可能被部分氧化产生负干扰。所以大部分受污染的地表水和工业废水,必须采用修正的碘量法或膜电极法测定。

(三)预备知识

(1)溶解氧及水样中溶解氧测定的意义。

(2)碘量法及其应用;$Na_2S_2O_3$ 标准溶液的配制及标定。

(3)水样的采集和溶解氧的固定。

(4)碘量瓶及其使用方法。

(四)实验器材

1. 仪器设备

溶解氧瓶(250mL)3 个,酸式滴定管,碱式滴定管,锥形瓶
(250mL)3 个,具塞碘量瓶(250mL)3 个,吸量管(1mL,2mL,
5mL),移液管(100mL),棕色试剂瓶(500mL),量筒(5mL)。

图 3-5-1　溶解氧瓶

2. 试剂

$MnSO_4$ 溶液,碱性碘化钾溶液,$3mol \cdot L^{-1}$ H_2SO_4 溶液,1%淀粉溶液,$c\left(\dfrac{1}{6}K_2Cr_2O_7\right)=$
$0.02500mol \cdot L^{-1}$ $K_2Cr_2O_7$ 标准溶液,$Na_2S_2O_3$。

(五)实验内容

1. $0.02500mol \cdot L^{-1}$ $Na_2S_2O_3$ 标准溶液的配制和标定

称取 3.1g 硫代硫酸钠($Na_2S_2O_3 \cdot 5H_2O$)溶于新煮沸并已冷却的蒸馏水中,加入 0.1g 碳
酸钠,用水稀释至 500mL,贮于棕色瓶中。使用前用 $0.02500mol \cdot L^{-1}$ $K_2Cr_2O_7$ 标准溶液
标定。

于 250mL 碘量瓶中,加入 100mL 水和 1g 碘化钾,加入 5.00mL $0.02500mol \cdot L^{-1}$ 重铬酸
钾标准溶液、5mL $3mol \cdot L^{-1}$ H_2SO_4 溶液,摇匀,加塞后于暗处静置 5min,用上述 $Na_2S_2O_3$ 溶
液滴定至溶液呈淡黄色,加入 1mL 1%淀粉溶液,继续滴定至蓝色刚好褪去为止,记录用量。
平行测定 3 次。

$$c(Na_2S_2O_3) = \frac{c\left(\dfrac{1}{6}K_2Cr_2O_7\right) \cdot V(K_2Cr_2O_7)}{V(Na_2S_2O_3)}$$

2. 溶解氧的固定

将洗净的溶解氧瓶用待测水样荡洗 3 次,用虹吸法将水样沿瓶壁注满溶解氧瓶,迅速盖紧
瓶盖,瓶中不能留有气泡。平行做 3 份水样。

取下瓶塞,分别加入 1.00mL $MnSO_4$ 溶液、2.00mL 碱性碘化钾溶液(加溶液时,吸量管管
尖应插入溶解氧瓶的液面以下),盖好瓶塞(瓶内不能留有气泡),然后将溶解氧瓶颠倒混合数
次,静置。待棕色沉淀物降至瓶内一半时,再颠倒混合一次,继续静置,待沉淀物下降到瓶底。

3. 析出碘

轻轻打开瓶塞,立即用吸量管插入液面下加入 2.00mL 硫酸。小心盖好瓶塞,颠倒摇匀至
沉淀物全部溶解为止(此时的溶液澄清且呈黄色或棕色),放置暗处 5min。

4. 滴定

从每个溶解氧瓶中移取 100.0mL 水样,分别置于 3 个 250mL 锥形瓶中,用 $Na_2S_2O_3$ 标准

溶液滴定至溶液呈淡黄色时,加入 1mL 1% 淀粉溶液,继续滴定至蓝色刚好褪去为止,记录 $Na_2S_2O_3$ 溶液用量。

5. 实验数据处理

$Na_2S_2O_3$ 标准溶液浓度标定的数据请记录于表 3-5-7 中。

表 3-5-7　$Na_2S_2O_3$ 标准溶液浓度标定的数据记录

测定序号	1	2	3
$c\left(\dfrac{1}{6}KMnO_4\right)/mol \cdot L^{-1}$			
$Na_2S_2O_3$ 溶液体积终读数/mL			
$Na_2S_2O_3$ 溶液体积初读数/mL			
$Na_2S_2O_3$ 溶液的耗用体积 $V(Na_2S_2O_3)$/mL			
$Na_2S_2O_3$ 溶液的浓度/mol · L^{-1}			
平均值($\bar{x}$)/mol · L^{-1}			
相对平均偏差($\overline{d}/\bar{x}$)			
标准偏差(s)			
实验结果报告值(置信水平95%置信区间)			

溶解氧测定的数据请记录于表 3-5-8 中。

表 3-5-8　溶解氧($O, mg \cdot L^{-1}$)测定的数据记录

测定序号	1	2	3
$Na_2S_2O_3$ 溶液体积终读数/mL			
$Na_2S_2O_3$ 溶液体积初读数/mL			
$Na_2S_2O_3$ 溶液的耗用体积 $V(Na_2S_2O_3)$/mL			
溶解氧(O)/mg · L^{-1}			
平均值($\bar{x}$)/mg · L^{-1}			
相对平均偏差($\overline{d}/\bar{x}$)			
标准偏差(s)			
实验结果报告值(置信水平95%置信区间)			

(六)注意事项与注释

(1)硫酸锰溶液:称取 480g 硫酸锰($MnSO_4 \cdot 4H_2O$)或 364g $MnSO_4 \cdot H_2O$ 溶于水,用水稀释至 1000mL。此溶液加至酸化过的碘化钾溶液中,遇淀粉不得产生蓝色。

(2)碱性碘化钾溶液:称取 500g 氢氧化钠溶解于 300~400mL 水中,另称取 150g 碘化钾(或 135g NaI)溶于 200mL 水中,待氢氧化钠溶液冷却后,将两溶液合并,混匀,用水稀释至 1000mL。如果有沉淀,则放置过夜后,倾出上清液,贮于棕色瓶中。用橡皮塞塞紧,避光保存。此溶液酸化后,遇淀粉不应呈蓝色。

(3)1%淀粉溶液:称取 1g 可溶性淀粉,用少量水调成糊状,再用刚煮沸的水冲稀至 100mL。冷却后,加入 0.1g 水杨酸或 0.4g 氯化锌防腐。

(4)$c(\frac{1}{6}K_2Cr_2O_7)$ 为 0.02500mol·L^{-1} 的 $K_2Cr_2O_7$ 标准溶液:称取于 105~110℃烘干 2h 并冷却的优级纯重铬酸钾 1.2258g 溶于水,移入 1000mL 容量瓶中,用水稀释至标线,摇匀。

(5)用 $K_2Cr_2O_7$ 标准溶液标定 $Na_2S_2O_3$ 溶液时,若无碘量瓶,可用锥形瓶,在暗处放置时用表面皿盖好瓶口。

(6)淀粉指示剂应在近终点时加入,否则大量的 I_2 与淀粉作用生成蓝色吸附配合物(加合物),这部分碘不易与 $Na_2S_2O_3$ 溶液迅速作用。

(7)析出碘操作时,若沉淀不能完全溶解,可加入少量浓硫酸使之溶解。

(8)水样呈强酸性或强碱性时,需用 NaOH 或 HCl 溶液调至中性后测定。

(9)水样采集后,应在现场加入 $MnSO_4$ 溶液和碱性碘化钾溶液以固定溶解氧,当水样中含有藻类、悬浮物、氧化还原性物质时,须进行预处理。

(10)水样中游离氯大于 0.1mg·L^{-1} 时,应先用 $Na_2S_2O_3$ 溶液除去后测定,方法是:在溶解氧瓶中固定溶解氧后应有沉淀析出,吸取 100.0mL 该溶液于另一个碘量瓶中,用 $Na_2S_2O_3$ 标准溶液滴定至淡黄色,加入 1mL 1%淀粉溶液,再滴定至蓝色刚好消失,向相同体积的水样中加入所消耗的 $V(Na_2S_2O_3)$,以消除游离氯的影响。

(11)在 1 标准大气压下,空气中含氧量为 20.9%(体积分数)时,氧在淡水中不同温度下的溶解度(mg·L^{-1})如表 3-5-9 所示。

表 3-5-9　氧在淡水中不同温度下的溶解度

温度/℃	5	10	15	20	25	30
氧的溶解度/mg·L^{-1}	12.80	11.33	10.15	9.17	8.38	7.63

(七)思考题

(1)水中溶解氧的测定有何意义?

(2)碘量法测定水中溶解氧的基本原理是什么?

(3)配制硫代硫酸钠溶液时,为什么要用煮沸并冷却的蒸馏水?为什么要加入少量 Na_2CO_3?

(4)$Na_2S_2O_3$ 标准溶液滴定碘时,为什么需到溶液呈黄绿色(接近终点)时才加入淀粉指示剂?

(八)实验报告评分依据

"水样中溶解氧含量的测定"实验报告评分依据如表 3-5-10 所示。

表 3-5-10　"水样中溶解氧含量的测定"实验报告评分依据　　　　单位:分/处

考查项目	主要考查内容	扣分
报告内容的完整性	实验报告内容不完整	−5～−1
原始记录	原始实验记录不完整或任意改动	−10～−2
滴定读数	滴定管初读数大于 1.00mL	−2
	滴定管读数不准(包括有效数字)	−5
数据处理	未作说明或 Q 检验即舍弃实验数据	−4
	相对标准偏差在 0.2%～0.3%	−2
	相对标准偏差在 0.3%～0.4%	−3
	相对标准偏差在 0.4%～0.6%	−4
	相对标准偏差大于 0.6%	−10～−6
	水样中溶解氧测定值偏高或偏低	−8～−6
	处理实验数据时的计算错误(包括有效数字)	−2
分析与讨论	只写实验操作注意事项,未进行讨论	−10
	不结合实验的实际情况空洞叙述	−8
	只作一般说明	−5
实验思考题	每小题 5 分,按回答质量评分	

四、水硬度和钙镁离子含量的测定

(一)实验目的

(1)了解测定水的总硬度的意义。
(2)掌握配位滴定法测定水样总硬度和钙、镁离子含量的方法。
(3)继续练习滴定分析的基本操作,了解金属指示剂的变色原理及条件。

(二)实验原理

含有 Ca^{2+}、Mg^{2+}、Fe^{2+}、Al^{3+}、Fe^{3+}、Mn^{2+} 等金属阳离子的水称为硬水,其中主要是 Ca^{2+}、Mg^{2+},其他离子含量较少,因此,一般常以水中 Ca^{2+}、Mg^{2+} 含量来计算硬度。各种工业用水对硬度有不同的要求,水的硬度是水质的一项重要指标。不同国家对硬度有不同的定义,如总硬度、碳酸盐硬度(暂时硬度)和非碳酸盐硬度(永久硬度)。我国过去常以德国硬度标准表示水的硬度,即把 1L 水中含有相当于 10mg CaO 定为 1°,并常把硬度在 8°以下的水称为软水,8°以上的称为硬水,生活用水的总硬度一般不超过 25°。近年来推荐使用每升水中含 $CaCO_3$ 的质量(mg)来表示水的硬度。

水的总硬度和水中 Ca^{2+}、Mg^{2+} 离子的含量可用配位滴定法测定。用 NH_3-NH_4Cl 缓冲溶液控制 pH 为 10 左右,以铬黑 T 作指示剂,用 EDTA 标准溶液准确滴定。铬黑 T 和 EDTA 都能与 Ca^{2+}、Mg^{2+} 离子形成配合物,其稳定性 $CaY^{2-}>MgY^{2-}>MgIn^->CaIn$,加入的铬黑

T 先与部分 Mg^{2+} 离子配位生成 $MgIn^-$（酒红色）。当滴加 EDTA 标准溶液时，EDTA 先与游离的 Ca^{2+} 离子配位，其次与 Mg^{2+} 离子配位，最后夺取 $MgIn^-$ 中的 Mg^{2+}，使铬黑 T 游离出来呈纯蓝色而指示终点到达。

$$水的总硬度\ \rho(CaCO_3) = \frac{c(EDTA) \cdot V_1(EDTA) \cdot M(CaCO_3) \times 1000}{V_{水样}}(mg \cdot L^{-1})$$

若要分别测定 Ca^{2+}、Mg^{2+} 离子的含量，则另取一份水样，加入 NaOH 调节溶液 pH 为 12 以上，使 Mg^{2+} 以 $Mg(OH)_2$ 沉淀的形式被掩蔽，用 EDTA 标准溶液滴定到溶液中的钙指示剂由淡红色变蓝色即为滴定终点，根据 EDTA 溶液的浓度和耗用的体积计算 Ca^{2+} 离子的含量。由 Ca^{2+}、Mg^{2+} 离子的总量减去 Ca^{2+} 的量，即为 Mg^{2+} 的量。

$$\rho(Ca^{2+}) = \frac{c(EDTA) \cdot V_2(EDTA) \cdot M(Ca) \times 1000}{V_{水样}}(mg \cdot L^{-1})$$

$$\rho(Mg^{2+}) = \frac{c(EDTA) \cdot [V_1(EDTA) - V_2(EDTA)] \cdot M(Mg) \times 1000}{V_{水样}}(mg \cdot L^{-1})$$

(三)预备知识

(1)硬水和水的硬度，硬度常用的表示方法，我国生活用水指标的硬度。

(2)EDTA 及金属配合物的特性，配位滴定反应中的副反应，配位滴定原理及其滴定条件，酸效应与溶液酸度的控制。

(3)金属指示剂及其选用。

(四)实验器材

1. 仪器设备

FA1104N 电子天平，酸式滴定管，容量瓶(100mL)，移液管(25mL，50mL)，聚乙烯塑料瓶(500mL)，锥形瓶(500mL)，烧杯(100mL)，量筒(10mL)，托盘天平，表面皿，玻璃棒。

2. 试剂

$0.01mol \cdot L^{-1}$ EDTA 标准溶液，NH_3-NH_4Cl 缓冲溶液(pH≈10)，10% NaOH 溶液，铬黑 T 指示剂，钙指示剂(铬黑 T 指示剂和钙指示剂均用中性盐 NaCl 以 1：100 混合使用)，$MgSO_4 \cdot 7H_2O$(分析纯)。

(五)实验内容

1. $0.01mol \cdot L^{-1}$ EDTA 标准溶液的配制和标定

称取 $1.82\sim1.90g$ 二水合 EDTA 二钠盐于烧杯中，加 100mL 水溶解(必要时加热和过滤)，冷却后转移到聚乙烯塑料瓶中，加纯水稀释至 500mL，充分摇匀备用。

准确称取 $0.24\sim0.28g$ 分析纯 $MgSO_4 \cdot 7H_2O$ 于洁净的小烧杯中，用适量水溶解后，定量转入 100mL 容量瓶中，加水到刻度，摇匀，计算其准确浓度。

用移液管移取 25.00mL Mg^{2+} 标准溶液于锥形瓶中，加入 10mL pH≈10 的氨性缓冲溶液和约 0.01g（绿豆大小）铬黑 T 指示剂，摇匀，此时溶液呈酒红色，用 EDTA 溶液滴定至终点（纯蓝色）。平行测定 3 次，3 次标定之间耗用的 EDTA 溶液体积的最大差值小于 0.04mL，计算 EDTA 溶液的准确浓度。

2. 总硬度的测定

用移液管移取水样 50.00mL 于锥形瓶中（必要时加入 3mL 1：2 三乙醇胺以掩蔽 Fe^{3+}、Al^{3+}），加入 5mL pH＝10 的氨性缓冲溶液，再加入约 0.01g（绿豆大小）铬黑 T 指示剂，摇匀，此时溶液呈酒红色，以 EDTA 标准溶液滴定至纯蓝色，即为终点，记录 EDTA 溶液的用量。平行测定 3 次。

3. Ca^{2+} 离子含量的测定

另取水样 50.00mL，加入 5mL 10％ NaOH 溶液、钙指示剂（约绿豆大小）摇匀，此时溶液呈淡红色，用 EDTA 标准溶液滴定至溶液呈纯蓝色，即为终点，记录 EDTA 溶液的用量。平行测定 3 次，计算 Ca^{2+} 离子的含量。

Mg^{2+} 离子的含量由 Ca^{2+}、Mg^{2+} 离子的总量与 Ca^{2+} 离子的量之差计算而得。

4. 实验数据处理

EDTA 溶液浓度标定的数据请记录于表 3-5-11 中。

表 3-5-11　EDTA 溶液浓度标定的数据记录

测定序号	1	2	3
倾出前（称量瓶＋$MgSO_4 \cdot 7H_2O$）质量/g			
倾出后（称量瓶＋$MgSO_4 \cdot 7H_2O$）质量/g			
基准物质（$MgSO_4 \cdot 7H_2O$）的质量 m/g			
$c(MgSO_4)$/mol·L^{-1}			
EDTA 溶液体积终读数/mL			
EDTA 溶液体积初读数/mL			
EDTA 溶液的耗用体积 $V(KMnO_4)$/mL			
EDTA 溶液的浓度 $c(EDTA)$/mol·L^{-1}			
平均值（$\bar{x}$）/mol·L^{-1}			
相对平均偏差（$\bar{d}/\bar{x}$）			
标准偏差（s）			
实验结果报告值（置信水平 95％置信区间）			

总硬度测定的数据请记录于表 3-5-12 中。

表 3-5-12　总硬度测定的数据记录

测定序号	1	2	3
EDTA 溶液体积终读数/mL			
EDTA 溶液体积初读数/mL			
EDTA 溶液的耗用体积 V_1(KMnO$_4$)/mL			
总硬度 ρ(CaCO$_3$)/mg·L^{-1}			
平均值($\bar{x}$)/mg·L^{-1}			
相对平均偏差($\bar{d}/\bar{x}$)			
标准偏差(s)			
实验结果报告值(置信水平 95% 置信区间)			

Ca^{2+}、Mg^{2+} 含量测定的数据请记录于表 3-5-13 中。

表 3-5-13　Ca^{2+}、Mg^{2+} 含量测定的数据记录

测定序号	1	2	3
EDTA 溶液体积终读数/mL			
EDTA 溶液体积初读数/mL			
EDTA 溶液的耗用体积 V_2(KMnO$_4$)/mL			
Ca^{2+} 含量 ρ(Ca^{2+})/mg·L^{-1}			
平均值($\bar{x}$)/mg·L^{-1}			
相对平均偏差($\bar{d}/\bar{x}$)			
标准偏差(s)			
实验结果报告值(置信水平 95% 置信区间)			
Mg^{2+} 含量 ρ(Mg^{2+})/mg·L^{-1}			
平均值($\bar{x}$)/mg·L^{-1}			
相对平均偏差($\bar{d}/\bar{x}$)			
标准偏差(s)			
实验结果报告值(置信水平 95% 置信区间)			

(六)注意事项与注释

(1)硬水与硬度。溶解有较多量的钙盐类与镁盐类的天然水称为硬水,反之,则称为软水。水中所含的钙、镁之离子主要是由硫酸盐与碳酸氢盐所组成,水中含有的碳酸氢盐可在加热煮沸时形成碳酸盐使之沉淀而成为软水,这类硬水称为暂时硬水。含有硫酸盐的硬水,虽加热煮沸仍难以软化,则称为永久硬水。永久硬水可用离子交换法予以软化。

溶解在水中的钙盐与镁盐的含量可用水的硬度来表示,暂时硬水的硬度称为暂时硬度,永久硬水的硬度称为永久硬度,两者的总和称为总硬度。世界各国表示水的硬度的方法不尽相同。一些国家水硬度单位换算表如表 3-5-14 所示。

表 3-5-14　一些国家水硬度单位换算表

国别	单位	m mol·L^{-1}	德国硬度°	法国硬度 degreef	英国硬度 clark	美国硬度 ppm
	m mol·L^{-1}	1	5.16	10	6.99	100
德国	°	0.178	1	1.78	1.25	17.8
法国	degreef	0.143	0.80	1	1.43	14.3
英国	clark	0.1	0.56	0.70	1	10
美国	ppm	0.01	0.056	0.1	0.070	1

(2)EDTA 标准溶液滴定水样过程中有 CaY、MgY、CaIn 和 MgIn 四种配合物,由于 $pK^{\ominus}_{CaY}=10.69$,$pK^{\ominus}_{MgY}=8.70$,pH=10 时,$pK^{\ominus}_{CaIn}=3.8$,$pK^{\ominus}_{MgIn}=5.4$,即这四种配合物的稳定性次序为:CaY>MgY>MgIn>CaIn。

(3)为了防止 Ca^{2+}、Mg^{2+} 在碱性溶液中沉淀,被测定水样中 Ca^{2+}、Mg^{2+} 总量不能超过 3.6mmol·L^{-1}。水样中加入缓冲溶液后,必须立即滴定,并在 5min 内完成。在接近滴定终点时,每加入一滴 EDTA 标准溶液时,均应充分振摇,最好每滴间隔 2~3s。

(七)思考题

(1)EDTA 法中,为什么使用 $Na_2H_2Y·2H_2O$ 而不直接使用 EDTA 酸? 如何配制 EDTA 标准溶液?

(2)水的硬度测定,为什么要在缓冲溶液中进行? 如果没有缓冲溶液存在,将会导致什么现象发生? 如何确定 EDTA 滴定金属离子的 pH 值?

(3)在测定水样的总硬度时,先于三个锥形瓶中加水样,再加 NH_3-NH_4Cl 缓冲溶液,加铬黑 T 指示剂,然后再一份一份地滴定,这样操作是否妥当? 为什么?

(4)实验中,铬黑 T 和钙指示剂的使用原理和条件各是什么?

(5)测定水的总硬度和钙、镁含量时,移取水样的体积是否要相同? 为什么?

(6)由本实验的实验数据,计算用德国度表示的水硬度为多少?

(八)实验报告评分依据

"水硬度和钙镁离子含量的测定"实验报告评分依据如表 3-5-15 所示。

表 3-5-15　"水硬度和钙镁离子含量的测定"实验报告评分依据　　　　单位：分/处

考查项目	主要考查内容	扣分
报告内容的完整性	实验报告内容不完整	$-5\sim-1$
原始记录	原始实验记录不完整或任意改动	$-10\sim-2$
滴定读数	滴定管初读数大于 1.00mL 滴定管读数不准（包括有效数字）	-2 -5
数据处理	未作说明或 Q 检验即舍弃实验数据 相对标准偏差在 $0.2\%\sim0.3\%$ 相对标准偏差在 $0.3\%\sim0.4\%$ 相对标准偏差在 $0.4\%\sim0.6\%$ 相对标准偏差大于 0.6% 称取的基准物质量偏大或偏小 处理实验数据时的计算错误（包括有效数字）	-4 -2 -3 -4 $-10\sim-6$ -2 -2
分析与讨论	只写实验操作注意事项，未进行讨论 不结合实验的实际情况空洞叙述 只作一般说明	-10 -8 -5
实验思考题	每小题 5 分，按回答质量评分	

实验六　分光光度系列实验

一、邻菲咯啉光度法测 Fe 条件的选择及含量的测定

（一）实验目的

（1）学习和掌握吸光光度法测定条件的选择和分析方案的拟订。

（2）掌握吸光光度法测定铁含量的原理及方法。

（3）学习并掌握 722N 型光栅分光光度计的使用方法及实验数据的标准曲线法处理。

（二）实验原理

在可见光区，溶液呈现被吸收光的互补色光的颜色，不同物质的吸收曲线和最大吸收波长各不相同，浓度不同的同一物质溶液的最大吸收波长相同，对光的吸收程度不同，并符合朗伯—比耳定律：

$$A=\varepsilon bc$$

式中：b 为液层厚度（光程长度），以 cm 为单位；c 为有色溶液浓度，单位为 mol·L^{-1}；ε 为摩尔吸光系数，单位为 L·mol^{-1}·cm^{-1}。ε 是吸光物质在特定波长和溶剂下的一个特征常数，是吸光物质对特定波长光的吸收能力的量度，可用来估量定量分析方法的灵敏度，ε 值越大，分析方法的灵敏度越高。

无色离子或对摩尔吸收系数很小的有色物质可通过显色反应，定量地转化成稳定性高、具有特征颜色的有色物质（主要是螯合物）后，再进行吸光光度测定。

铁的吸光光度分析的显色剂较多，有邻菲咯啉（Phen，又称邻二氮菲）及其衍生物和磺基水杨酸、硫氰酸盐、5-苯基-10,15,20-三(4-磺基苯)卟吩、5-Br-PADAP 等。其中邻菲咯啉分光光度法的灵敏度高、重现性好，生成的配合物的稳定性好，干扰容易消除，是目前普遍采用的一种方法。在 pH 为 2～9 的溶液中，Fe^{2+} 与邻菲咯啉生成橘红色配合物 $[Fe(Phen)_3]^{2+}$，反应式为

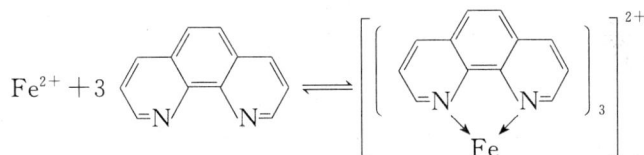

该配合物的 $lg\beta_3^{\ominus} = 21.3(20℃)$，最大吸收波长 $\lambda_{max} = 508nm$，$\varepsilon_{508} = 1.1 \times 10^4$ L·mol^{-1}·cm^{-1}。

若溶液中存在 Fe^{3+}，须先将 Fe^{3+} 还原为 Fe^{2+}，再与邻菲咯啉反应，否则 Fe^{3+} 也与邻菲咯啉反应，生成 3:1 的淡蓝色配合物，$lg\beta_3^{\ominus} = 14.1$。一般用盐酸羟胺作还原剂：

$$2Fe^{3+} + 2NH_2OH \cdot HCl === 2Fe^{2+} + N_2 \uparrow + 4H^+ + 2Cl^- + 2H_2O$$

Cu^{2+}、Mn^{2+}、Co^{2+}、Ni^{2+}、Cd^{2+}、Hg^{2+}、Zn^{2+} 等离子也能与邻菲咯啉反应生成稳定的配合物，但为了尽量减少这些离子的影响，常控制在 pH$\approx$5 溶液中显色，若这些离子的量较多时，需用 EDTA 掩蔽或预先分离。

吸光光度分析时，测量波长、溶液酸度、显色剂用量、显色时间、温度、溶剂以及共存离子的干扰及其消除等的测量条件都是通过实验来确定的，其方法是固定其他条件而只改变某一个试验条件，测定一系列吸光度值，绘制吸光度—某试验条件的曲线，由吸收曲线图确定某试验条件的最适宜范围。本实验在试样测定前进行测量波长、溶液酸度、显色剂用量、显色时间等条件试验。

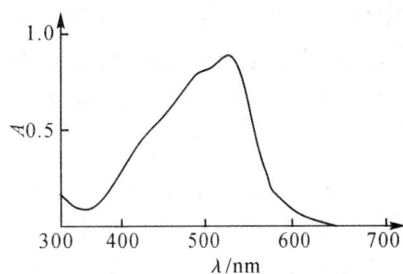

图 3-6-1 Fe^{2+} 邻菲咯啉的吸收曲线

（三）预备知识

(1)物质对光的选择性吸收及光的吸收定律；显色反应及显色条件的选择。

(2)影响吸光光度分析的因素及测量条件的选择。

(3)分光光度计的基本结构和使用方法。

(4)标准曲线（工作曲线）法的原理及应用。

(四)实验器材

1. 仪器设备

722N 型光栅分光光度计,Delta 320-S 型酸度计,容量瓶(25mL)10 个,碱式滴定管,吸量管(1mL,2mL,5mL),烧杯(50mL),电子秒表,擦镜纸,坐标纸。

2. 试剂

铁标准溶液($10.00mg \cdot L^{-1}$),$1.5g \cdot L^{-1}$ 邻菲咯啉溶液,10% 盐酸羟胺溶液(新配制),$1.0mol \cdot L^{-1}$ NaAc 溶液,$0.5mol \cdot L^{-1}$ NaOH 溶液。

(五)实验内容

1. 测量条件试验

(1)吸收曲线的制作和测量波长的选择

用吸量管移取铁标准溶液 0.00mL、3.00mL,分别加入 2 个 25mL 容量瓶中·各加入 0.50mL 盐酸羟胺溶液(稍加摇动)和 2.50mL $1.0mol \cdot L^{-1}$ NaAc 溶液,最后加入 1.00mL 邻菲咯啉溶液,用纯水稀释至刻度,摇匀,放置 10min 后,用 1cm 比色皿,以试剂空白(即加 0.00mL 铁标准溶液)作参比溶液,在 440~560nm 波长范围内,每隔 10nm 测一次吸光度,其中 500~520nm,每隔 5nm 测定一次吸光度。每改变一次波长,均需用参比溶液重新校正仪器。以波长 λ 为横坐标、吸光度 A 为纵坐标,在坐标纸上绘制吸收曲线,由吸收曲线图选择测定铁的适宜波长,一般选用最大吸收波长 λ_{max}。

(2)溶液酸度的选择

另取 8 个洁净的 25mL 容量瓶,分别加入 3.00mL 铁标准溶液、0.50mL 盐酸羟胺溶液和 1.00mL 邻菲咯啉溶液,初步混匀。然后用碱式滴定管分别加入 0.00mL、0.20mL、0.50mL、1.00mL、1.50mL、2.00mL、2.50mL 和 3.00mL $0.5mol \cdot L^{-1}$ NaOH 溶液,用纯水稀释至刻度,摇匀。放置 10min 后,用 1cm 比色皿,以蒸馏水作参比溶液,在 λ_{max} 下测定各溶液的吸光度。同时用酸度计测出各溶液的 pH。以 pH 为横坐标、吸光度 A 为纵坐标,绘制 A 与 pH 的关系曲线,由曲线图确定测定铁时的适宜酸度范围。

(3)显色剂用量的选择

取 7 个 25mL 容量瓶,各加入 3.00mL 铁标准溶液、0.50mL 盐酸羟胺溶液和 2.50mL $1.0mol \cdot L^{-1}$ NaAc 溶液,初步混匀,再分别加入 0.10mL、0.30mL、0.50mL、0.80mL、1.00mL、2.00mL 和 4.00mL 邻菲咯啉溶液,用纯水稀释至刻度,摇匀。放置 10min 后,用 1cm 比色皿,以蒸馏水作参比溶液,在 λ_{max} 下测定各溶液的吸光度。以所取邻菲咯啉溶液体积 V 为横坐标、吸光度 A 为纵坐标,绘制 A 与 V 的关系曲线,由曲线图确定测定铁时显色剂邻菲咯啉的适宜用量。

(4)显色时间的选择

在 25mL 容量瓶中加入 3.00mL 铁标准溶液、0.50mL 盐酸羟胺溶液(稍加摇动)和

2.50mL 1.0mol·L^{-1} NaAc 溶液,再加入 1.00mL 邻菲咯啉溶液,用纯水稀释至刻度,摇匀。立即用 1cm 比色皿,以蒸馏水作参比溶液,在 λ_{max} 下测定吸光度。然后依次测量放置 5min、10min、15min、20min、30min 后的吸光度。以时间 t 为横坐标、吸光度 A 为纵坐标,绘制 A 与 t 的显色时间影响曲线,由曲线图选择铁与邻菲咯啉显色反应完全所需的适宜时间。

(5)实验数据处理

测量波长选择的数据请记录于表 3-6-1 中。

表 3-6-1　测量波长选择的数据记录

λ/nm								
A								

溶液酸度选择的数据请记录于表 3-6-2 中。

表 3-6-2　溶液酸度选择的数据记录

NaOH 溶液用量/mL	0.00	0.20	0.50	1.00	1.50	2.00	2.50	3.00
A								

显色剂用量选择的数据请记录于表 3-6-3 中。

表 3-6-3　显色剂用量选择的数据记录

显色剂用量/mL	0.10	0.30	0.50	0.80	1.00	2.00	4.00
A							

显色时间选择的数据请记录于表 3-6-4 中。

表 3-6-4　显色时间选择的数据记录

显色时间/min	5	10	15	20	30
A					

测定铁含量的测量条件:λ_{max} 为_____nm,邻菲咯啉溶液用量为_____mL,溶液酸度控制在 pH 为_____,显色时间为_____min。

2. 试样溶液中铁含量的测定

(1)绘制标准曲线

在 7 个洁净的 25mL 容量瓶中,分别加入 0.00mL、1.00mL、2.00mL、3.00mL、4.00mL 和 5.00mL 铁标准溶液,第 7 个容量瓶中加入 5.00mL 待测试样溶液,然后各加入 0.50mL 盐酸羟胺溶液和 2.50mL 1.0mol·L^{-1} NaAc 溶液,初步混匀,最后加入 1.00mL 邻菲咯啉溶液,用纯水稀释至刻度,摇匀,放置 10min 后,用 1cm 比色皿,以试剂空白(即加 0.00mL 铁标准溶液)作参比溶液,在 λ_{max} 下测定各溶液的吸光度。以溶液中铁的质量浓度为横坐标、吸光度 A 为纵坐标,绘制标准曲线。

(2)试样溶液中总铁含量测定

测出试样溶液在相同测量条件下的吸光度 A_x,在标准曲线上查得其质量浓度 ρ_x,计算出原试样溶液中的铁含量($mg \cdot L^{-1}$)。

标准曲线制作和试样溶液中铁含量测定的实验方案也可由上述测量条件试验的结果来确定。

铁标准溶液密度 $\rho(Fe) = $ ＿＿＿＿＿＿＿ $mg \cdot L^{-1}$。

铁标准系列溶液配制及吸光度测定的数据请记录于表 3-6-5 中。

表 3-6-5　铁标准系列溶液配制及吸光度测定的数据记录

试样溶液编号	1	2	3	4	5	6	待测试液体积
加入铁标准溶液体积/mL	0.00	1.00	2.00	3.00	4.00	5.00	5.00
$\rho(Fe)/mg \cdot L^{-1}$							
A							

在 λ_{max} 处摩尔吸光系数 ε_{max} 的计算值＿＿＿＿＿＿＿＿＿＿＿，待测试液中铁含量为＿＿＿＿＿＿ $mg \cdot L^{-1}$。

(六)注意事项与注释

(1)$10.00\,mg \cdot L^{-1}$ 铁标准溶液的制备:称取 $0.7022g$ 分析纯 $(NH_4)_2Fe(SO_4)_2 \cdot 6H_2O$ 于 $250mL$ 烧杯中,用 $50mL\ 6mol \cdot L^{-1}$ HCl 使之溶解后,定量转入 $1000mL$ 容量瓶中,用纯水定容,摇匀,得到 $100.0\,mg \cdot L^{-1}$ 铁标准溶液,再稀释 10 倍即可。

(2)波长不同的单色光的能量不同,透过同一溶液时,被吸光物质吸收的程度有差别,故当入射光波长发生改变时,都需用参比溶液校正 $T = 0.00$ 和 $T = 100$。

(3)因该显色体系的空白试剂均为无色溶液,溶液酸度、显色剂用量及显色时间条件试验时用蒸馏水作参比溶液,操作比较简便。

(4)进行溶液酸度对显色反应的影响试验,应配制一系列不同 pH 的缓冲溶液,因受实验室条件的限制,只能采取在酸性溶液中加入不同体积的 NaOH 溶液,测定各溶液的吸光度,然后再测定其 pH。

(5)分光光度计在使用前应作安全性检查,检查无误后再打开电源、通电预热 20min,使分光光度计处于良好的工作状态。预热及未作测量时,应打开比色皿暗盒(即关闭光门),避免光电管长时间受光照射而疲劳。分光光度计连续使用时间不应超过 2h,最好是间隔半小时后继续使用。

(七)思考题

(1)用邻菲咯啉法测定铁时,为什么要在测定前加入盐酸羟胺? 若不加入盐酸羟胺,对测定结果有何影响? 如果使用配制已久的盐酸羟胺溶液,对分析结果有什么影响?

(2)邻菲咯啉分光光度法测定铁的实验中,要加入一系列试剂与 Fe^{2+} 发生显色反应,哪些试剂加入量的体积要准确,哪些试剂可以不必十分准确? 为什么?

(3)用邻菲咯啉作显色剂使样品溶液中的铁显色,为什么要加入 NaAc? 能否用 NaOH 代替 NaAc? 为什么?

（4）吸光光度法测定有色溶液的吸光度时，为什么要用参比溶液？选择参比溶液的原则是什么？

（5）吸光光度法进行某种成分测定时，应如何使用比色皿？为什么特别强调须使用同一盒内的比色皿？如果不慎将不同套的比色皿混在一起，可用什么简便方法使比色皿重新配套？

（6）吸收曲线与标准曲线有何区别？为什么绘制标准曲线和试样溶液测定应在相同条件下进行？主要是指哪些条件？

（7）722N 型光栅分光光度计的主要部件的名称是什么？简述分光光度计的操作过程。

（8）试对所做的测量条件试验进行讨论并选择适宜的测量条件。

（9）怎样用吸光光度法测定水样中的总铁和亚铁的含量？试拟出一简单步骤。

（八）实验报告评分依据

"邻菲咯啉光度法测 Fe 条件的选择及含量的测定"实验报告评分依据如表 3-6-6 所示。

表 3-6-6　"邻菲咯啉光度法测 Fe 条件的选择及含量的测定"实验报告评分依据　　单位:分/处

考查项目	主要考查内容	扣分
报告内容的完整性	实验报告内容不完整	−5～−1
原始记录	原始实验记录不完整或任意改动	−10～−2
光度法测 Fe 条件的选择	未绘制吸光度 A 与试验条件的曲线图	−10
	实验值的点位不准而使曲线绘制粗糙	−6
	实验值的点位准确，但吸收曲线绘制粗糙、不光滑	−3
	光度法测 Fe 条件试验结果不完整	−4～−1
标准系列溶液配制和标准曲线绘制	标准系列溶液的线性关系差	−5～−2
	标准曲线坐标轴单位不合适	−2
	实验值的点位不准，标准曲线绘制粗糙（或误差大）	−6
	实验值点位基本准确，但在所作曲线两端的分布不均匀	−3
	未绘制标准曲线	−10
	ε_{max} 计算值偏大或偏小	−4～−2
试样溶液中 Fe 含量测定的数据处理	试样原液中的铁含量为实际提供值的 ±1.5% 之内	−2
	试样原液中的铁含量为实际提供值的 ±1.6%～±3.0%	−4
	试样原液中的铁含量为实际提供值的 ±3.1%～±5.0%	−6
	试样原液中的铁含量为实际提供值的 ±5.0% 以上	−10～−7
分析与讨论	只写实验操作注意事项，未进行讨论	−10
	不结合实验的实际情况空洞叙述	−8
	只作一般说明	−5
实验思考题	每小题 5 分，按回答质量评分	

二、加碘盐中 KIO₃ 含量的测定

(一)实验目的

(1)学习分光光度法测定碘盐中 KIO_3 含量的原理与方法。

(2)进一步熟练 722N 型光栅分光光度计的使用。

(二)实验原理

碘是人类生命活动中必需的外源性微量元素之一,碘缺乏会产生如智力下降、甲状腺肿大等疾病,因而在普通食盐中加入 KIO_3 或 KI 以达到补充碘的目的。由于 KIO_3 性质稳定,常温下具有不挥发、不分解、不潮解,活性效果好,含碘量为 59.3%,食用时口感舒适等特点,所以常用无色、无味、无臭的 KIO_3 作碘盐的活性成分,食用碘盐中碘的含量一般为 2×10^{-3}%~5×10^{-3}%($20\sim50\mu g \cdot g^{-1}$)。纯 KIO_3 有毒性,但微量($\leqslant60\mu g \cdot g^{-1}$)是有益无害的。

在酸性条件下 KIO_3 能定量氧化 KI:

$$IO_3^- + 5I^- + 6H^+ \underline{\quad\quad} 3I_2 + 3H_2O$$

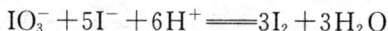

反应生成的 I_2 与淀粉作用形成蓝色的包合物,此包合物对 595nm 波长的单色光具有最大吸收,通过测定其对 595nm 波长光的吸光度 A,可求得碘盐中的碘含量。

(三)预备知识

(1)碘盐的制备方法。

(2)碘含量分析的方法。

(3)722N 型光栅分光光度计和 FA1104N 电子天平的使用。

(四)实验器材

1. 仪器设备

FA1104N 电子天平,722N 型光栅分光光度计,容量瓶(50mL),吸量管(1mL,2mL,5mL),量筒(10mL,50mL),托盘天平,坩埚。

2. 试剂

精制食盐,0.1mol·L⁻¹ H_2SO_4 溶液,KI—淀粉混合液,KIO_3 标准溶液。

(五)实验内容

1. 碘盐的制取

取一干净坩埚放在酒精灯上烘干,把 5g 精制食盐放入坩埚中,并逐滴加入 1mL 碘含量为 200mg·L^{-1} 的 KIO$_3$ 标准溶液。搅拌均匀后,加入 3mL 无水乙醇(分析纯),将坩埚放在石棉网上,点燃酒精,待酒精燃尽后,冷却,即得碘盐(或在 100℃下烘干 1h)。

2. KIO$_3$ 标准系列溶液的配制

准确吸取 1.00、2.00、3.00、4.00、5.00mL KIO$_3$ 标准溶液,分别放入 50mL 容量瓶中,然后各加入 30mL 0.1mol·L^{-1} H$_2$SO$_4$,摇匀,再各加入 2mL KI-淀粉混合液,显色后静置 2min,稀释至 50mL。以蒸馏水为参比,用 1cm 比色皿在 595nm 波长处测定吸光度 A,绘制出工作曲线。

3. 试样的测定

称取 1.0g 碘盐,加水溶解后转移到 50mL 容量瓶中,同法加入 H$_2$SO$_4$、KI-淀粉混合液,测定吸光度 A_x,在工作曲线上查出 A_x 对应的 KIO$_3$ 浓度 c_x(注意试液、标液应在同条件下同时显色、同时测定)。

4. 实验数据处理

KIO$_3$ 标准溶液密度 $\rho(\mathrm{KIO_3}) = $ _____ mg·L^{-1}。

标准系列溶液配制及吸光度测定的数据请记录于表 3-6-7 中。

表 3-6-7　标准系列溶液配制及吸光度测定的数据记录

试样溶液编号	1	2	3	4	5	待测试液
加入 KIO$_3$ 标准溶液体积/mL	1.00	2.00	3.00	4.00	5.00	1g 碘盐/50mL
$\rho(\mathrm{IO_3^-})$/mg·L^{-1}						ρ_x
A						A_x

工作曲线上查出的待测试液的浓度 $\rho_x(\mathrm{KIO_3}) = $ _____ mg·L^{-1}。

碘盐中 KIO$_3$ 的含量 $w(\mathrm{KIO_3}) = \dfrac{\rho_x(\mathrm{KIO_3}) \cdot V_x(\mathrm{KIO_3}) \cdot 10^{-3}}{m_{样}}$

(六)注意事项与注释

(1)KIO$_3$ 标准溶液的配制:准确称取 0.5000g KIO$_3$ 溶于水,配成 1L 溶液,移取 1.00mL 定容于 50mL 容量瓶中,摇匀。

(2)KI—淀粉混合液的配制:2.5g 可溶性淀粉加水溶解后倾入 500mL 沸腾的水中,煮至清亮,加入 2.5g KI,溶解后用 0.2mol·L^{-1} NaOH(约 2mL)调至 pH 为 8~9。此液可稳定两周(25℃)。

(七)思考题

(1)显色时要求 KI 过量,为什么?

(2)测定能在碱性条件下进行吗?为什么?

(3)用浓稠的淀粉液进行显色时,对结果有无影响?

(4)碘盐中如加入的是 KI,试设计测定碘盐中碘含量的分析方案。

(八)实验报告评分依据

"加碘盐中 KIO$_3$ 含量的测定"实验报告评分依据如表 3-6-8 所示。

表 3-6-8 "加碘盐中 KIO$_3$ 含量的测定"实验报告评分依据　　　　单位:分/处

考查项目	主要考查内容	扣分
报告内容的完整性	实验报告内容不完整	−5～−1
原始记录	原始实验记录不完整或任意改动	−10～−2
标准系列溶液配制 和标准曲线绘制	标准系列溶液的线性关系差 标准曲线坐标轴单位不合适 实验值的点位不准,标准曲线绘制粗糙(或误差大) 实验值点位基本准确,但在所作曲线两端的分布不均匀 未绘制标准曲线	−5～−2 −2 −6 −3 −10
碘盐中 KIO$_3$ 含量测定的数据处理	试样原液中的铁含量为实际提供值的±1.5%之内 试样原液中的铁含量为实际提供值的±1.6%～±3.0%之内 试样原液中的铁含量为实际提供值的±3.1%～±5.0%之内 试样原液中的铁含量为实际提供值的±5.0%以上	−2 −4 −6 −10～−7
分析与讨论	只写实验操作注意事项,未进行讨论 不结合实验的实际情况空洞叙述 只作一般说明	−10 −8 −5
实验思考题	每小题 5 分,按回答质量评分	

三、土壤中有效磷的测定

(一)实验目的

(1)了解吸光光度法测定土壤中有效磷的原理及方法。

(2)学习土壤样品预处理方法。

(3)掌握萃取分离的基本操作。

(二)实验原理

磷是生物赖以生存的必需元素,土壤中的磷大部分不能被植物直接吸收利用,易被吸收利用的有效磷(是指能为当季作物吸收的磷量)通常含量很低。土壤中有效磷的测定方法有多种,需根据土壤的性质选用浸提剂将土壤中的有效磷被提取到溶液中,经显色后比色测定磷含量。

浸提剂种类很多,主要根据各种土壤的性质而定。酸性土壤中磷酸铁和磷酸铝形态的有效磷可用酸性氟化铵提取,形成氟铝化铵和氟铁化铵配合物,少量的钙离子形成氟化钙沉淀,磷酸根离子被提取到溶液中,石灰性土壤则采用碳酸氢钠溶液提取。

土壤提取液中的磷酸根在酸性条件下与钼酸铵配位形成黄色的磷钼杂多酸根离子—磷钼黄,反应式为

$$PO_4^{3-} + 12MoO_4^{2-} + 24H^+ + 3NH_4^+ \rightleftharpoons (NH_4)_3PO_4 \cdot 12MoO_3 + 12H_2O$$

$SnCl_2$ 或抗坏血酸等还原剂可使磷钼黄中的一部分 $Mo(VI)$ 还原为 $Mo(V)$,生成蓝色的磷钼蓝。在一定浓度范围内,蓝色的深度与磷含量成正比,且对 $690 \sim 700nm$ 波长的光有较强的吸收作用,可用吸光光度法测定。若溶液中磷酸根含量低,可用乙酸乙酯萃取以提高测定准确性。

$SnCl_2$ 用作还原剂时,反应灵敏度高,显色快,但生成物的稳定性较差,对酸度和钼酸铵溶液浓度有严格要求,故应严格控制其用量,显色时间为 $10 \sim 12min$,不可放置时间过久,否则蓝色会褪去。

(三)预备知识

(1)土壤的采样和预处理。

(2)土壤中的有效磷及其分光光度法测定原理。

(3)磷标准溶液的配制。

(4)振荡机的使用。

(四)实验器材

1. 仪器设备

FA1104N 电子天平,722N 型光栅分光光度计,振荡机,移液管(20mL),滴定管(25mL),吸量管(5mL,10mL),容量瓶(25mL),棕色试剂瓶,带塞比色管(50mL),容量瓶(50mL),漏斗,无磷滤纸。

2. 试剂

$5g \cdot L^{-1}$ 钼酸铵溶液,$10mol \cdot L^{-1}$ HCl 溶液,$5g \cdot L^{-1}$ 钼酸铵$-3.5mol \cdot L^{-1}$ 盐酸溶液,浓盐酸,KH_2PO_4(分析纯),$100\mu g \cdot mL^{-1}$ 磷标准溶液,$25g \cdot L^{-1}$ $SnCl_2$ 溶液,$0.03mol \cdot L^{-1}$ $NH_4F-0.025mol \cdot L^{-1}$ HCl 溶液,$100g \cdot L^{-1}$ H_3BO_3 溶液。

(五)实验内容

1. 土壤样品预处理

称取风干土壤样品 1g(精确至 0.01g),放入 50mL 带塞比色管中,加入 $0.03mol \cdot L^{-1}$ $NH_4F-0.025mol \cdot L^{-1}$ HCl 溶液 20mL,稍摇匀,立即放在振荡机上,振荡 30min。用无磷干滤纸过滤,滤液承接于盛有 15 滴 H_3BO_3 溶液($100g \cdot L^{-1}$,加 H_3BO_3 防止 F^- 对显色的干扰和腐蚀玻璃仪器)的 50mL 容量瓶中,用少量蒸馏水淋洗土壤,定容后摇匀瓶内溶液。

2. 标准曲线的制作

分别准确移取 $5\mu g \cdot mL^{-1}$ 磷标准溶液 0.00、1.00、2.00、3.00、4.00、5.00mL 于 6 个 25mL 容量瓶中,加入 $0.03mol \cdot L^{-1}$ $NH_4F-0.025mol \cdot L^{-1}$ HCl 溶液 4mL(由所取滤液体积而定),用滴定管加钼酸铵$-$盐酸溶液 5.00mL,并滴加 $SnCl_2$ 溶液($25g \cdot L^{-1}$)3 滴,加蒸馏水至瓶颈口,摇动后,至溶液有深蓝色出现,用水稀释至刻度,摇匀,显色 $10 \sim 12min$ 后,在分光光度计上,以试剂空白溶液为参比溶液,用 1cm 比色皿在 690nm 处测定各标准溶液的吸光度。以磷的密度为横坐标,相应的吸光度为纵坐标,绘制标准曲线。

3. 土壤中有效磷的测定

准确移取土壤滤液 10mL 于 25mL 容量瓶中,用滴定管加入 5mL 钼酸铵$-$盐酸溶液摇匀,加入蒸馏水至瓶颈口,滴加 $SnCl_2$ 溶液($25g \cdot L^{-1}$)3 滴后,再用水稀释至刻度,摇匀,放置 15min,与磷标准溶液同时显色,测其吸光度,并从标准曲线上查出土样中磷的含量。

4. 实验数据处理

磷标准溶液密度 $\rho(P) = $ _____$\mu g \cdot mL^{-1}$。

磷标准系列溶液配制及吸光度测定的数据请记录于表 3-6-9 中。

表 3-6-9　磷标准系列溶液配制及吸光度测定的数据记录

试样溶液编号	1	2	3	4	5	6	土壤试液
加入磷标准溶液体积/mL	0.00	1.00	2.00	3.00	4.00	5.00	
$\rho(P)/\mu g \cdot mL^{-1}$							ρ_x
A							A_x

工作曲线上查出的待测试液的浓度 $\rho_x(P) = $ _____ $\mu g \cdot mL^{-1}$。

土壤中磷的含量 $w(P) = \dfrac{\rho_x(P) \times 25.00 \times \dfrac{50.00}{10.00} \times 10^{-6}}{m_{样}}$。

(六)注意事项与注释

(1)5g·L^{-1}钼酸铵－3.5mol·L^{-1}盐酸溶液:溶解 15g 钼酸铵于 300mL 蒸馏水中,加热至 60℃左右,如果有沉淀,将溶液过滤,待溶液冷却后,慢慢加入 350mL 10mol·L^{-1} HCl 溶液,并用玻璃棒迅速搅动,待溶液冷却至室温,用蒸馏水稀释至 1L,充分摇匀,储存于棕色瓶中。

(2)磷标准溶液:准确称取 105℃烘干的 KH_2PO_4(分析纯)0.4390g,溶解于 400mL 水中,加浓 H_2SO_4 5mL(防止溶液长霉菌),转入 1000mL 容量瓶中,加水稀释至刻度,摇匀,此溶液含磷 100μg·mL^{-1}。

准确移取上述磷标准溶液 25mL 于 500mL 容量瓶中,加水稀释至刻度,摇匀,即为 5μg·mL^{-1}。

(3)$SnCl_2$ 溶液(25g·L^{-1}):称取 $SnCl_2$ 2.5g 溶于 10mL 浓盐酸中,溶解后加入 90mL 蒸馏水,混合均匀置于棕色瓶中(此溶液现配现用)。

(4)提取剂($NH_4F － HCl$ 溶液):分别移取 15mL 1mol·L^{-1} NH_4F 溶液和 25mL 0.5mol·L^{-1} HCl 溶液,加入 460mL 蒸馏水,配制成 0.03mol·L^{-1} $NH_4F － 0.025$mol·L^{-1} HCl 溶液。

(5)钼酸铵－盐酸溶液需用滴定管加入,体积要准确,否则会因酸度不合适而导致不显色。

(6)显色时间不可过长,否则蓝色褪去,导致实验失败。

(7)本实验中,比色皿容易着蓝色,实验完毕,应及时用盐酸－乙醇(1∶2)洗涤剂浸泡,再用水清洗。

(七)思考题

(1)$SnCl_2$ 溶液放置过久,对实验结果有什么影响?

(2)能否用洗衣粉、去污粉或洗洁精洗涤测磷的玻璃仪器? 为什么?

(3)有的水样需要加入过硫酸钾氧化剂,其作用是什么?

(4)吸光光度分析时,为什么一般选择在最大吸收波长下测定?

(八)实验报告评分依据

"土壤中有效磷的测定"实验报告评分依据如表 3-6-10 所示。

表 3-6-10　"土壤中有效磷的测定"实验报告评分依据　　　　　单位:分/处

考查项目	主要考查内容	扣分
报告内容的完整性	实验报告内容不完整	$-5\sim-1$
原始记录	原始实验记录不完整或任意改动	$-10\sim-2$
标准系列溶液配制和标准曲线绘制	标准系列溶液的线性关系差	$-5\sim-2$
	标准曲线坐标轴单位不合适	-2
	实验值的点位不准,标准曲线绘制粗糙(或误差大)	-6
	实验值点位基本准确,但在所作曲线两端的分布不均匀	-3
	未绘制标准曲线	-10
土壤中 P 含量测定的数据处理	土壤中的 P 含量为实际提供值的 $\pm1.5\%$ 之内	-2
	土壤中的 P 含量为实际提供值的 $\pm1.6\%\sim\pm3.0\%$ 之内	-4
	土壤中的 P 含量为实际提供值的 $\pm3.1\%\sim\pm5.0\%$ 之内	-6
	土壤中的 P 含量为实际提供值的 $\pm5.0\%$ 以上	$-10\sim-7$
分析与讨论	只写实验操作注意事项,未进行讨论	-10
	不结合实验的实际情况空洞叙述	-8
	只作一般说明	-5
实验思考题	每小题 5 分,按回答质量评分	

四、蔬菜、瓜果中维生素 C 含量测定

(一)实验目的

(1)了解紫外分光光度法测定维生素 C 的原理。

(2)掌握从天然植物中提取物质的一般方法。

(二)实验原理

维生素 C 是一种对人体有营养、医疗和保健作用的天然物质,水果和蔬菜等植物中均含有丰富的维生素 C。本实验以水果或蔬菜为原料,采用分光光度法测定维生素 C 的含量。维生素 C 又名抗坏血酸,为白色或淡黄色结晶粉末,味酸,在空气中尤其是在碱性介质中易被氧化成脱氢抗坏血酸。

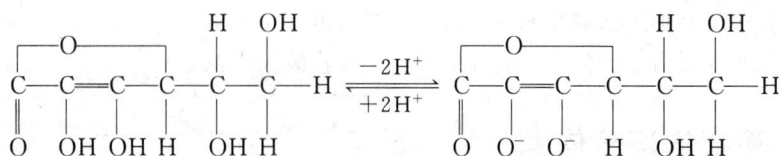

维生素 C 分子中存在烯醇式结构,具有很强的还原性,对紫外光有选择性的吸收,酸度小于 pH3.8 时维生素 C 吸收曲线比较稳定,在 243nm 波长处有最大吸收,而且在较大范围内 $(1.00\sim12.0\mu g \cdot mL^{-1})$ 有良好的线性关系。通过测定样品液与碱处理样品液两者在 243nm 处吸光度值之差,可从工作曲线上查得试样溶液中的维生素 C 浓度,再计算出样品中维生素 C 的含量。

(三)预备知识

(1)紫外分光光度法进行定量分析的原理和应用。

(2)天然植物中提取物质的一般方法和实验试样溶液的制备。

(3)实验数据的处理方法。

(四)实验器材

1. 仪器设备

S53 型紫外分光光度计,FA1104N 电子天平,研钵,容量瓶(100mL),锥形瓶(250mL),容量瓶(25mL)10 个,吸量管(2mL),离心机,漏斗。

2. 试剂

分析纯维生素 C,10% HCl 溶液,1% HCl 溶液,1mol · L⁻¹ NaOH 溶液,擦镜纸。

(五)实验内容

1. 维生素 C 的提取

将果蔬样品洗净、沥干(或擦干)、切碎、混匀。称取 5.00g 样品于研钵中,加入 2~5mL 1% HCl 溶液,研磨匀浆后转移到 25mL 容量瓶中,稀释至刻度,摇匀。若提取液澄清透明,可直接取样测定;若有浑浊现象,可通过离心处理的方法来消除。

2. 标准曲线的制作

(1)100$\mu g \cdot mL^{-1}$维生素 C 标准溶液的配制

准确称取分析纯维生素 C 10mg,加 2mL 10% HCl 溶液,再加蒸馏水定容至 100mL,摇匀,此维生素 C 溶液浓度为 $100\mu g \cdot mL^{-1}$。

（2）标准曲线的制作

在 8 个洁净的 25mL 容量瓶中分别加入 $100\mu g \cdot mL^{-1}$ 维生素 C 标准溶液 0.10mL、0.25mL、0.50mL、0.75mL、1.00mL、1.25mL、1.50mL 和 2.00mL，用蒸馏水稀释至刻度。以蒸馏水为参比溶液，用 1cm 比色皿盛装溶液，在 243nm 处测定标准系列维生素 C 溶液的吸光度，以维生素 C 的含量（μg）为横坐标，相应的吸光度值为纵坐标作标准曲线。

3. 吸光度的测定

（1）样品溶液的测定

准确移取 0.50mL 提取液放入盛有 0.40mL 10％ HCl 溶液的 25mL 容量瓶中，用蒸馏水稀释至刻度后摇匀，以蒸馏水为参比溶液，用 1cm 比色皿盛装溶液，测定其在 243nm 处的吸光度。

（2）碱处理样品溶液的测定

分别移取 0.50mL 提取液、2mL 蒸馏水和 2.00mL $1mol \cdot L^{-1}$ NaOH 溶液，依次放入 25mL 容量瓶中，混匀，15min 后加入 2.00mL 10％ HCl 溶液，混匀并用蒸馏水定容至刻度，摇匀。以蒸馏水为参比溶液，用 1cm 比色皿盛装溶液，测定其在 243nm 处的吸光度。

由待测样品与待测碱处理样品的吸光度值之差从标准曲线上查出维生素 C 的含量，即可计算出样品中维生素 C 的含量。

4. 实验数据处理

维生素 C 标准溶液密度 $\rho(\text{Vit-C}) = $ ＿＿＿＿＿ $\mu g \cdot mL^{-1}$。

维生素 C 标准系列溶液配制及吸光度测定的数据请记录于表 3-6-11 中。

表 3-6-11　维生素 C 标准系列溶液配制及吸光度测定的数据记录

容量瓶编号	1	2	3	4	5	6	7	8	样液	碱样
加入维生素 C 标准溶液体积/mL	0.10	0.25	0.50	0.75	1.00	1.25	1.50	2.00		
$m(\text{Vit-C})/\mu g$										
A										

$$维生素\,C\,含量\;w(\text{Vit-C}) = \frac{m(\text{Vit-C}) \cdot V_总}{m_总 \cdot V}(\mu g)$$

式中：$m(\text{Vit-C})$ 为从标准曲线上查出的维生素 C 含量（$\mu g \cdot g^{-1}$）；V 为测定吸光度时吸取样品溶液的体积（mL）；$V_总$ 为样品定容体积（mL）；$m_总$ 为样品质量（g）。

（六）注意事项与注释

（1）10％ HCl 溶液：133mL 浓盐酸加水稀释至 500mL。

（2）722N 型光栅分光光度计的入射光波长范围为 180～860nm，可进行近紫外光区的吸光度测定。由于光学玻璃对紫外光有吸收，应使用石英玻璃比色皿。

（3）石英比色皿为 2 个一套，须从浓度由浓到稀的顺序依次测定。

(七)思考题

(1)维生素 C 标准溶液易氧化,实验操作中应注意什么?

(2)进行紫外吸光光度分析时,应选择何种材料的比色皿? 为什么?

(3)测定果蔬样品提取液的吸光度时,是否可用碱处理样品溶液作参比溶液,测定提取液的吸光度后直接在标准曲线上查得提取液中维生素 C 的含量?

(4)讨论影响本实验精度的因素。

(5)还有哪些方法可以测定瓜果蔬菜中的维生素 C 的含量? 测定的原理各是什么?

(八)实验报告评分依据

"蔬菜、瓜果中维生素 C 含量测定"实验报告评分依据如表 3-6-12 所示。

表 3-6-12　"蔬菜、瓜果中维生素 C 含量测定"实验报告评分依据　　单位:分/处

考查项目	主要考查内容	扣分
报告内容的完整性	实验报告内容不完整	$-5\sim-1$
原始记录	原始实验记录不完整或任意改动	$-10\sim-2$
标准系列溶液配制 和标准曲线绘制	标准系列溶液的线性关系差	$-5\sim-2$
	标准曲线坐标轴单位不合适	-2
	实验值的点位不准,标准曲线绘制粗糙(或误差大)	-6
	实验值点位基本准确,但在所作曲线两端的分布不均匀	-3
	未绘制标准曲线	-10
蔬菜、瓜果中维生素 C 含量测定的数据处理	维生素 C 含量为实际提供值的 $\pm1.5\%$ 之内	-2
	维生素 C 含量为实际提供值的 $\pm1.6\%\sim\pm3.0\%$ 之内	-4
	维生素 C 含量为实际提供值的 $\pm3.1\%\sim\pm5.0\%$ 之内	-6
	维生素 C 含量为实际提供值的 $\pm5.0\%$ 以上	$-10\sim-7$
分析与讨论	只写实验操作注意事项,未进行讨论	-10
	不结合实验的实际情况空洞叙述	-8
	只作一般说明	-5
实验思考题	每小题 5 分,按回答质量评分	

实验七　无机物合成系列实验

一、硫酸亚铁铵的制备和纯度分析

(一)实验目的

(1)制备复盐硫酸亚铁铵,了解复盐的特性。

(2)学习和掌握一般无机物制备及产品纯度检验的基本方法和基本操作。

(3)理解 $K_2Cr_2O_7$ 法测定 Fe(Ⅱ)的原理及方法。

(二)实验原理

硫酸亚铁铵$[(NH_4)_2Fe(SO_4)_2 \cdot 6H_2O]$的商品名称为莫尔盐,是一种复盐。一般亚铁盐在空气中不稳定,易被氧气,但形成复盐后就稳定得多,因此在定量分析中,$[(NH_4)_2Fe(SO_4)_2 \cdot 6H_2O]$常用作标定 $KMnO_4$ 和 $K_2Cr_2O_7$ 溶液浓度的还原剂。

以铁屑为原料制备硫酸亚铁铵的方法是先将铁屑与稀 H_2SO_4 反应生成 $FeSO_4$:

$$Fe + H_2SO_4 =\!=\!= FeSO_4 + H_2 \uparrow$$

然后将等物质的量的$(NH_4)_2SO_4$ 加到 $FeSO_4$ 溶液中,经加热、浓缩、冷却、结晶,得到溶解度比$(NH_4)_2SO_4$ 和 $FeSO_4$ 都小的浅绿色六水合硫酸亚铁铵晶体。

$$FeSO_4 + (NH_4)_2SO_4 + 6H_2O =\!=\!= [(NH_4)_2Fe(SO_4)_2 \cdot 6H_2O]$$

三种硫酸盐的溶解度数据列于表 3-7-1 中。

表 3-7-1　三种硫酸盐的溶解度数据　　　　　　　　单位:$g/100g\ H_2O$

盐的相对分子质量　　　$t/℃$	0	10	20	30	40	50	60	70
$M[(NH_4)_2SO_4] = 132.1$	70.6	73.0	75.4	78.0	81.0	84.5	88.0	91.9
$M[FeSO_4 \cdot 7H_2O] = 277.9$	15.6	20.5	26.5	32.9	40.2	48.6	56.0	
$M[(NH_4)_2SO_4 \cdot FeSO_4 \cdot 6H_2O] = 392.1$	12.5	17.2	21.6	28.1	33.0	40.0	44.6	53.0

产品中 Fe^{3+} 离子含量多少是评定$(NH_4)_2Fe(SO_4)_2 \cdot 6H_2O$ 产品纯度的主要指标,本实验采用目视比色法进行 Fe^{3+} 离子的限量分析,即比较 Fe^{3+} 与 SCN^- 形成的血红色的配离子$[Fe(SCN)_n]^{3-n}$颜色的深浅来确定产品的纯度等级。产品中 Fe^{2+} 离子含量可由 $K_2Cr_2O_7$ 法滴定分析:

$$6Fe^{2+} + Cr_2O_7^{2-} + 14H^+ \Longrightarrow 6Fe^{3+} + 2Cr^{3+} + 7H_2O$$

$$w(Fe) = \frac{c\left(\frac{1}{6}K_2Cr_2O_7\right) \cdot V(K_2Cr_2O_7) \cdot M(Fe)}{m_{样}}$$

(三)预备知识

(1)复盐及其性质。

(2)沉淀的分离和洗涤。

(3)无氧水及其制备。

(4)$K_2Cr_2O_7$法滴定分析原理及滴定条件。

(四)实验器材

1. 仪器设备

FA1104N 型电子天平,托盘天平,HH-2 恒温水浴锅,循环水 SHZ-D(Ⅲ)式真空泵,锥形瓶(250mL),容量瓶(100mL,250mL),烧杯(100mL,400mL),移液管(20mL),量筒(10mL,100mL),布氏漏斗,抽滤瓶,蒸发皿,酸式滴定管,比色管(25mL),移液管(25mL),干燥器,玻棒,滤纸,比色管架。

2. 试剂

铁屑,浓 H_2SO_4,3mol·L^{-1} H_2SO_4 溶液,85% H_3PO_4,10% Na_2CO_3 溶液,3mol·L^{-1} HCl 溶液,$(NH_4)_2SO_4$(AR),$K_2Cr_2O_7$(AR),0.2%二苯胺磺酸钠溶液,25% KSCN,无水乙醇。

(五)实验内容

1. 铁屑的净化

锥形瓶中放入 2g 铁屑,加入 15mL 10% Na_2CO_3 溶液,小火加热并适当搅拌 10min 以除去铁屑上的油污。用倾析法除去碱液,并用蒸馏水洗净铁屑。

2. $FeSO_4$ 的制备

往盛有铁屑的锥形瓶中加入 15mL 3mol·L^{-1} H_2SO_4 溶液,在通风柜中水浴(60~70℃)加热以加速铁屑溶于 H_2SO_4 溶液中。反应开始时较剧烈,要注意防止溶液溢出。待铁屑与 H_2SO_4 反应至不再有气泡逸出时,趁热减压过滤分离溶液和残渣,用少量热的蒸馏水洗涤锥形瓶及漏斗上的残渣,抽干。滤液转入蒸发皿中(若滤液稍有浑浊,可滴入 H_2SO_4 溶液酸化)。

将留在锥形瓶内和滤纸上的残渣(铁屑)收集在干燥的滤纸上,吸干水分后称重,算出反应掉的铁屑质量,并据此计算出生成的 $FeSO_4$ 的量。

3. $(NH_4)_2Fe(SO_4)_2 \cdot 6H_2O$ 的制备

根据溶液中 $FeSO_4$ 的量及反应方程式计算并称取固体 $(NH_4)_2SO_4$，倒入 $FeSO_4$ 溶液中，搅拌均匀，水浴上加热浓缩至表面出现结晶薄膜为止，放置，自然冷却到室温，即得 $(NH_4)_2Fe(SO_4)_2 \cdot 6H_2O$ 晶体。减压过滤除去母液，在布氏漏斗上用少量无水乙醇淋洗晶体两次，抽干，将晶体移出摊在两张吸水纸之间并轻压吸干水分，观察晶体的颜色和形状，称重，计算产率。

4. Fe^{3+} 离子的限量分析

称取 1g 产品(准确至 0.001g)置于 25mL 比色管中，用 15mL 不含氧的蒸馏水溶解，再加入 2mL 3mol·L^{-1} HCl 溶液和 1mL 25% KSCN 溶液，加无氧蒸馏水稀释至 25mL，摇匀。与标准色价进行目视比色，确定产品的等级。

5. $(NH_4)_2Fe(SO_4)_2$ 试样中的 $Fe(II)$ 含量分析

剩余的 $(NH_4)Fe(SO_4)_2 \cdot 6H_2O$ 晶体在烘箱中烘干后，放在干燥器中。

(1) $c\left(\dfrac{1}{6}K_2Cr_2O_7\right) = 0.1mol \cdot L^{-1}$ $K_2Cr_2O_7$ 标准溶液的配制

用差减法称取约 1.2~1.3g(准确至 0.1mg)烘干过的 $K_2Cr_2O_7$ 晶体于小烧杯中，用适量水溶解后，定量转入 250mL 容量瓶中，加水稀释至刻度，充分摇匀，计算其准确浓度。

(2) 亚铁盐中 $Fe(II)$ 含量的测定

用差减法称取 $(NH_4)_2Fe(SO_4)_2$ 试样 2.8~3.0g(准确至 0.1mg)于小烧杯中，加入 30mL 3mol·L^{-1} H_2SO_4 溶液，用适量水溶解后，定量转入 100mL 容量瓶中，加水稀释至刻度，充分摇匀。准确移取 20mL 亚铁盐试样溶液于锥形瓶中，加 5~6 滴 0.2% 二苯胺磺酸钠溶液作指示剂，摇匀后立即用 $K_2Cr_2O_7$ 标准溶液滴定至溶液呈深绿色时，加 5.0mL 85% H_3PO_4，继续滴定至溶液变为紫色或蓝紫色即为终点。平行滴定 3 次。

6. 实验数据

250mL $K_2Cr_2O_7$ 标准溶液配制的数据请记录于表 3-7-2 中。

表 3-7-2　250mL $K_2Cr_2O_7$ 标准溶液配制的数据记录

倾出前(称量瓶＋$K_2Cr_2O_7$)质量/g	
倾出后(称量瓶＋$K_2Cr_2O_7$)质量/g	
$m(K_2Cr_2O_7)$/g	
$c\left(\dfrac{1}{6}K_2Cr_2O_7\right)$/mol·L^{-1}	

亚铁盐试样中 $Fe(II)$ 含量测定的数据请记录于表 3-7-3 中。

表 3-7-3 亚铁盐试样中 Fe(Ⅱ)含量测定的数据记录

倾出前(称量瓶＋亚铁盐)质量/g			
倾出后(称量瓶＋亚铁盐)质量/g			
m(亚铁盐)/g			
亚铁盐试样溶液配制体积/mL			
测定序号	1	2	3
移取亚铁盐试样溶液体积/mL			
$K_2Cr_2O_7$ 溶液体积终读数/mL			
$K_2Cr_2O_7$ 溶液体积初读数/mL			
$K_2Cr_2O_7$ 溶液的耗用体积 $V(K_2Cr_2O_7)$/mL			
w(Fe)			
平均值($\overline{w}$)			
相对平均偏差($\overline{d}/\overline{x}$)			
标准偏差(s)			
实验结果报告值(置信水平 95％置信区间)			

(六)注意事项与注释

(1)若铁屑干净,或选用铁粉,可省略清洗步骤。

(2)由于废铁屑含有杂质,在与稀 H_2SO_4 反应时,除放出 H_2 外,还夹杂少量 H_2S、PH_3 等有毒气体及酸雾而影响环境,可用 $CuSO_4$ 溶液来吸收气体中的有毒成分,反应式为:

$$Cu^{2+} + H_2S \Longrightarrow CuS\downarrow + 2H^+$$
$$8CuSO_4 + PH_3 + 4H_2O \Longrightarrow 4Cu_2SO_4 + 4H_2SO_4 + H_3PO_4$$
$$3Cu_2SO_4 + 2PH_3 \Longrightarrow 3H_2SO_4 + 2Cu_3P$$
$$4CuSO_4 + PH_3 + 4H_2O \Longrightarrow H_3PO_4 + 8Cu + 4H_2SO_4$$

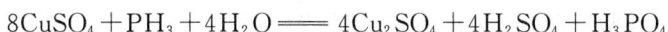

(3)铁粉与硫酸反应的锥形瓶应及时清洗干净,否则残留的亚铁盐在空气中进一步转化为 $Fe_2O_3 \cdot nH_2O$,在玻璃器皿的表面有较强的附着性,用刷洗和酸洗都很难洗去。此时需用稀盐酸浸泡,适当加热,若加入 $Na_2C_2O_4$ 清洗效果会更好。

(4)无氧水的制备:准确配制 Fe(Ⅲ)标准溶液和标准色价所用的水应是不含氧气的蒸馏水。不含氧气蒸馏水的制备方法是取一定量的蒸馏水于锥形瓶中,在石棉网上小火加热煮沸 10min,除去其中所溶解的 O_2,在细口瓶中冷却后即可。

(5)Fe^{3+} 离子限量分析的试剂配制和目视比色方法:

①0.1000g·L^{-1} Fe(Ⅲ)标准溶液的配制:称取 0.8634g $(NH_4)Fe(SO_4)_2 \cdot 12H_2O$($M=482.20$g·$mol^{-1}$)固体溶于少量水中,加 2.5mL 浓 H_2SO_4,转入 1000mL 容量瓶中,稀释至刻度,摇匀。此溶液 ρ(Fe)$=0.1000$g·L^{-1}。

②标准色价的配制:用吸量管依次移取 0.50mL、1.00mL 和 2.00mL 上述溶液,分别置于 3 支 25mL 比色管中,各加入 2.00mL 3mol·L^{-1} HCl 溶液和 1.00mL 25％ KSCN 溶液,用蒸

馏水稀释至刻度,摇匀,配制成相当于一级、二级和三级试剂的标准色价。

表 3-7-4　Fe 标准色价

产品级别	一级	二级	三级
含 Fe^{3+} 量/mg·L^{-1}	0.05	0.1	0.2

目视比色法检验产品等级时,产品的比色条件一定要与标准色价完全一致。比色时,如果试样溶液的颜色接近或不深于某级标准色价,则认为杂质含量低于该级限度,所以称为限量分析。

(七)思考题

(1)制备 $FeSO_4$ 时,是铁过量还是 H_2SO_4 过量?为何一定要剩下铁?实验过程中又必须保持一定的酸度,为什么?

(2)为何在大部分铁快反应完(冒出的气泡明显减少)时,需向锥形瓶中添加 2mL 3mol·L^{-1} H_2SO_4 溶液和少量蒸馏水?

(3)制备 $FeSO_4$ 时,为什么用水浴加热而不用火直接加热?

(4)制备 $FeSO_4$ 为什么要趁热过滤?过滤过程中经常发现漏斗柱上有绿色的晶体析出,应如何处理?

(5)浓缩 $(NH_4)_2Fe(SO_4)_2$ 溶液时,能否浓缩至干?为什么?

(6)得到 $(NH_4)_2Fe(SO_4)_2·6H_2O$ 晶体是水浴加热到出现结晶膜后冷却即可,而提纯 NaCl 时是直接加热到黏稠状,为什么?

(7)为何在进行 Fe^{3+} 离子的限量分析时必须使用不含 O_2 的蒸馏水?

(8)$K_2Cr_2O_7$ 标准溶液为什么能用直接法配制?如何确定氧化还原滴定反应中反应物的基本单元?

(9)$K_2Cr_2O_7$ 溶液滴定 Fe^{2+} 时,加入 H_3PO_4 的作用是什么?在实验时,应在什么情况下加入磷酸?

(10)为何加入 H_3PO_4 后必须立即滴定?若向 3 份平行试样中同时加入 H_3PO_4 后再依次滴定,后果如何?

(八)实验报告评分依据

"硫酸亚铁铵的制备和纯度分析"实验报告评分依据如表 3-7-5 所示。

表 3-7-5 "硫酸亚铁铵的制备和纯度分析"实验报告评分依据 单位:分/处

考查项目	主要考查内容	扣分
报告内容的完整性	实验报告内容不完整	$-5 \sim -1$
原始记录	原始实验记录不完整或任意改动	$-10 \sim -2$
硫酸亚铁铵的制备	未计算 $FeSO_4 \cdot (NH_4)_2SO_4 \cdot 6H_2O$ 理论产量或计算错误	-3
	未计算产率	-2
	产率为理论产量的 $75\% \sim 80\%$	-0
	产率为理论产量的 $70\% \sim 75\%$ 或 $80\% \sim 85\%$	$-3 \sim -1$
	产率为理论产量的 $65\% \sim 70\%$ 或 $85\% \sim 88\%$	$-6 \sim -4$
	产率小于理论产量的 65% 或大于理论产量的 88%	$-10 \sim -7$
产品的限量分析	二级	-2
	三级	-4
	没有该项记录	-6
$K_2Cr_2O_7$ 标准溶液的配制	$c\left(\frac{1}{6}K_2Cr_2O_7\right)$ 计算错误(包括有效数字)	-4
	$K_2Cr_2O_7$ 标准溶液的配制浓度过高或过低	$-4 \sim -2$
试样称量	称取的试样质量偏多或偏少	$-4 \sim -2$
产品中铁含量测定	滴定管初读数大于 $1.00mL$	-2
	滴定管读数不准(包括有效数字)	-5
	未作说明或 Q 检验即舍弃实验数据	-4
	相对标准偏差在 $0.2\% \sim 0.3\%$	-2
	相对标准偏差在 $0.3\% \sim 0.4\%$	-3
	相对标准偏差在 $0.4\% \sim 0.6\%$	-4
	相对标准偏差大于 0.6%	$-10 \sim -6$
	处理实验数据时的计算错误(包括有效数字)	-2
	试样中的铁含量高于理论含量	-6
分析与讨论	只写实验操作注意事项,未进行讨论	-10
	不结合实验的实际情况空洞叙述	-8
	只作一般说明	-5
实验思考题	每小题 5 分,按回答质量评分	

二、硫酸四氨合铜(Ⅱ)的制备和纯度分析

(一)实验目的

(1)了解由金属铜制备铜盐的原理和方法。

(2)了解制备硫酸四氨合铜(Ⅱ)的原理、步骤及其组成的测定方法。

(3)掌握溶解、沉淀、常压过滤、减压过滤、蒸发浓缩、结晶和烘干等基本操作。

(4)了解产品纯度检验的原理及方法。掌握用吸光光度法、酸碱滴定法分别测定硫酸四氨合铜(Ⅱ)配离子中的 Cu^{2+} 及 NH_3 的含量。

（二）实验原理

铜是不活泼的金属，不溶于非氧化性的酸中，实验室中可用铜或废铜煅烧成 CuO 后与硫酸反应（CuO 酸化法）来制备 $CuSO_4 \cdot 5H_2O$，也可用废铜与硫酸、浓硝酸作用（硝酸氧化法）来制备。本实验采用废铜与硫酸、浓硝酸作用来制备，主要反应为

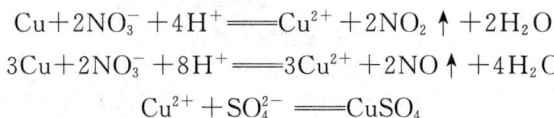

$$Cu + 2NO_3^- + 4H^+ == Cu^{2+} + 2NO_2 \uparrow + 2H_2O$$
$$3Cu + 2NO_3^- + 8H^+ == 3Cu^{2+} + 2NO \uparrow + 4H_2O$$
$$Cu^{2+} + SO_4^{2-} == CuSO_4$$

反应速度随温度升高而加快，但温度过高时，将逸出反应生成的 NO_x 而污染空气。反应后，溶液中除有生成的 $CuSO_4$ 外，还有一定量的 $Cu(NO_3)_2$ 和其他的可溶性或不溶性杂质。不溶性杂质可过滤除去，$CuSO_4$ 与可溶性杂质需利用它们在水中的溶解度不同进行分离。

表 3-7-6　$CuSO_4$ 和 $Cu(NO_3)_2$ 在水中的溶解度（g/100g 和 H_2O）

温度/℃ 盐	0	10	20	30	40	50	60	70	80	90	100
$CuSO_4 \cdot 5H_2O$	14.3	17.4	20.7	25.0	28.5	33.3	40.0	47.1	55.0	64.2	75.4
$Cu(NO_3)_2 \cdot 6H_2O$	81.8	100	125	154							
$Cu(NO_3)_2 \cdot 3H_2O$	83.5	100	125	156	163	172	182	194	208	222	247

将热的溶液冷却时，由于 $CuSO_4 \cdot 5H_2O$ 的溶解度低，先从溶液中结晶析出，随着温度降低，大部分溶解度大的 $Cu(NO_3)_2$ 留在溶液中，只有少部分 $Cu(NO_3)_2$ 随 $CuSO_4 \cdot 5H_2O$ 结晶一起析出。析出的结晶再进行重结晶，即可得到纯的 $CuSO_4 \cdot 5H_2O$。硫酸四氨合铜（Ⅱ）$[Cu(NH_3)_4]SO_4 \cdot H_2O$ 为深蓝色晶体，主要用于印染、纤维、杀虫剂及制备某些含铜的化合物。本实验以硫酸铜为原料与过量的 $NH_3 \cdot H_2O$ 反应来制备：

$$[Cu(H_2O)_5]^{2+} + 4NH_3 + SO_4^{2-} == [Cu(NH_3)_4]SO_4 \cdot H_2O + 4H_2O$$

硫酸四氨合铜溶于水，不溶于乙醇，因此在 $[Cu(NH_3)_4]SO_4$ 溶液中加入乙醇，即可析出 $[Cu(NH_3)_4]SO_4 \cdot H_2O$ 晶体。

$[Cu(NH_3)_4]SO_4 \cdot H_2O$ 中的 Cu^{2+} 及 NH_3 含量可以用吸光光度法、酸碱滴定法分别测定。

$[Cu(NH_3)_4]SO_4 \cdot H_2O$ 在酸性介质中被破坏为 Cu^{2+} 及 NH_4^+，加入过量 NH_3 可以形成稳定的深蓝色配离子 $[Cu(NH_3)_4]^{2+}$。根据朗伯—比尔定律：

$$A = \varepsilon bc$$

配制一系列已知铜浓度的标准溶液，在一定波长下用分光光度计测定 $[Cu(NH_3)_4]^{2+}$ 溶液的吸光度，绘制标准曲线。由标准曲线法求出 Cu^{2+} 离子的浓度，从而可以计算出样品中的铜含量。

$[Cu(NH_3)_4]SO_4 \cdot H_2O$ 在碱性介质中被破坏为 $Cu(OH)_2$ 和 NH_3。在加热条件下把氨蒸气吸入过量的硼酸溶液中，再用标准碱溶液进行滴定，从而准确测定样品中的氨含量。

$CuSO_4 \cdot 5H_2O$ 和 $[Cu(NH_3)_4]SO_4 \cdot H_2O$ 的性质如表 3-7-7 所示。

表 3-7-7　$CuSO_4 \cdot 5H_2O$ 和 $[Cu(NH_3)_4]SO_4 \cdot H_2O$ 的性质

名称	相对分子质量	性状	密度	折光率	溶解度 g/100g	
					水	乙醇
$CuSO_4 \cdot 5H_2O$	249.68	亮蓝三斜晶体	2.286^{16}	1.537	32^{20}	1.1
$[Cu(NH_3)_4]SO_4 \cdot H_2O$	243.73	暗蓝色结晶	1.81		$18.5^{21.5}$	不溶

(三)预备知识

(1)试样溶解、蒸发、结晶(重结晶)、干燥等操作。

(2)减压抽滤的特点、布氏漏斗使用和抽滤操作的注意事项。

(3)配合物的组成及其性质。

(4)定氮球的作用和使用目的;气体吸收装置及其注意事项。

(5)无氨水及其制备。

(6)用 HCl 标准溶液或硼酸溶液吸收含氨试样在碱性溶液中蒸馏逸出的 NH_3 后,滴定分析吸收液氮含量的滴定条件。

(四)实验器材

1.仪器设备

FA1104N 型电子天平,722N 型光栅分光光度计,托盘天平,循环水 SHZ-D(Ⅲ)式真空泵,布氏漏斗,抽滤瓶,吸量管(5mL、10mL),容量瓶(50mL)8 个,酸式滴定管,长颈烧瓶,定氮球,球形冷凝管,锥形瓶(250mL),烧杯(100mL),量筒(100mL,10mL),漏斗,导管,连接管,漏斗架,蒸发皿,表面皿,玻棒,滤纸,pH 试纸。

2.试剂

废铜丝,$3mol \cdot L^{-1}$ H_2SO_4,$1mol \cdot L^{-1}$ H_2SO_4 溶液,浓 HNO_3,$1mol \cdot L^{-1}$ HNO_3 溶液,$0.1mol \cdot L^{-1}$ HCl 标准溶液,10% NaOH 溶液,$2mol \cdot L^{-1}$ $NH_3 \cdot H_2O$,$0.1000mol \cdot L^{-1}$ Cu^{2+} 标准溶液,$NH_3 \cdot H_2O$(1:1),$2mol \cdot L^{-1}$ $NH_3 \cdot H_2O$ 溶液,3% H_2O_2 溶液,$0.1mol \cdot L^{-1}$ 硼酸溶液,95%乙醇,无水乙醇,酚酞。

(五)实验内容

1.铜的净化

称取 2.5g 剪碎的废铜丝,置于干燥的 100mL 烧杯中,加入 $1mol \cdot L^{-1}$ HNO_3 溶液 20mL 浸没铜丝,小火加热,除去铜丝表面的污物(加热时间不能太长,否则铜将过多地溶解在 HNO_3 溶液中而降低产率)。倾注法除去酸液,用水洗净铜丝。

2. CuSO$_4$·5H$_2$O 的制备

将铜丝放入烧杯中,加入 10mL 3mol·L^{-1} H$_2$SO$_4$ 溶液,然后分 4~5 批加入 4mL 浓 HNO$_3$(反应过程中产生大量有毒的 NO$_2$ 气体,应在通风柜中进行操作),浓 HNO$_3$ 应在反应不甚激烈时加入,若反应液中气泡较多时,须缓慢地加入。待反应趋于缓和时,盖上表面皿,在 90℃左右的水浴上加热,加快反应进行。在加热过程中需补加 5mL 3mol·L^{-1} H$_2$SO$_4$ 溶液和 0.5mL 浓 HNO$_3$(由于反应情况不同,补加的酸量应根据实际情况而定,在保持反应能继续进行的情况下,尽量少加 HNO$_3$)。当溶液中气泡很少时,停止加热,用倾注法将溶液转至蒸发皿中(若铜丝未能全部溶解,需用玻璃棒夹出残余的铜,水洗并烘干,称出其质量,用以计算理论产量和产率),在水浴上缓慢加热,浓缩至液面有晶膜出现的糊状为止。取下蒸发皿,使溶液冷却至室温,析出结晶,减压抽滤得到 CuSO$_4$·5H$_2$O 粗品,将粗品转移到滤纸上,吸干水分后称量(以湿品计算时的产率在 80%以上)。

3. 重结晶法提纯

将粗产品置于小烧杯中,按 CuSO$_4$·5H$_2$O:H$_2$O=1:2 的比例(质量比)加入蒸馏水,搅拌使之全部溶解,滴加 2mL 3% H$_2$O$_2$ 溶液,将溶液加热,在不断搅拌下滴加 2mol·L^{-1} NH$_3$·H$_2$O溶液(或 0.5mol·L^{-1} NaOH 溶液直到 pH 为 3.5~4,再加热片刻,静置,使生成的Fe(OH)$_3$及其他不溶性物质沉降,常压过滤,滤液转移到已洗净的蒸发皿中,滴加 1mol·L^{-1} H$_2$SO$_4$ 溶液,调节溶液 pH 至 1~2,然后在石棉网上加热、蒸发、浓缩至液面出现晶膜的糊状时,停止加热,滤液自然冷却至室温,抽滤(尽量抽干),用少量无水乙醇洗涤产品,取出结晶,放在两层滤纸中间挤压,吸干水分,称量,计算产率。

4. 硫酸四氨合铜(Ⅱ)的制备

在小烧杯中加入 NH$_3$·H$_2$O(1:1)溶液 15mL,在不断搅拌下慢慢加入 5g 研细的 CuSO$_4$·5H$_2$O(s),继续搅拌,使其完全溶解成深蓝色溶液。待溶液冷却后,沿烧杯壁缓慢滴加 95%乙醇 8mL,即有深蓝色晶体析出。盖上表面皿,静置约 15min,抽滤,并用 1:1 NH$_3$·H$_2$O—乙醇混合液(1:1 氨水与乙醇各 10mL 混合)淋洗晶体两次,每次用量约 2~3mL,将其在 60℃左右烘干,称量。按 CuSO$_4$·5H$_2$O 的用量计算[Cu(NH$_3$)$_4$]SO$_4$·H$_2$O 的产率。

5. 试样中铜含量测定

(1)[Cu(NH$_3$)$_4$]$^{2+}$ 吸收曲线的绘制

用吸量管吸取 0.1000mol·L^{-1} 标准 Cu^{2+} 溶液 0.00mL、1.00mL、2.00mL、3.00mL、4.00mL 和 5.00mL,分别加到 6 个 50mL 容量瓶中,各加入 2mol·L^{-1} NH$_3$·H$_2$O 10mL,用蒸馏水稀释至刻度,摇匀。在分光光度计上,用 1cm 比色皿,以试剂空白溶液(即不加标准 Cu^{2+} 溶液)为参比溶液,在 560~650nm 波长范围,每隔 10nm 测定 Cu^{2+} 浓度最大的溶液的吸光度,在最大测定值附近,则每隔 5nm 测定一次吸光度。以吸光度为纵坐标、波长为横坐标,绘制吸收曲线,找出[Cu(NH$_3$)$_4$]$^{2+}$ 溶液的最大吸收波长(λ_{max})。

(2)标准曲线的绘制

以试剂空白溶液为参比溶液,用 1cm 比色皿,在[Cu(NH$_3$)$_4$]$^{2+}$ 溶液的最大吸收波长

(λ_{max})下,分别测定其余 4 瓶铜系列溶液的吸光度。以吸光度为纵坐标、相应的 Cu^{2+} 含量为横坐标,绘制标准曲线。

(3)样品中 Cu^{2+} 含量的测定

准确称取 $0.36\sim0.40g$ 样品于小烧杯中,用 5mL 蒸馏水溶解,滴加 $3mol\cdot L^{-1}$ H_2SO_4 至溶液从深蓝色变为蓝色(表示铜氨配离子已解离),将溶液定量转移至 50mL 容量瓶中,加入蒸馏水稀释至刻度,摇匀。准确吸取 10.00mL 上述试样溶液于另一个 50mL 容量瓶中,加 10mL $2.0mol\cdot L^{-1}$ $NH_3\cdot H_2O$,用蒸馏水稀释至刻度,摇匀。以试剂空白溶液为参比,用 1cm 比色皿,在 $[Cu(NH_3)_4]^{2+}$ 最大吸收波长下测定其吸光度。从标准曲线上求 Cu^{2+} 含量,并计算试样中的铜含量。

$$w(Cu^{2+})=\frac{\rho(Cu^{2+})\times50.00\times\dfrac{50.00}{10.00}}{m_{样}}$$

6. 氨含量的测定

氨含量的测定在简易的定氮装置中进行,如图 3-7-1 所示。测定时先准确称 $0.12\sim0.14g$ 样品于长颈烧瓶中,加入少量水溶解,然后加入 $2\sim3$ 粒玻璃珠和 10mL 10% NaOH 溶液,立即装上定氮球(防止 NH_3 逸出),这一操作要迅速,然后慢慢旋摇烧瓶内的溶液,使之混合均匀。按图组装好装置,在锥形瓶中加入 40mL $0.1mol\cdot L^{-1}$ 硼酸溶液,导管恰好插入硼酸溶液中。加热样品溶液,开始时用大火加热,溶液开始沸腾时改为小火,保持微沸状态。蒸出的氨通过导管被硼酸溶液吸收,约 1h 左右可将氨全部蒸出。取出并拔掉插入硼酸溶液

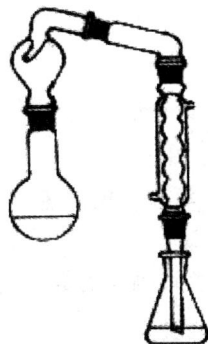

图 3-7-1　定氮蒸馏装置

中的导管,用少量水将导管内外可能沾附的溶液洗入锥形瓶内。以甲基红为指示剂,用标准 HCl 溶液滴定硼酸溶液中的 NH_3。根据耗用的 HCl 溶液体积及浓度计算样品中氨的含量。

$$w(NH_3)=\frac{c(HCl)\cdot V(HCl)\cdot M(NH_3)}{m_{样}}$$

7. 实验现象与数据

(1)$CuSO_4\cdot 5H_2O$ 的制备

粗产品的质量_____g,提纯产品的质量_____g。

理论产量_____g,产率_____。

产品外观描述_____。

(2)铜含量的测定

$[Cu(NH_3)_4]^{2+}$ 吸收曲线的数据请记录于表 3-7-8 中。

表 3-7-8　$[Cu(NH_3)_4]^{2+}$ 吸收曲线的数据记录

λ/nm	560	570	580	590	600	610	620	630	640	650
$A(5.00mL)$										

$[Cu(NH_3)_4]^{2+}$ 的最大吸收波长(λ_{max})为_____nm。

$[Cu(NH_3)_4]SO_4 \cdot H_2O$ 试样称量的数据请记录于表 3-7-9 中。

表 3-7-9　$[Cu(NH_3)_4]SO_4 \cdot H_2O$ 试样称量的数据记录

倾出前(称量瓶＋试样)质量/g	
倾出后(称量瓶＋试样)质量/g	
试样的质量 m/g	

Cu^{2+} 的标准系列溶液配制及吸光度测定的数据请记录于表 3-7-10 中。

表 3-7-10　Cu^{2+} 的标准系列溶液配制及吸光度测定的数据记录

试样溶液编号	1	2	3	4	5	6	待测试液体积
加入 Cu^{2+} 标准溶液体积/mL	0.00	1.00	2.00	3.00	4.00	5.00	10.00
$c(Cu^{2+})$/mol·L^{-1}							
A							

在标准曲线上求得 Cu^{2+} 含量为 _____ mol·L^{-1},

试样中铜的含量 $w(Cu^{2+})$ 为 _____ 。

(3)氨含量的测定

$c(HCl) =$ _____ mol·L^{-1}。

氨含量测定的数据请记录于表 3-7-11 中。

表 3-7-11　氨含量测定的数据记录

HCl 溶液体积终读数/mL	HCl 溶液体积初读数/mL	HCl 溶液的耗用体积/mL

$w(NH_3) =$ _____ 。

(4)分析实验结果

根据试样的组分分析实验结果,确定配离子的实验式,并分析误差产生的原因。

(六)注意事项与注释

(1)若铜丝洁净无油污,或选用氧化铜作原料,可省略净化步骤。也可采用灼烧方法净化铜丝,方法是将铜丝(铜屑或铜片)置于蒸发皿中,加入适量酒精,点燃灼烧至表面呈黑色后,自然冷却即可。

(2)要制得比较纯的 $[Cu(NH_3)_4]SO_4 \cdot H_2O$ 晶体,必须注意操作顺序,$CuSO_4$ 要尽量研细,且应充分搅拌,否则可能局部生成 $Cu_2(OH)_2SO_4$,影响产品质量(反应后溶液应无沉淀,透明)。

(3)$[Cu(NH_3)_4]SO_4 \cdot H_2O$ 生成时放热,在加入乙醇前必须充分冷却,并静置足够时间。如果放置过夜,则能制得较大颗粒的晶体。

(4)Cu^{2+} 标准溶液的配制。准确称取 $CuSO_4 \cdot 5H_2O$(A. R)2.4968g,用蒸馏水溶解,定量移入 100mL 容量瓶中,定容后摇匀,此 Cu^{2+} 溶液浓度为 0.1000mol·L^{-1}。

(5)用过量硼酸溶液吸收 NH_3,再用 HCl 标准溶液滴定硼酸溶液吸收液,在整个滴定过程中硼酸不被滴定,故只需保证硼酸过量,而其浓度和体积均无需很准确。但吸收时的温度不可超过 40℃,否则 NH_3 易逸出。

(6)在硼酸吸收液没有离开导管末端之前,不能停止加热,否则会造成硼酸液回吸。

(七)思考题

(1)制备 $CuSO_4 \cdot 5H_2O$ 时,为什么要加入少量浓 HNO_3? 浓 HNO_3 为什么要分多次缓慢加入?

(2)蒸发浓缩、结晶制备 $CuSO_4 \cdot 5H_2O$ 时,为什么刚出现晶膜就应停止加热,而不能将溶液蒸干?

(3) Fe^{2+}、Fe^{3+} 离子是硫酸铜粗品中常含有的可溶性杂质,为什么要先将 Fe^{2+} 氧化成 Fe^{3+} 后再除去? 为什么要调节溶液 pH 为 3.5~4? pH 值太大或太小有什么影响?

(4) $KMnO_4$、$K_2Cr_2O_7$、Br_2 和 H_2O_2 都能将 Fe^{2+} 氧化成 Fe^{3+},用哪种氧化剂较合适? 为什么?

(5)在提纯 $CuSO_4 \cdot 5H_2O$ 结晶时,为什么要将 $CuSO_4$ 溶液调节成 pH=1 的强酸性溶液?

(6)制备 $[Cu(NH_3)_4]SO_4 \cdot H_2O$ 时,能否用加热浓缩的方法来制得晶体? 为什么?

(7)用 1:1 $NH_3 \cdot H_2O$—乙醇混合液淋洗晶体的目的是什么?

(8)用吸光度(A)对标准 Cu^{2+} 溶液体积(V)及由吸光度(A)对标准 Cu^{2+} 溶液浓度(c)作图,所得两条标准曲线是否相同? 为什么?

(9)在测定氨装置的气体吸收部件中,玻璃导管没有插入到锥形瓶内的硼酸溶液中,将对分析结果产生什么影响?

(八)实验报告评分依据

"硫酸四氨合铜(Ⅱ)的制备"实验报告评分依据如表 3-7-12 所示。

表 3-7-12　"硫酸四氨合铜(Ⅱ)的制备"实验报告评分依据　　　单位:分/处

考查项目	主要考查内容	扣分
报告内容的完整性	实验报告内容不完整	−5~−1
原始记录	原始实验记录不完整或任意改动	−10~−2
硫酸铜的制备	未计算 $CuSO_4 \cdot 5H_2O$ 理论产量或计算错误	−3
	未计算产率	−2
	产率在 75%~80%	−0
	产率在 70%~75%或80%~85%	−4~−1
	产率在 65%~70%或85%~88%	−8~−5
	产率小于 65%或大于 88%	−12~−9

续　表

考查项目	主要考查内容	扣分
硫酸四氨合铜(Ⅱ)的制备	未计算硫酸四氨合铜(Ⅱ)的理论产量或计算错误	−3
	未计算产率	−2
	产率在 75%～80%	−0
	产率在 70%～75% 或 80%～85%	−4～−1
	产率在 65%～70% 或 85%～88%	−8～−5
	产率小于 65% 或大于 88%	−12～−9
标准系列溶液配制和标准曲线绘制	标准系列溶液的线性关系差	−5～−2
	标准曲线坐标轴单位不合适	−2
	实验值的点位不准,标准曲线绘制粗糙(或误差大)	−6
	实验值点位基本准确,但在所作曲线两端的分布不均匀	−3
	未绘制标准曲线	−10
产品中铜含量测定及数据处理	未从标准曲线图上查得试样溶液的 $\rho(Cu)$	−3
	未计算试样中的铜含量	−5
	试样中铜含量测定误差在 ±1.0% 之内	−0
	试样中铜含量测定误差在 ±1.1%～±2.0%	−3～−2
	试样中铜含量测定误差在 ±2.1%～±3.0%	−6～−4
	试样中铜含量测定误差在 ±5.0% 以上	−10～−7
分析与讨论	只写实验操作注意事项,未进行讨论	−10
	不结合实验的实际情况空洞叙述	−8
	只作一般说明	−5
实验思考题	每小题 5 分,按回答质量评分	

第二节　有机化学实验

实验八　乙酸乙酯合成系列

一、有机化合物熔点和沸点的测定

(一)实验目的

(1)理解微量法测定有机物熔点、沸点的原理和意义。

(2)掌握微量法测定熔点和沸点的操作技术。

(二)实验原理

见第二章第六节中熔点和沸点的测定原理。

(三)预备知识

(1)纯净物质的熔点和沸点的定义;物质的蒸气压与温度关系。
(2)含有少量杂质的溶液(熔融液)的熔点和沸点变化特点。
(3)温度计读数的准确表示。
(4)毛细管的封口和试样填装方法。

(四)实验器材

1.仪器设备

熔点测定管 2 个,温度计(100℃,200℃),烧杯(150mL),沸点管,玻璃管(30~40cm),毛细管,铁丝搅拌器,细橡皮圈,酒精灯,铁台,铁圈,铁夹。

2.试剂

苯甲酸(研细),尿素(研细),混有尿素的苯甲酸(研细),95%乙醇,甘油。

(五)实验内容

1.熔点的测定

(1)实验装置
微量法测定熔点装置见图 2-6-1。用甘油作热浴液。
(2)样品的准备
取 8 根毛细管,其中 4 根分别装入已知样品苯甲酸和尿素,另 3 根装混有尿素的苯甲酸,余 1 根备用。
(3)加热
仪器与样品安装好后,用酒精灯加热熔点测定管侧管底部。开始加热时,升温速度可以快些,可为 5~6℃/min,当热浴液温度低于样品熔点 10℃左右时,调整火焰,使温度上升速度为 1℃/min。越接近熔点,升温速度越慢。
(4)记录
仔细观察毛细管内样品的变化,当毛细管壁的样品开始湿润和塌落、有微小液滴而部分透明现象时,即为初熔温度 t_1。当固相样品完全消失全部透明时,即为全熔,记录温度 t_2。$t_1 \sim t_2$ 为熔程。晶态样品熔化过程如图 3-8-1 所示。

每种样品重复操作一次。混合样需粗测一次，精测两次。另需注意在测定第二个样品时，必须待热浴液的温度降到待测样品熔点以下约 30℃ 才能进行。

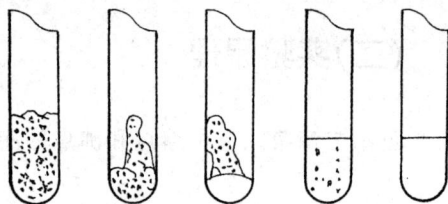

图 3-8-1　晶态样品熔化过程

2. 微量法测定 95% 乙醇的沸点

（1）实验装置

微量法测定沸点装置见图 2-6-2。用水作热浴液。

（2）样品准备

在沸点管中加入 4～5 滴 95% 乙醇，在此管中放入一根一端封口的毛细管，其开口处浸入样品中。

（3）加热

将沸点管用橡皮圈固定于温度计旁，使沸点管中的样品中心位于温度计水银球的中间位置，一起浸入水浴中加热。

（4）记录

加热到比乙醇的沸点稍高时，就有一连串连续的小气泡从毛细管内迅速逸出。停止加热，温度逐渐下降，气泡逸出的速度渐渐减慢，当气泡停止逸出而最后一个气泡在毛细管口欲进而出时（或液体刚要进入毛细管、毛细管外液面与毛细管内液面等高时）即为毛细管内液体的蒸气压与外界压力相等，此瞬间的温度就是该样品的沸点。

再加热水浴液，重复上述操作，记下各次沸点读数，要求各次读数误差不超过 1℃，再取其平均值。

3. 实验数据

（1）熔点测定。晶态有机物熔点测定的数据请记录于表 3-8-1 中。

表 3-8-1　晶态有机物熔点测定的数据记录

试样	测定次数	初熔温度/℃	全熔温度/℃	熔程/℃
苯甲酸	1			
	2			
尿素	1			
	2			
苯甲酸＋尿素	1			
	2			
	3			

实验结论：纯净样品中含有杂质后，熔点_____，熔程_____。

（2）沸点测定。液态有机物沸点测定的数据请记录于表 3-8-2 中。

表 3-8-2　液态有机物沸点测定的数据记录

测定次数	1	2	3
沸点/℃			
平均值/℃			

(六)注意事项与注释

(1)毛细管法测得的熔点常较真实熔点略高,是由初熔温度和全熔温度(熔程)表示实验测定值。

(2)必须待热浴液的温度降到待测样品熔点以下约 30℃ 才能测定第二个样品。含有杂质的混合试样的初熔温度明显低于纯净试样,其熔程随试样中杂质含量增多而增大,故可大致判断试样中杂质含量的高低。

(七)思考题

(1)测过熔点的毛细管冷却后,管内样品凝固了,为什么不能再作第二次测定用?

(2)若 A、B、C 三种白色固体有机化合物的熔点范围都在 149～150℃,怎样确定它们是同一种化合物? 如果 A 和 B 是同一化合物,但不同于 C,结果又将怎样?

(3)测定熔点时,如果遇下列情况之一,将对测定结果产生什么影响?

①毛细管管壁太厚;②毛细管不干净;③加热太快;④样品装得不紧;⑤样品研得不够细;⑥毛细管底部未完全封口;⑦在熔点测定管下侧管中间位置用酒精灯加热。

(4)如果加热过猛,对熔点和沸点的测定结果有何影响? 为什么?

(5)测得某种液体有固定的沸点,能否认为该液体是纯净物质? 为什么?

(八)实验报告评分依据

"有机化合物熔点和沸点的测定"实验报告评分依据如表 3-8-3 所示。

表 3-8-3　"有机化合物熔点和沸点的测定"实验报告评分依据　　单位:分/处

考查项目	主要考查内容	扣分
报告内容的完整性	实验报告内容不完整	−5～−1
原始记录	原始实验记录不完整或任意改动	−10～−2
熔点测定情况	纯净样品初熔温度测定不准确	−4～−1
	纯净样品全熔温度测定不准确	−4～−1
	混合样品熔点测定结果不合理	−4～−1
	纯净物的熔距大于 1℃	−3～−1
	纯净物的熔距大于 2℃	−6～−4

续 表

考查项目	主要考查内容	扣分
沸点测定情况	沸点测定值低于或高于文献值 0.5～1.5℃ 测定值低于或高于文献值 1.5℃ 以上 平行测定、平均值数据不完整 平行测定值偏差大（最大值－最小值＞2℃）	－3～－1 －6～－4 －4～－3 －2
实验结果叙述	没有对纯净物和含杂质样品的熔点测定结果的结论	－3
实验装置图	装置图绘制基本正确，比例基本合适 装置图绘制潦草，比例不适宜 未绘制装置图	－4～－2 －7～－5 －10
分析与讨论	只写实验操作注意事项，未进行讨论 不结合实验的实际情况空洞叙述 只作一般说明	－10 －8 －5
实验思考题	每小题 5 分，按回答质量评分	

二、乙酸乙酯的合成

(一)实验目的

(1)了解有机酸合成酯的原理和方法，掌握回流、蒸馏的基本操作。
(2)学习和掌握分液漏斗的使用、液态化合物的洗涤及干燥等操作技术。
(3)掌握液态化合物折光率的测定方法。

(二)实验原理

醇和有机酸在 H^+ 存在下发生酯化反应生成酯：

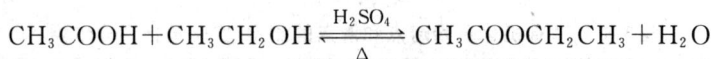

$$CH_3COOH + CH_3CH_2OH \underset{\triangle}{\overset{H_2SO_4}{\rightleftharpoons}} CH_3COOCH_2CH_3 + H_2O$$

酯化反应是可逆平衡反应，并且平衡不利于酯的生成，故必须借助于反应物之一用得过量，使平衡右移，增大酯的产率。酯化反应后的混合体系中，除产品乙酸乙酯外，还有水、未反应的乙醇、乙酸以及反应副产物如乙醚等杂质。因此，须用碳酸钠溶液、饱和食盐水和氯化钙溶液等处理，以除去这些杂质，再经过干燥、蒸馏才得纯乙酸乙酯，产率约 60％～70％。

(三)预备知识

(1)理解酯化反应的反应过程及其增加酯化反应产率的措施；浓硫酸的作用及加入方法。
(2)暴沸的概念，沸石防止暴沸的作用原理及使用沸石的注意事项。
(3)熟悉各种洗涤、分离操作的目的、原理和操作技术。

（4）液态有机化合物纯度检验方法、原理及其操作技术；并查阅相应物理常数的文献值。

（5）共沸溶液及乙酸乙酯的共沸溶液的组成和沸点。

(四)实验器材

1.仪器设备

2WA-J 型阿贝折射仪，圆底烧瓶（100mL，250mL），平底烧瓶（100mL），直形水冷凝管，长颈漏斗，分液漏斗（125mL），蒸馏头，接受管，电热套，锥形瓶（50mL）2 个，温度计（100℃），沸点管，空心塞，量筒（50mL，10mL），烧杯（150mL），滴管，铁台，铁夹，铁圈，玻棒，广泛 pH 试纸，擦镜纸，沸石。

2.试剂

95％乙醇，冰乙酸，浓硫酸，饱和碳酸钠溶液，饱和 NaCl 溶液，饱和 $CaCl_2$ 溶液，无水硫酸钠，丙酮。

(五)实验内容

1.乙酸乙酯的合成

将 36mL 95％乙醇和 30mL 冰乙酸放入干燥的 250mL 圆底烧瓶中，分多次加入 15mL 浓硫酸（每次均加少量，并摇匀），再加入 2～3 块沸石，电热套加热至沸，再回流 1.5h 后停止加热，立即将回流装置改成蒸馏装置，补加 2～3 块沸石，收集 72～80℃馏出液，控制蒸馏速度为每秒钟 1～2 滴馏出液，在冷却的馏出液中慢慢加入饱和碳酸钠溶液，振摇混合，直至不再有气体放出，并用 pH 试纸检查，酯液呈弱碱性。将酯液转入分液漏斗，分出下层水溶液后，加入 15mL 饱和 NaCl 溶液洗涤酯层，分出水溶液后用 15mL 饱和 $CaCl_2$ 溶液洗涤酯层，分液后再用 5mL 蒸馏水洗涤，分液，酯层自分液漏斗上口倒入干燥平底烧瓶，加入约 3g 无水硫酸钠干燥酯。细粒状的干燥剂明显粘连、结块、附壁，说明干燥剂用量不够，需再加入新鲜干燥剂，而加入的干燥剂形状基本上没有变化，表明干燥剂量足够。

2.乙酸乙酯的纯化

将干燥过的酯装于圆底烧瓶中，勿倒入干燥剂，加 2～3 块沸石，加热蒸馏，控制蒸馏速度，收集 75～78℃馏分，用量筒量出其体积，计算产率，用微量法测定沸点和折光率各 3 次，计算平均值。剩余乙酸乙酯保存于干燥平底烧瓶中，用于液—液萃取实验。

乙酸乙酯的理论产量为

$$\frac{30mL \times 1.049g \cdot mL^{-1}}{60.05g \cdot mol^{-1}} \times 88.12g \cdot mol^{-1} = 46.18g$$

$$\frac{46.18g}{0.9003g \cdot mol^{-1}} = 51.3mL$$

3. 实验数据和结果

（1）合成产量

乙酸乙酯的理论产量＿＿＿＿＿mL，产品产量＿＿＿＿＿mL，产率为＿＿＿＿＿。

（2）产品纯度检验

沸点测定的数据请记录于表 3-8-4 中。

表 3-8-4　沸点测定的数据记录

测定次数	1	2	3
沸点测定值/℃			
平均值/℃			

折光率测定的数据请记录于表 3-8-5 中。

表 3-8-5　折光率测定的数据记录

测定次数	1	2	3
折光率测定值			
平均值			

（六）注意事项与注释

（1）浓硫酸的用量为醇用量的 3％时即起催化作用。当硫酸用量增多时又起脱水作用，有利于酯的生成。

（2）氯化钠溶液的作用是降低酯在水中的溶解度，有利于酯的回收，提高其产率。

（3）当酯层用碳酸钠洗过后，若紧接着用氯化钙溶液洗涤，有可能产生絮状碳酸钙沉淀，使进一步分离困难，故两步操作之间要用食盐水洗一下，氯化钙溶液是为了除去未反应的醇。

（4）如果乙酸乙酯中含有少量乙醇或水，在蒸馏时可能产生三种共沸物，其组成和沸点如表 3-8-6 所示。

表 3-8-6　乙酸乙酯共沸物的组成及沸点

乙酸乙酯/％	乙醇/％	水/％	沸点/℃
82.6	8.4	9.0	70.2
91.9	—	8.1	70.4
69.0	31.0	—	71.8

所以，如果洗涤不净或干燥不充分，在蒸馏时就会有大量前馏物，造成严重的产品损失。

（5）蒸馏时的温度上升太快，会使蒸馏烧瓶颈部造成过热现象，使部分液体的蒸气直接受到热源的热，使温度计的读数偏高；而烧瓶内液体受热太少，蒸气不能到达支管口，使蒸馏速度太慢，也易使温度计水银球周围的蒸气短时间中断，致使温度计上的读数出现不规则波动或偏低。因此，需控制蒸馏速度为每秒钟滴出 1～2 滴馏出液。

(七)思考题

(1)本实验中采取了哪些促使酯化反应向生成酯的方向进行的措施？

(2)在回流、蒸馏操作开始时，为什么冷却水从冷凝器下端夹套管进入而从上端流出？

(3)蒸馏时加入沸石为什么能防止暴沸？如果加热后才发觉未加入沸石，应该怎样处理？

(4)酯化反应时需用浓硫酸作催化剂，但应将浓硫酸分多次加入，为什么？

(5)当加热后有馏出液出来时，才发现冷凝管未通水，此时能否立即通水？如果不能，应如何处理？

(6)蒸馏操作时，为什么要将馏出液速度控制为每秒钟 1～2 滴为宜？

(7)粗产品中含有哪些杂质？如何将它们除去？

(8)能否用浓 NaOH 溶液代替 Na_2CO_3 溶液洗涤？为什么？

(9)用饱和 $CaCl_2$ 溶液洗涤能除去什么杂质？为什么要用 NaCl 溶液洗涤？能否用蒸馏水代替？

(10)本实验中需加入干燥剂除去酯中的少量水，实验中如何确定干燥剂的用量较为适宜？

(八)实验报告评分依据

"乙酸乙酯的合成"实验报告评分依据如表 3-8-7 所示。

表 3-8-7　"乙酸乙酯的合成"实验报告评分依据　　　　　单位：分/处

考查项目	主要考查内容	扣分
报告内容的完整性	实验报告内容不完整	−5～−1
原始记录	原始实验记录不完整或任意改动	−10～−2
乙酸乙酯的合成情况	乙酸乙酯的产率为理论产量的 55%～60%	−3
	乙酸乙酯的产率为理论产量的 50%～55%	−6
	乙酸乙酯的产率为理论产量的 45%～50%	−10
	乙酸乙酯的产率为理论产量的 40%～45%	−14
	乙酸乙酯的产率为理论产量的 35%～40%	−18
	乙酸乙酯的产率少于理论产量的 35%	−25～−20
乙酸乙酯纯化的参数	折射率校正值比文献值高 0.0010 以内	−2
	折射率校正值比文献值高 0.0010～0.0020	−4
	折射率校正值比文献值高 0.0020～0.0030	−6
	折射率校正值(室温低于 25℃时)低于文献值	−8
	沸点测定值低于或高于文献值 0.5～1.5℃	−3～−1
	测定值低于或高于文献值 1.5℃以上	−6～−4
	平行测定、平均值数据不完整	−4～−3
	沸点平行测定值偏差大(最大值−最小值＞2℃)	−2
实验装置图	装置图绘制基本正确，比例基本合适	−4～−2
	装置图绘制潦草，比例不适宜	−7～−5
	未绘制装置图	−10
分析与讨论	只写实验操作注意事项，未进行讨论	−10
	不结合实验的实际情况空洞叙述	−8
	只作一般说明	−5
实验思考题	每小题 5 分，按回答质量评分	

三、液—液萃取

(一)实验目的

(1)明确萃取的原理,掌握液—液萃取操作技术。

(2)了解萃取剂的选择方法。

(二)实验原理

萃取是利用物质在两种互不相溶(或微溶)溶剂中溶解度或分配系数不同来进行分离、提纯的操作。当含有机化合物的水溶液用有机溶剂萃取时,有机化合物就在两液相间分配。在一定温度下,此有机化合物在两液相 A 和 B 中的浓度比(分别用 $c(A)$ 和 $c(B)$ 表示)为一常数,叫做分配系数,以 K 表示,即 $K = c(A)/c(B)$,也可近似地看做此有机化合物在两种溶剂中的溶解度之比,这种关系叫做分配定律。要把被萃取的化合物从溶液中完全萃取出来,除非分配系数极大,通常萃取一次是不够的,依照分配定律,用相同体积的萃取剂时,分多次萃取比一次萃取的效果高得多。

例如,用 14mL 乙醚萃取 5mL 12.5% 的乙酸溶液,已知乙酸溶液的密度为 $1.016g \cdot mL^{-1}$,$K = c(水)/c(醚) = 2.1$,计算萃取出的乙酸的重量。

原溶液中乙酸的重量为

$$5 \times 1.016 \times 12.5\% = 0.635g$$

$$2.1 = \frac{\dfrac{0.635-x}{5}}{\dfrac{x}{14}}$$

$$x = 0.363g$$

萃取率为 57.2%。

若将 14mL 乙醚平均分为 7mL 进行两次萃取,则第一次萃取:

$$2.1 = \frac{\dfrac{0.635-y}{5}}{\dfrac{y}{7}}$$

$$y = 0.254g$$

水中剩余的乙酸为

$$0.635 - 0.254 = 0.381g$$

第二次萃取:

$$2.1 = \frac{\dfrac{0.381-z}{5}}{\dfrac{z}{7}}$$

$$z = 0.152g$$

两次共萃取出乙酸 $0.254 + 0.152 = 0.406g$，萃取率为 63.9%。所以，同体积萃取剂一般分为 3~5 次萃取。

萃取效率还与萃取剂的性质有关，常根据被萃取物质在溶剂中的溶解度来选择萃取剂，同时要易于与溶质分离开，故最好选用低沸点的溶剂。一般水溶性小的物质可用石油醚；水溶性较大的可用苯或乙醚；易溶于水的宜用乙酸乙酯或类似溶剂。

(三)预备知识

(1)分配定律和分配系数。
(2)酸碱滴定原理及滴定操作技术。
(3)分液漏斗的使用。
(4)实验数据处理及有效数字运算规则。

(四)实验器材

1. 仪器设备

分液漏斗(60mL)3 个，容量瓶(100mL)2 个，移液管(20mL)2 支，吸量管(10mL)2 支，碱式滴定管(25mL)，烧杯(100mL)，锥形瓶(250mL，100mL)，量筒(10mL)，铁架台(带铁圈)，滴定管夹，吸耳球。

2. 试剂

冰乙酸，乙酸乙酯(实验八之二制备)，$0.2mol \cdot L^{-1}$ NaOH 标准溶液，酚酞。

(五)实验内容

1. 1mol·L⁻¹乙酸溶液配制和浓度标定

量取 5.7mL 冰乙酸于 100mL 烧杯中，用少量蒸馏水稀释后转入 100mL 容量瓶中，定容，摇匀。

准确移取 20.00mL 上述乙酸溶液于另一个 100mL 容量瓶中，蒸馏水稀释、定容、摇匀。用移液管移取 20.00mL 乙酸稀溶液于 250mL 锥形瓶中，以酚酞作指示剂，$0.2mol \cdot L^{-1}$ NaOH 标准溶液滴定至终点。平行测定 3 次，计算原乙酸溶液的浓度。

2. 一次萃取

移取 $1mol \cdot L^{-1}$ 乙酸溶液 6.00mL，放入分液漏斗中，用 8.00mL 乙酸乙酯萃取。将下层水溶液收集于锥形瓶中，加水 10mL，1 滴酚酞作指示剂，用 $0.2mol \cdot L^{-1}$ NaOH 标准溶液滴定至终点，记录耗用的 NaOH 溶液体积，计算出在水中的乙酸量，将有机溶液从分液漏斗上口倒入指定的回收瓶中。

3. 二次萃取

另取 $1mol \cdot L^{-1}$ 乙酸溶液 $6.00mL$，先用 $4.00mL$ 乙酸乙酯萃取，将下层溶液分离到另一个分液漏斗中，再用 $4.00mL$ 乙酸乙酯萃取，分出的水溶液放入锥形瓶中，加水 $10mL$ 后，用 NaOH 标准溶液滴定至终点，根据 NaOH 标准溶液耗用体积计算出水溶液中的乙酸量。分液漏斗中的上层有机溶液倒入回收瓶中，

根据上述两种萃取操作所得的数据分别计算萃取率，比较萃取乙酸的效果，并计算分配系数 $K = c(水)/c(酯)$。

4. 试验数据处理

(1) $1mol \cdot L^{-1}$ 乙酸溶液浓度的标定，数据请记录于表 3-8-8 中。

表 3-8-8　乙酸溶液浓度标定的数据记录

标定次数	1	2	3
NaOH 溶液浓度/mol·L^{-1}			
NaOH 溶液体积终读数/mL			
NaOH 溶液体积初读数/mL			
NaOH 溶液的耗用体积 V(NaOH)/mL			
原乙酸溶液浓度/mol·L^{-1}			
平均值($\bar{x}$)/mol·L^{-1}			
相对平均偏差($\overline{d}/\bar{x}$)			
标准偏差(s)			
置信水平为 95% 时的置信区间			

(2) 萃取结果，数据请记录于 3-8-9 中。

表 3-8-9　乙酸乙酯萃取乙酸溶液的数据记录

萃取次数	一次萃取	二次萃取
NaOH 溶液浓度/mol·L^{-1}		
NaOH 溶液体积终读数/mL		
NaOH 溶液体积初读数/mL		
NaOH 溶液的耗用体积 V(NaOH)/mL		
水溶液中乙酸的质量/g		
水相中的乙酸质量/g		
萃取率		
分配系数 $K = c(水)/c(酯)$		

（六）注意事项与注释

（1）当两种溶剂（水和有机层）能部分互溶或密度相差较小时，可能出现不能清晰分层的现象，即出现乳化现象，就需适当延长静置时间，也可以通过加入强电解质（如 NaCl），利用增加水层的密度来促使分层。

（2）萃取操作时，为使溶质在两种溶剂中充分分配，需剧烈振荡分液漏斗，此时应及时平衡漏斗内外压力，并防止漏液。

（3）进行分液操作时，应控制分液漏斗下方的活塞分出下层液体，当两液层的界面下降到接近活塞时关闭活塞，稍加摇动并静止片刻，使玻璃壁上的下层液体全部进入界面之下，再将下层液体完整分出。

（七）思考题

（1）使用分液漏斗的目的何在？分液漏斗使用前和使用后各应注意哪些事项？

（2）用乙酸乙酯萃取 HAc 溶液中乙酸的实验中，为何要将所用的 HAc 溶液的浓度先予以标定？

（3）两种不相溶的液体同在分液漏斗中，比重大的在哪一层？下层液体从哪里放出？放出液体时，为了不要流得太快，应该怎样操作？留在分液滴斗中的上层液体，应从何处放入另一容器？

（4）本实验中能否用乙酸乙酯萃取 $0.1 \text{mol} \cdot \text{L}^{-1}$ HAc 溶液来求分配系数？

（5）如何判断分液漏斗中哪一层是有机物溶液？哪一层是水溶液？

（6）分液漏斗在有机实验中有哪些主要用途？使用分液漏斗时应注意哪些事项？

（7）依照原理部分中例题的计算过程，推导出经几次相同用量萃取剂萃取后，原溶液中被萃取化合物剩余量的计算式。

（8）有 1000mL 苯甲酸水溶液，用 200mL 乙醚分 8 次萃取，分配系数 $K(水/醚) = \dfrac{1}{80}$，求水溶液中残留的苯甲酸为初始苯甲酸的多大比例？

（八）实验报告评分依据

"液—液萃取"实验报告评分依据如表 3-8-10 所示。

表 3-8-10　"液—液萃取"实验报告评分依据　　　　单位：分/处

考查项目	主要考查内容	扣分
报告内容的完整性	实验报告内容不完整	$-5 \sim -1$
原始记录	原始实验记录不完整或任意改动	$-10 \sim -2$
滴定读数	滴定管初读数大于 1.00mL	-2
	滴定管读数不准（包括有效数字）	-5

续　表

考查项目	主要考查内容	扣分
HAc 溶液浓度标定 的数据处理	未作说明或 Q 检验即舍弃实验数据	-4
	相对标准偏差在 $0.2\%\sim0.3\%$	-2
	相对标准偏差在 $0.3\%\sim0.4\%$	-3
	相对标准偏差在 $0.4\%\sim0.6\%$	-4
	相对标准偏差大于 0.6%	$-10\sim-6$
	处理实验数据时的计算错误(包括有效数字)	-2
萃取结果	二次与一次萃取率之差在 $5.0\%\sim5.5\%$ 或 $6.5\%\sim7.5\%$ 之间	-3
	二次与一次萃取率之差小于 5.0% 或大于 7.5%	-6
	一次萃取率小于 50% 或大于 55%；或二次萃取率大于 62%	$-4\sim-2$
	一次萃取率大于二次萃取率	-5
	萃取率计算结果有效数字错误	-2
分配系数 K 的计算	分配系数 K 的计算值比文献值低 $0.04\sim0.08$	$-4\sim-1$
	分配系数 K 的计算值比文献值低 0.08 以上	$-8\sim-5$
	分配系数 K 的计算值比文献值高 $0.03\sim0.08$	$-4\sim-1$
	分配系数 K 的计算值比文献值高 $0.08\sim0.12$	$-8\sim-5$
	分配系数 K 的计算值比文献值高 $0.12\sim0.20$	$-12\sim-9$
	分配系数 K 的计算值比文献值高 0.20 以上	$-18\sim-13$
	分配系数 K 计算错误	-4(加扣)
分析与讨论	只写实验操作注意事项,未进行讨论	-10
	不结合实验的实际情况空洞叙述	-8
	只作一般说明	-5
实验思考题	每小题 5 分,按回答质量评分	

实验九　有机物的分离技术系列

一、有机混合物的分离与纯化

(一)实验目的

(1)熟悉有机混合物分离提纯的方法、原理和一般性原则。

(2)掌握回流、蒸馏、萃取、浓缩、抽滤、重结、分馏等有机实验的基本操作。

(3)掌握熔点、沸点测定技术和折光率的测定方法。

(二)实验原理

有机反应产物和天然有机物都是混合物,因此混合物的分离提纯是有机化学实验最基本的操作技术之一。各种来源的混合物,其组成千差万别,没有一种固定的分离提纯模式,都需依据混合物各组分的某些理化性质上的差异,设计合适的分离提纯方法,常利用的物理性质差异包括物态、沸点、蒸气压、溶解度、分配系数、极性等,而最常利用的化学性质差异则是**酸碱性**。混合物的分离、提纯涉及许多基本操作技能。

对某种混合物的分离提纯方法进行设计时,常需考虑如下的一般性原则:

(1)液体中的不溶性固体可用过滤法分离,若有可溶性固体,可用蒸馏法分离。

(2)固体混合物各组分在某种溶剂中溶解度不同,可用液—液萃取法分离。

(3)混有少量杂质的固体化合物可用重结晶法提纯,若该固体在其熔点温度有较高的蒸气压,则可采用升华方法纯化。

(4)组分间不相溶的液体混合物可用分液漏斗分液分离;相互混溶的液体混合物,若各组分的沸点相差较大时,可用常压蒸馏或减压蒸馏法分离;若沸点相差较小,则需用分馏法或色谱法分离。

(5)混合物中若有不溶于水且在 100℃ 左右有较大蒸气压的组分,可用水蒸气蒸馏法分离。

(6)混合物中含有的少量水分,可选用物理的或化学的干燥方法除去。

(7)混合物中的有机酸、碱,一般可用不同强度的碱液或酸液萃取,使之从混合物中分离出来。

(8)混合物的量较少时,一般选用合适的色谱法分离;含量较低的组分常需浓缩富集后分离。

本实验是通过对具有酸性、碱性和中性的有机混合物进行初步分离后再分别进行提纯。

(三)预备知识

(1)熟悉有机混合物分离提纯的方法、原理和一般性原则。

(2)回流、蒸馏、萃取、浓缩、抽滤、重结晶、分馏等有机实验基本操作。

(3)分离产物纯度检验的方法及其操作技术。

(四)实验器材

1.仪器设备

圆底烧瓶(100mL,50mL),直形水冷凝管,分馏柱,接受管,抽滤瓶,循环水 SHZ-D(Ⅲ)循环真空泵,布氏漏斗,分液漏斗(125mL,60mL),烧杯(250mL)2 个,锥形瓶(100mL)4 个,量筒(25mL),量筒(10mL)2 个,熔点测定管,沸点管,温度计(150℃,100℃),表面皿 2 个,**电热套**,广泛 pH 试纸,2WA-J 型阿贝折射仪。

2. 试剂

含有苯甲酸、β-萘酚、甲苯、正氯丁烷和二乙胺的乙醚溶液,乙醚,乙醇,甘油,浓盐酸,6mol·L⁻¹盐酸溶液,4mol·L⁻¹ NaOH 溶液,饱和碳酸氢钠溶液,无水硫酸钠。

(五)实验内容

(1)将 125mL 分液漏斗标记为 A,60mL 分液漏斗标记为 B,锥形瓶分别标记为 Ⅰ、Ⅱ、Ⅲ、Ⅳ。

(2)苯甲酸的分离:量筒量取 25mL 乙醚溶液,倒入分液漏斗 A 中,每次用 10mL 饱和碳酸氢钠溶液萃取 3 次,水溶液合并于分液漏斗 B 中。用 10mL 乙醚萃取 B 中的水溶液,萃取后的水溶液分入锥形瓶 Ⅰ 中,并加 0.5g 氯化钠,摇动使之溶解。乙醚液倒回分液漏斗 A 中。

(3)β-萘酚的分离:每次用 10mL 4mol·L⁻¹ NaOH 溶液萃取 A 中的混合液 3 次,水溶液合并于分液漏斗 B 中。用 10mL 乙醚萃取 B 中的水溶液,分出的水溶液置锥形瓶 Ⅱ 中,乙醚液倒回分液漏斗 A 中。

(4)二乙胺的分离:每次用 10mL 6mol·L⁻¹盐酸溶液萃取 A 中的混合液 3 次,水溶液合并于分液漏斗 B 中,用 10mL 乙醚萃取 B 中的水溶液,水溶液分入锥形瓶 Ⅲ 中。乙醚液和分液漏斗 A 中的混合液倒入锥形瓶 Ⅳ 中,无水硫酸钠(约 3g)干燥半小时以上。

(5)苯甲酸的纯化:向锥形瓶 Ⅰ 中滴加浓盐酸酸化至 pH=3,用冰浴冷却,待结晶完全后抽滤,收集晶体,用少许冷水洗涤,抽干。将所得晶体风干后测定熔点。纯的苯甲酸熔点为 122.4℃。

(6)β-萘酚的纯化:向锥形瓶 Ⅱ 中滴加浓盐酸酸化至 pH<3,用冰浴冷却,结晶完全后抽滤,收集晶体,用少许冷水洗涤,晾干后得粗品,用乙醇—水(1:10)混合溶剂重结晶,测定熔点。纯的β-萘酚熔点为 121.6℃。

(7)二乙胺的纯化:向锥形瓶 Ⅲ 中滴加 4mol·L⁻¹ NaOH 溶液至 pH=10,将此溶液倒回分液漏斗 B 中,每次用 10mL 乙醚萃取 3 次,合并乙醚萃取液,用约 2g 无水硫酸钠充分干燥后,将乙醚液置干燥的圆底烧瓶中,装配成简单的分馏装置,水浴加热,分馏收集 33～35℃的乙醚(回收)后,再收集 55～57℃馏分,测定所得产品的沸点和折光率,纯的二乙胺沸点为 55.5℃,折光率为 1.3864。

(8)甲苯和正氯丁烷的纯化,将锥形瓶 Ⅳ 中的乙醚溶液移入干燥的 100mL 圆底烧瓶,并装配成蒸馏装置,水浴加热除去乙醚(回收)。然后改为简单分馏装置,先用沸水浴加热分馏收集 77～79℃馏分,再改用直接加热分馏收集 109～111℃馏分,分别测定这两个馏分的沸点和折光率。纯的正氯丁烷为无色液体,沸点为 78.5℃,折光率为 1.4021。纯的甲苯沸点为 110.6℃,折光率为 1.4961。

整个分离提纯过程可用图 3-9-1 表示。

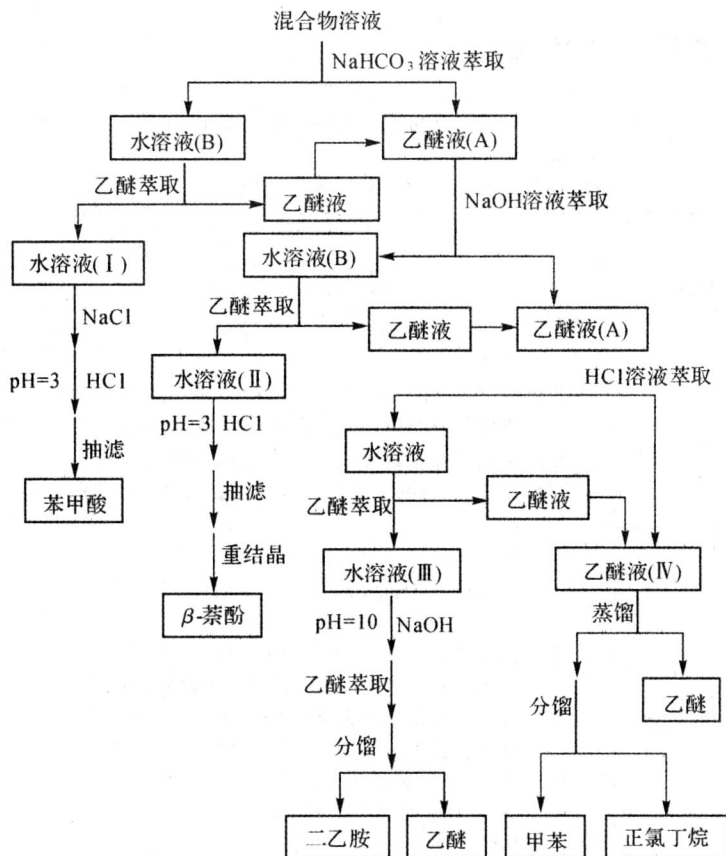

图 3-9-1 混合物分离提纯过程

(六)注意事项与注释

(1)5 种有机物组成的混合物中,既有酸性物质,也有碱性物质,可根据其酸碱性及在水中的溶解度不同,采用稀酸和稀碱进行分离。但不宜先用稀酸溶液处理混合物溶液,因苯甲酸在水中有一定的溶解度(17℃时,100mL 水中能溶解 0.21g 苯甲酸),先用稀酸溶液处理混合物溶液时会含有少量苯甲酸。

(2)乙醚、甲苯和正氯丁烷的挥发性较大,且乙醚和甲苯易燃,分离后的产物应倒入回收瓶。

(七)思考题

(1)实验室中有哪些常用的分离提纯有机物的方法? 各适用于何种类型混合物的分离?

(2)怎样用简便的方法检验液态有机物中是否含有少量水?

(八)实验报告评分依据

"有机混合物的分离与纯化"实验报告评分依据如表 3-9-1 所示。

表 3-9-1 "有机混合物的分离与纯化"实验报告评分依据　　　　　单位:分/处

考查项目	主要考查内容	扣分
报告内容的完整性	实验报告内容不完整	−5～−1
原始记录	原始实验记录不完整或任意改动	−10～−2
分离纯化结果	分离纯化组分的量为原混合物中含量的 70%～80%	−2～−1
	分离纯化组分的量为原混合物中含量的 60%～70%	−5～−3
	分离纯化组分的量为原混合物中含量的 50%～60%	−8～−6
	分离纯化组分的量为原混合物中含量的 50% 以下	−12～−9
纯化物的参数	熔点测定值低于或高于文献值 0.5～1.5℃	−1～2
	熔点测定值低于或高于文献值 1.5℃ 以上	−4～−3
	沸点测定值低于或高于文献值 0.5～1.5℃)	−2～−1
	沸点测定值低于或高于文献值 1.5℃ 以上	−4～−3
	折射率校正值比文献值高 0.0010 以内	−2～−1
	折射率校正值比文献值高 0.0010～0.0020	−4～−3
	折射率校正值比文献值高 0.0020～0.0030	−6～−5
	折射率校正值(室温低于 25℃时)测定值低于文献值	−8～−7
	平行测定、平均值数据不完整	−4～−3
	沸点平行测定值偏差大(最大值−最小值>2℃)	−5
实验装置图	装置图绘制基本正确,比例基本合适	−4～−2
	装置图绘制潦草,比例不适宜	−7～−5
	未绘制装置图	−10
分析与讨论	只写实验操作注意事项,未进行讨论	−10
	不结合实验的实际情况空洞叙述	−8
	只作一般说明	−5
实验思考题	每小题 5 分,按回答质量评分	

二、甲基橙和亚甲基蓝的柱色谱分离

(一)实验目的

(1)了解吸附柱色谱分离的基本原理。

(2)学习和掌握氧化铝吸附柱色谱的操作方法。

(3)学会有机染料混合溶液色谱分离回收率的测定方法,进一步熟练分光光度计的使用。

（二）实验原理

吸附色谱分离是利用吸附剂作固定相对混合溶液中各种组分的吸附能力不同、流动相（即洗脱剂）对各组分的解吸速度的差异进行分离的。选择合适的吸附剂和洗脱剂，能使吸附能力弱、解吸速度快的组分随洗脱剂先流出色谱柱，吸附能力强而解吸速度慢的组分后流出色谱柱，从而使混合物溶液中的各种组分得以分离。常用的吸附剂有中性氧化铝、硅胶和微晶纤维素粉。本实验选用中性氧化铝作吸附剂，分离甲基橙和亚甲基蓝混合溶液，并采用吸光光度分析法测定这两种有机染料的回收率。

（三）预备知识

(1)色谱法。

(2)甲基橙和亚甲基蓝的结构、极性大小及对洗脱剂的要求。

(3)吸附柱色谱分离的操作技术、回收率测定的原理和722N型光栅分光光度计的使用。

（四）实验器材

1. 仪器设备

具塞色谱柱（10cm×1cm），小漏斗，容量瓶（25mL）4 个，烧杯（50mL），吸量管（1mL），722N 型光栅分光光度计，玻璃棒，滴定台带滴定管夹，滴管，小剪刀，脱脂棉，擦镜纸，滤纸片。

2. 试剂

色谱用中性氧化铝，95％乙醇，0.1g · L^{-1}甲基橙和0.1g · L^{-1}亚甲基蓝乙醇溶液（H$_2$O：95％乙醇＝1：1），0.1mol · L^{-1} HCl 溶液。

（五）实验内容

1. 干法装柱

取一根长 10cm、内径 1cm 的色谱柱，放入少许脱脂棉于洁净的色谱柱底部，用玻璃棒轻压使平，通过一个干燥的小漏斗分多次加入氧化铝，加入氧化铝的同时用装在玻璃棒上的橡皮塞轻轻敲震色谱柱，使氧化铝装填均匀，氧化铝吸附剂间不能有缝隙，直到色谱柱内氧化铝层高度在 6～8cm 为止，再在氧化铝表面放上 2 片滤纸片。打开色谱柱底部的活塞，然后加入95％乙醇（流动相），使液体下滴速度为 1 滴/s，用小烧杯在色谱柱下承接，至柱内的氧化铝全部被润湿。

装柱时要注意均匀一致，松紧适当，避免柱中存在气泡、裂缝。在装柱及色谱分离过程中，要始终保持流动相在固定相之上，即柱子上端的氧化铝不能被暴露在空气中，但超出的液面不宜过高。

2. 洗脱分离

当柱中流动相下降到滤纸片表面时,关闭活塞,用吸量管小心地加入 0.50mL 甲基橙和亚甲基蓝乙醇混合溶液。打开活塞,仍控制流速为 1 滴/s,待混合溶液液面下降到将与滤纸片表面相平时,用滴管沿色谱柱内壁滴入少量 95％乙醇,将沾附在柱壁上的混合溶液淋洗入柱内,待乙醇洗涤液降到滤纸片表面时,少量多次地加入洗脱剂（95％乙醇）洗脱,洗脱速率为 1 滴/s,柱下用小烧杯承接洗脱液,观察色带的形成和分离情况。

当第一种有色染料色带降至近柱底时,换用 25mL 容量瓶承接第一种染料洗脱分离液,直到第一种染料被完全洗脱下来,再改用 $0.1mol \cdot L^{-1}$ HCl 溶液继续洗脱,同时更换另一个 25mL 容量瓶作接受器,直到第二种染料被完全洗脱下来后,停止分离。

3. 回收率测定

将收集的亚甲基蓝洗脱液用 95％乙醇定容成 25mL（溶液 1）,甲基橙洗脱液用 $0.1mol \cdot L^{-1}$ HCl 溶液定容成 25mL（溶液 2）,摇匀,观察溶液颜色;以蒸馏水为参比,测定两溶液分别在 510nm 和 657nm 处的吸光度。

准确移取 0.50mL 有机染料混合溶液 2 份,分别置于 2 个 25mL 容量瓶中,分别用 95％乙醇和 $0.1mol \cdot L^{-1}$ HCl 溶液定容,摇匀,观察溶液颜色。以蒸馏水为参比,测定 95％乙醇定容的混合染料溶液在 657nm 处的吸光度 A_1',在 510nm 处测定 $0.1mol \cdot L^{-1}$ HCl 溶液定容的混合染料溶液吸光度 A_2',按表 3-9-2 所示计算亚甲基蓝和甲基橙的回收率。

表 3-9-2 回收率测定的数据记录

		λ/nm	A			λ/nm	A
亚甲基蓝洗脱液	颜色	510	$A_{11}=$	甲基橙洗脱液	颜色	510	$A_{21}=$
		657	$A_{12}=$			657	$A_{22}=$
混合染料乙醇溶液	颜色	λ/nm	$A_1'=$	混合染料HCl溶液	颜色	λ/nm	$A_2'=$
		657				510	
亚甲基蓝回收率 $\eta_1 = \dfrac{A_{12}}{A_1' - A_{22}}$				甲基橙回收率 $\eta_2 = \dfrac{A_{21}}{A_2' - A_{11}}$			

（六）注意事项与注释

（1）色谱柱是否填装紧密对分离效果的影响很大。若柱中留有气泡或各部分松紧不匀（更不能有断层或暗沟）,会影响渗滤速度和色带的均匀,但如果填装时过分敲击,又会因太紧而流速太慢。

（2）在装柱及色谱分离过程中,要始终保持流动相在固定相之上,即柱子上端的氧化铝不能被暴露在空气中,否则再加入的洗脱剂就会将空气泡压入柱内,将使柱中的吸附剂或惰性支持剂出现气泡或产生缝隙,影响渗滤速度和色带的均匀性。

（3）在色谱柱顶部装上盛有 95％乙醇的滴液漏斗能控制洗脱剂的滴加速率,如果不装滴液漏斗,可用滴管滴加乙醇,但乙醇液面高度应相对稳定,不宜过高。

（4）甲基橙变色 pH 范围为 3.1～4.4,酸式色和碱式色的 λ_{max} 分别为 522nm 和 464nm。

（七）思考题

（1）若色谱柱装填不紧密均匀,对分离结果有何影响？如何避免？

（2）色谱柱顶部放上 2 片大小合适的圆形滤纸片的目的是什么？

（3）为什么极性大的组分要用极性大的溶剂洗脱？

（4）根据本实验的分离结果,判断甲基橙和亚甲基蓝的极性大小？

（5）在氧化铝柱子上分别分离下列各组混合物时,哪一个组分先被洗脱下来？

①2-甲基-3-己酮和 4-甲氧基氯苯

②邻硝基苯胺和对硝基苯胺

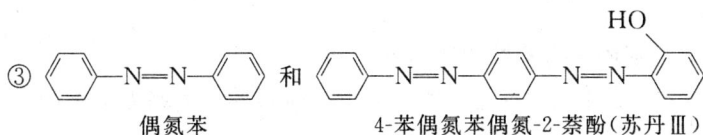

③ 偶氮苯 和 4-苯偶氮苯偶氮-2-萘酚（苏丹Ⅲ）

（6）在回收率测定时,需配制有机染料混合溶液,为什么要用 0.1mol·L⁻¹ HCl 溶液定容？

（7）根据实验结果,分析影响两种染料回收率不同的原因。

（八）实验报告评分依据

"甲基橙和亚甲基蓝的柱色谱分离"实验报告评分依据如表 3-9-3 所示。

表 3-9-3　"甲基橙和亚甲基蓝的柱色谱分离"实验报告评分依据

考查项目	主要考查内容	扣分
报告内容的完整性	实验报告内容不完整	−5～−1
原始记录	原始实验记录不完整或任意改动	−10～−2
吸光度测定的实验数据处理	亚甲基蓝的回收率为 94%～98%或 101%～102%	−2～−1
	亚甲基蓝的回收率为 90%～94%或 102%～104%	−5～−3
	亚甲基蓝的回收率为 85%～90%或 104%～106%	−9～−6
	亚甲基蓝的回收率为 80%～85%或大于 106%～108%	−13～−10
	亚甲基蓝的回收率小于 80%或大于 108%	−16～−14
	甲基橙的回收率为 94%～98%或 101%～102%	−2～−1
	甲基橙的回收率为 90%～94%或 102%～104%	−5～−3
	甲基橙的回收率为 85%～90%或 104%～106%	−9～−6
	甲基橙的回收率为 80%～85%或大于 106%～108%	−13～−10
	甲基橙的回收率小于 80%或大于 108%	−16～−14
	没有计算回收率	−5～−2
实验装置图	装置图绘制基本正确,比例基本合适	−4～−2
	装置图绘制潦草,比例不适宜	−7～−5
	未绘制装置图	−10
分析与讨论	只写实验操作注意事项,未进行讨论	−10
	不结合实验的实际情况空洞叙述	−8
	只作一般说明	−5
实验思考题	每小题 5 分,按回答质量评分	

实验十 甲基橙合成系列

一、苯制取苯胺

(一)实验目的

(1)掌握苯的硝化反应和硝基苯还原为苯胺的实验方法和原理。

(2)学会和初步掌握水蒸气蒸馏操作技术,熟练掌握常压蒸馏、分液、干燥等基本操作。

(二)实验原理

芳香族硝基化合物一般是由芳香族化合物直接硝化制备,根据被硝化物的活性,采用不同的硝化剂,浓硝酸与浓硫酸的混合液是常用的硝化剂之一,亦称混酸。混酸中的浓硫酸起着生成硝基正离子(NO_2^+)和脱水作用,从而提高反应速率。

芳环中的氨基不能用任何方法直接引入,故实验室中常在酸性介质中用金属还原硝基化合物,常用的还原剂有:Fe-HCl、Fe-HAc、Sn-HCl、$SnCl_2$-HCl、Zn-HAc、Zn-NH_4Cl 等。还原反应中,金属的作用是提供电子,而酸或水作为供质子剂提供反应所需的质子。本实验中采用 Zn-NH_4Cl 作还原剂,该方法具有很好的化学选择性,并能减小对环境的影响。

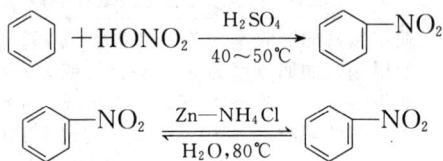

(三)预备知识

(1)苯的硝化反应和硝基苯还原为苯胺的原理。

(2)常压蒸馏、分液、干燥、水蒸气蒸馏等基本操作。

(四)实验器材

1.仪器设备

圆底烧瓶(250mL、100mL、50mL),分液漏斗(125mL、60mL),滴液漏斗,克氏蒸馏头,水银压力计,安全瓶,循环水 SHZ-D(Ⅲ)真空泵,抽滤瓶,布氏漏斗,直形水冷凝管,空气冷凝管,磨口锥形瓶(100mL),空心塞,真空接受管,温度计(250℃,100℃),烧杯(1000mL),T 形管,螺丝夹,量筒(50mL、25mL),电热套,HH-2 恒温水浴锅,铁台铁夹。

2. 试剂

苯,浓硝酸,浓硫酸,乙酸乙酯,锌粉,氯化铵,饱和氯化钠溶液,氯化钙,碳酸钠,无水硫酸镁。

(五)实验内容

1. 混酸的配制

在 250mL 圆底烧瓶中加入 28mL 浓硝酸($\rho=1.45g \cdot cm^{-3}$),在剧烈振荡下分数批缓缓加入 34mL 浓硫酸,并用冷水冷却后移入滴液漏斗中。

2. 硝基苯的制取

250mL 圆底烧瓶中加入 25mL 苯(约 21.9g,0.28mol),在剧烈振荡下通过滴液漏斗滴加硝化剂,控制温度不超过 50℃,必要时用冷水冷却。待硝化剂加完后,将反应物在 60℃水浴中回流 30min,使反应完全。待反应物冷却至室温后移入分液漏斗中,静置后分出下层酸液并回收,分出的粗硝基苯用 80mL 水分两次洗涤,然后用 10%碳酸钠溶液洗涤,直到洗涤液不呈黄色为止,最后用水洗涤到中性,小心地分出粗硝基苯置于干燥的磨口锥形瓶中,加约 6g 无水氯化钙干燥。

将干燥好的澄清透明的硝基苯倒入 100mL 圆底烧瓶中,加入 1～2 粒沸石,装上空气冷凝管,在石棉网上加热蒸馏,收集 205～210℃馏分。注意,圆底烧瓶中要留有约 1mL 残液,不可蒸干。

纯硝基苯为无色(淡黄色)液体,有苦杏仁气味,对人体有毒性,沸点为 210.9℃,$d_4^{20}=$ 1.203,折光率 $n_D^{20}=1.5562$。

3. 苯胺的制取

在 250mL 圆底烧瓶中加入 70mL 水、26.2g(0.4mol)锌粉,分数批加入 10.7g NH_4Cl (0.2mol),每加入一批后用力摇匀,最后再加入 10.2mL 硝基苯(12.2g,0.10mol),由于反应放热,反应液温度会自动升高。如果反应过于剧烈,温度升高过快,可用冷水浴冷却烧瓶使之平稳反应。待剧烈反应期过后,在 80℃水浴中加热反应 1～1.5h 左右,反应结束后,使反应液冷却至室温,抽滤,并用少量的乙酸乙酯洗涤固体,将滤液转移到分液漏斗中,水相用乙酸乙酯萃取 3 次,每次用 25mL,合并酯相溶液,用等体积的饱和 NaCl 溶液洗涤,分液,无水 $MgSO_4$ 干燥。采用常压蒸馏法蒸出乙酸乙酯,再用减压蒸馏进行提纯,在 2.67kPa 时收集 82～85℃的馏分。

纯苯胺为无色油状液体,沸点 184.4℃,$d_4^{20}=1.022$,$n_D^{20}=1.5863$,在空气中放置稍久易被氧化呈棕色或黑色。

（六）注意事项与注释

(1)苯只能略溶于混酸,彼此接触较少,硝化反应时需不断振荡使苯与混酸充分接触,促进反应趋于完成。

(2)硝化反应是放热反应,温度超过 60℃时,部分硝酸分解并有苯被挥发,同时有较多的二硝基苯生成,使产率降低。

(3)在开始加入混酸时,由于硝化反应速度较快,因此每次加入量不可太多。随着混酸的加入和硝基苯的生成,反应混合物中苯的量逐渐减少,硝化速度减慢。故在加入一半混酸后,每次加入量可酌量增加。

(4)分液漏斗是不耐热的玻璃仪器,热的溶液不宜直接放在分液漏斗中进行分液操作。

(5)硝基苯用碱洗后再用水洗,可能产生乳化现象而不易分层。若久置不分层,可加 0.5～1mL乙醇,振荡后再静止即可分层。

(6)工业浓硫酸中常含有少量汞盐等杂质,它们具有催化作用,生成苦味酸、二硝基酚等副产物,在碱溶液中呈黄色。

(7)硝基苯中夹杂的硝酸若不洗净,最后蒸馏时会分解,产生 NO_2 气体,并增加生成二硝基苯的可能性。

(8)蒸馏温度不得超过 210℃,更不能蒸干,否则瓶内的间二硝基苯或其他多硝基化合物将分解而引起爆炸。

(9)反应物中的硝基苯与盐酸互不相溶,而这种液体与固体的锌粉接触机会又少,因此,充分振摇反应物是还原反应顺利进行的操作关键。

(10)苯胺和硝基苯都有毒,操作时应小心,最好在通风柜中进行操作,避免与皮肤接触或吸入其蒸气。若不慎触及皮肤时,应立即用水冲洗(或用少量乙醇擦洗),再用肥皂及温水洗净。

(11)在 22℃时,每 100mL 水约溶解 3mL 苯胺。根据盐析原理,加入氯化钠使馏出液饱和(每 100mL 馏出液中加入研细的氯化钠 20～25g),则溶于水中的苯胺即成油状物析出,浮于饱和氯化钠溶液之上。

（七）思考题

(1)实验中,若将新配制的混酸一次加入苯中,会有什么结果?

(2)苯硝化过程中,控制反应温度不能超过 60℃的原因是什么? 若温度过高,其结果如何?

(3)粗硝基苯依次用水、碱、水洗的目的各是什么?

(4)硝化反应物移入分液漏斗,分去混酸后,第一次用水洗时,如何判断分层后每层是什么化合物?

(5)实验中除采用减压蒸馏反复提纯苯胺外,还可采用何种方法反复进行提纯?

(6)如果制得的苯胺中含有硝基苯,应如何除掉?

（八）实验报告评分依据

"苯制取苯胺"实验报告评分依据如表 3-10-1 所示。

表 3-10-1　"苯制取苯胺"实验报告评分依据　　单位:分/处

考查项目	主要考查内容	扣分
报告内容的完整性	实验报告内容不完整	−5～−1
原始记录	原始实验记录不完整或任意改动	−10～−2
硝基苯的产量	纯化产品产量为理论产量的 70%～75% 纯化产品产量为理论产量的 62%～69% 纯化产品产量为理论产量的 53%～61% 纯化产品产量为理论产量的 45%～52% 纯化产品产量为理论产量的 45%以下 纯化产品产量为理论产量的 78%以上 未计算产量或以粗产品计算产量	−3～−1 −6～−4 −9～−7 −12～−10 −16～−13 −12～−10 −5～−3
苯胺的产量	纯化产品产量为理论产量的 45%～50% 纯化产品产量为理论产量的 40%～45% 纯化产品产量为理论产量的 35%～40% 纯化产品产量为理论产量的 35%以下 纯化产品产量为理论产量的 55%以上 未计算产量或以粗产品计算产量	−4～−1 −8～−5 −12～−9 −15～−13 −12～−9 −5～−3
实验装置图	装置图绘制基本正确,比例基本合适 装置图绘制潦草,比例不适宜 未绘制装置图	−4～−2 −8～−5 −10
分析与讨论	只写实验操作注意事项,未进行讨论 不结合实验的实际情况空洞叙述 只作一般说明	−10 −8 −5
实验思考题	每小题 5 分,按回答质量评分	

二、对氨基苯磺酸的制备

(一)实验目的

(1)通过对氨基苯磺酸的制备,了解磺化反应。
(2)进一步掌握回流、抽滤、重结晶等基本操作。

(二)实验原理

氨基是邻对位定位基。在酸性溶液中,氨基变成带正电荷的基团($-N^+H_3$),在芳环上亲电取代反应中,主要生成间位取代物。若使反应在高温(170～180℃)条件下进行,苯胺质子化转变为磺酰苯胺,主要生成对位磺化产物,水解后得到对氨基苯磺酸。

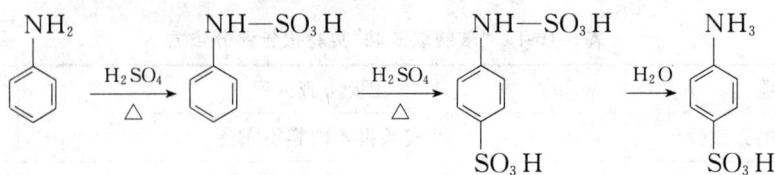

(三)预备知识

(1)磺化反应的原理。

(2)回流、抽滤、重结晶等基本操作。

(四)实验器材

1.仪器设备

三口烧瓶(100mL),空气冷凝管,空心塞,烧杯(250mL,100mL),温度计(200℃),抽滤瓶,循环水 SHZ-D(Ⅲ)式真空泵,玻棒,蒸发皿,托盘天平,电热套,铁台铁夹。

2.试剂

苯胺(实验十之一制备),浓硫酸,活性炭。

(五)实验内容

1.对氨基苯磺酸制备

在 100mL 三口烧瓶中,加入新蒸馏出来的苯胺 10mL(10.2g,约 0.11mol),烧瓶用冷水冷却,小心地加入 10mL 浓硫酸。分别将空气冷凝管、温度计和空心塞装到三口烧瓶上,使温度计的水银球浸入反应物中,在电热套上慢慢加热到 170~180℃,维持此温度 2~2.5h。

反应物冷却至约 50℃后,将它倒入盛有 50mL 冷水的烧杯中,用玻棒剧烈搅拌,析出灰色的对氨基苯磺酸,并用该烧杯中的冷水少许将烧瓶内残留的产物冲洗到烧杯中。抽滤,用少量冷水洗涤,即得粗产品。

2.对氨基苯磺酸纯化

粗产品用沸腾的水重结晶(若溶液颜色深,需用活性炭脱色),抽滤、洗涤、晾干产品。由于对氨基苯磺酸在水中的溶解度较大,可将重结晶后的母液浓缩到原体积的 1/3,冷却后又有结晶析出,抽滤、洗涤、晾干产品。分别称量这两批产品并比较它们的颜色。计算总产率。

(六)注意事项与注释

(1)温度超过 190℃容易生成黑色黏稠的物质。

(2)温度低于 50℃时,反应物可能变黏稠和凝固,不易从烧瓶中倒出。如果发生这种现象,可将烧瓶稍微加热使产物变为液体倒出。

(3)100℃时,100mL 水可溶解 6.67g 对氨基苯磺酸;20℃时,100mL 水可溶解 1.08g。

(4)对氨基苯磺酸是一种内盐,没有确定的熔点,加热到 280～290℃则炭化。

(七)思考题

(1)为什么对氨基苯磺酸在水中的溶解度要比在苯或乙醚中的溶解度大得多?

(2)对氨基苯磺酸是一种两性的有机化合物,为什么它能溶于碱而不溶于酸?

(3)反应产物中是否含有邻、对位取代物? 若有邻位和对位取代产物,哪一种较多? 为什么?

(八)实验报告评分依据

"对氨基苯磺酸的制备"实验报告评分依据如表 3-10-2 所示。

表 3-10-2　"对氨基苯磺酸的制备"实验报告评分依据　　　　　　　单位:分/处

考查项目	主要考查内容	扣分
报告内容的完整性	实验报告内容不完整	−5～−1
原始记录	原始实验记录不完整或任意改动	−10～−2
对氨基苯磺酸的产量	纯化产品产量为理论产量的 35%～40% 纯化产品产量为理论产量的 30%～35% 纯化产品产量为理论产量的 25%～30% 纯化产品产量为理论产量的 25%以下 纯化产品产量为理论产量的 45%以上 未计算产率或以粗产品计算产率	−4～−1 −8～−5 −12～−9 −15～−13 −12～−9 −5～−3
实验装置图	装置图绘制基本正确,比例基本合适 装置图绘制潦草,比例不适宜 未绘制装置图	−4～−2 −7～−5 −10
分析与讨论	只写实验操作注意事项,未进行讨论 不结合实验的实际情况空洞叙述 只作一般说明	−10 −8 −5
实验思考题	每小题 5 分,按回答质量评分	

三、合成制取甲基橙

(一)实验目的

(1)通过甲基橙的制取,学会重氮化和偶合反应的实验操作。

(2)熟练掌握抽滤、重结晶等基本操作。

(二)实验原理

甲基橙是常用的一种酸碱指示剂,它是一种偶氮化合物,可由对氨基苯磺酸重氮盐与 N,N-二甲基苯胺在弱酸性介质中发生偶合反应制取。偶合首先得到嫩红色的酸式甲基橙,称为酸性黄,在碱中酸性黄转变为黄色的钠盐,即甲基橙。

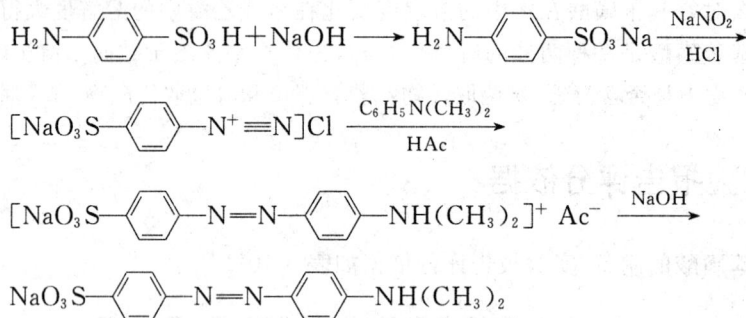

$$H_2N-\!\!\!\bigcirc\!\!\!-SO_3H + NaOH \longrightarrow H_2N-\!\!\!\bigcirc\!\!\!-SO_3Na \xrightarrow[HCl]{NaNO_2}$$

$$[NaO_3S-\!\!\!\bigcirc\!\!\!-N^+\!\!\equiv\!\!N]Cl \xrightarrow[HAc]{C_6H_5N(CH_3)_2}$$

$$[NaO_3S-\!\!\!\bigcirc\!\!\!-N=\!N-\!\!\!\bigcirc\!\!\!-NH(CH_3)_2]^+\,Ac^- \xrightarrow{NaOH}$$

$$NaO_3S-\!\!\!\bigcirc\!\!\!-N=\!N-\!\!\!\bigcirc\!\!\!-NH(CH_3)_2$$

(三)预备知识

(1)胺类化合物的性质、重氮化反应和偶合反应。
(2)低温下的化学反应。
(3)重结晶溶剂的选择及其操作。

(四)实验器材

1.仪器设备

托盘天平,循环水 SHZ-D(Ⅲ)式真空泵,抽滤瓶,布氏漏斗,吸量管(2mL),烧杯(250mL,100mL),量筒(25mL,10mL),表面皿,试管 3 支,玻棒,滴管,石蕊试纸,碘化钾—淀粉试纸,滤纸。

2.试剂

对氨基苯磺酸(实验十之二制备),亚硝酸钠,N,N-二甲基苯胺,冰乙酸,尿素,0.4％NaOH 溶液,5％ NaOH 溶液,10％ NaOH 溶液,乙醚,乙醇。

(五)实验内容

1.对氨基苯磺酸重氮盐的制备

2g 对氨基苯磺酸晶体(约 0.01mol)置于 100mL 烧杯中,加 10mL 5％ NaOH 溶液(0.013mol),在温水浴中加热使之溶解后冷却到室温。另将 0.8g 亚硝酸钠(0.011mol)溶于

6mL 水,加入上述溶液中,并将该烧杯置于冰浴中冷却至 0～5℃,再将 3mL 浓盐酸和 10mL 水配成的溶液在搅拌下慢慢地滴加到烧杯中,控制温度在 5℃以下,滴加完后用淀粉—碘化钾试纸检验应呈蓝色。继续在冰浴中搅拌 15min 使反应完全,此时往往可见细粒状白色重氮盐析出,再用淀粉—碘化钾试纸检验,若仍为蓝色,应加入少量尿素分解过量的亚硝酸钠。

2. 偶合生成甲基橙

将 1mL 冰乙酸和 1.3mL N,N-二甲苯胺(约 0.01mol)在试管中振荡混合。在不断搅拌下将该溶液慢慢滴加到上一步制得的冷的重氮盐悬浊液中,滴加完后继续剧烈搅拌 10min 使偶合完全,即有红色的酸性黄沉淀析出。然后在搅拌下慢慢加入 10% NaOH 溶液,直到石蕊试纸呈碱性(约需 18～20mL),甲基橙粗品由红色转变为橙色,并呈细颗粒状析出。将反应混合物在水浴上加热至生成的甲基橙晶体基本溶解,冷却到室温后再以冰水浴冷却,使甲基橙结晶完全析出。抽滤收集晶体,在两层滤纸间压干,得到橙色小叶片状晶体,称重。

3. 重结晶

将粗产品用煮沸的 0.4% NaOH 溶液(每克粗产品加约 15～20mL)进行重结晶,抽滤,用少量冰水洗涤,再依次用少量乙醇和乙醚淋洗晶体,得到橙黄色明亮的小叶片状晶体,在 65～70℃下烘干。

(六)注意事项与注释

(1)对氨基苯磺酸是两性化合物,酸性强于碱性,形成呈酸性的内盐。它能与碱作用成盐,而不能与酸成盐。重氮化作用在酸性水溶液中进行,故先使其与碱作用生成盐以利溶解。

(2)芳伯胺的重氮反应控制在 5℃以下进行,否则生成的重氮盐易水解成酚。

(3)碘化钾—淀粉试纸呈蓝色表明有过量的亚硝酸存在,反应式为

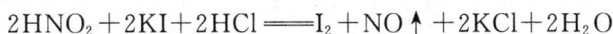

$$2HNO_2 + 2KI + 2HCl = I_2 + NO\uparrow + 2KCl + 2H_2O$$

析出的碘遇淀粉呈蓝色,本实验中亚硝酸的用量要准确。若亚硝酸不足,则重氮化作用不完全,若亚硝酸过量,则会与后面加入的 N,N-二甲苯胺发生亚硝化反应,生成的醌肟或亚硝基物夹杂在产品中而呈暗褐色。

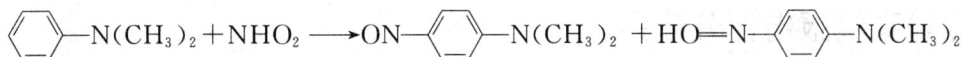

$$\langle\rangle-N(CH_3)_2 + NHO_2 \longrightarrow ON-\langle\rangle-N(CH_3)_2 + HO=N-\langle\rangle-N(CH_3)_2$$

过量的亚硝酸可用尿素分解,反应式为

$$2HNO_2 + (NH_2)_2CO \longrightarrow N_2\uparrow + CO_2\uparrow + 3H_2O$$

(4)因为重氮盐在水中可以解离形成中性内盐($^-O_3S-\langle\rangle-N^+\equiv N$),在低温时难溶于水而形成细小晶体析出。

(5)用石蕊试纸检查以确保反应混合物为碱性,否则产品色泽不佳。当反应混合物已达到碱性时,若再滴加碱液,则碱液接触反应物表面时将不再产生黄色。

(6)若反应物中含有未反应的 N,N-二甲苯胺乙酸盐,在加入 NaOH 溶液后,就会析出难溶于水的 N,N-二甲苯胺,影响产品纯度。湿润的甲基橙在较高温度下或在空气中被光

照后,颜色很快变深,将会得到紫红色的粗产品。

(7)溶解甲基橙时,加热温度不宜过高,一般在 60℃ 左右,若温度过高,易使产品颜色变深。

(8)甲基橙在水中的溶解度较大,重结晶时不宜加入过多的水。为了防止湿润的碱性甲基橙在较高温度下变质,颜色变深,在偶合以后各操作和重结晶均应尽可能迅速。

(9)用乙醇、乙醚洗涤产品的目的是使产品迅速干燥。

(10)主要试剂及产品的物理常数如表 3-10-3 所示。

表 3-10-3　主要试剂及产品的物理常数

名　称	式量	密度 /$g \cdot cm^{-3}$	颜色、结晶状态	m. p. 或 b. p. /℃	水中溶解度 /100g	乙醇中溶解度
对氨基苯磺酸	173.19		正交		溶(热水)	
亚硝酸钠	69.00	2.168	苍白色,正交	271(s)	$81.5^{15℃}$	
N,N-二甲基苯胺	121.18	0.9557	黄色液体	194.2(l)	不溶	溶
甲基橙	327.34		红色粉末		0.2(冷水)	不溶

(七)思考题

(1)本实验中,在制备重氮盐时,为什么要将对氨基苯磺酸变成钠盐? 是否可将对氨基苯磺酸直接与亚硝酸($NaNO_2$＋HCl)混合来进行重氮化反应?

(2)本实验中制备重氮盐时,为什么要将反应控制在 0～5℃ 的温度下进行?

(3)什么是偶合反应? 本实验中的偶合反应为什么在弱酸性介质中进行?

(4)N,N-二甲基苯胺与重氮盐的偶合作用为什么总是在氨基的对位上发生?

(5)合成制取甲基橙的实验中,哪种试剂的用量可以过量? 应以哪种物质的质量来计算理论产量和合成产率?

(6)合成甲基橙时,为什么必须控制 $NaNO_2$ 的用量?

(7)使用抽滤装置进行抽滤操作时,应注意什么?

(八)实验报告评分依据

"合成制取甲基橙"实验报告评分依据如表 3-10-4 所示。

表 3-10-4　"合成制取甲基橙"实验报告评分依据　　　　　　单位:分/处

考查项目	主要考查内容	扣分
报告内容的完整性	实验报告内容不完整	$-5\sim-1$
原始记录	原始实验记录不完整或任意改动	$-10\sim-2$
甲基橙的产量	纯化产品产量为理论产量的 $80\%\sim85\%$	$-3\sim-1$
	纯化产品产量为理论产量的 $72\%\sim80\%$	$-6\sim-4$
	纯化产品产量为理论产量的 $63\%\sim72\%$	$-9\sim-7$
	纯化产品产量为理论产量的 $55\%\sim63\%$	$-12\sim-10$
	纯化产品产量为理论产量的 $45\%\sim55\%$	$-16\sim-13$
	纯化产品产量为理论产量的 45% 以下	$-20\sim-17$
	纯化产品产量为理论产量的 95% 以上	$-5\sim-3$
	纯化产品质量高于理论产量	-10
	未计算产率或以粗产品计算产率	-5
实验装置图	装置图绘制基本正确,比例基本合适	$-4\sim-2$
	装置图绘制潦草,比例不适宜	$-7\sim-5$
	未绘制装置图	-10
分析与讨论	只写实验操作注意事项,未进行讨论	-10
	不结合实验的实际情况空洞叙述	-8
	只作一般说明	-5
实验思考题	每小题 5 分,按回答质量评分	

四、甲基橙指示剂常数的测定

(一)实验目的

(1)理解分光光度法测定酸碱指示剂的指示剂常数的原理及其测定方法。

(2)进一步掌握 722N 型光栅分光光度计和 Delta 320-S 型酸度计的使用。

(3)掌握作图法求取实验数据。

(二)实验原理

分析化学中所使用的指示剂大多是有机弱酸或弱碱,指示剂常数 $K_{HIn}^{\ominus}$ 就是有机弱酸(或弱碱)的($K_a^{\ominus}$ 或 $K_b^{\ominus}$),溶液中的指示剂发生解离:

$$HIn \Longleftrightarrow H^+ + In^-$$

指示剂的酸式结构和碱式结构具有不同的颜色,对光有不同的吸收,故可用分光光度法测定指示剂常数。

指示剂在溶液中达到解离平衡时,有

$$K_{HIn}^{\ominus} = \frac{[c(H^+)/c^{\ominus}] \cdot [c(In^-)/c^{\ominus}]}{c(HIn)/c^{\ominus}} \tag{3-10-1}$$

溶液中 HIn 和 In$^-$ 共存，

$$c(指示剂)=c(HIn)+c(In^-) \tag{3-10-2}$$

将式(3-10-2)式代入式(3-10-1)中，可得

$$c(HIn)=\frac{(c/c^{\ominus})\cdot[c(H^+)/c^{\ominus}]}{K_{HIn}^{\ominus}+c(H^+)/c^{\ominus}} \tag{3-10-3}$$

和

$$c(In^-)=\frac{(c/c^{\ominus})\cdot K_{HIn}^{\ominus}}{K_{HIn}^{\ominus}+c(H^+)/c^{\ominus}} \tag{3-10-4}$$

在高酸度时，可认为指示剂在溶液中全部以酸式结构形式存在，此时 $c(指示剂)=c(HIn)$，$A=A'_{In}=\varepsilon_{HIn}bc(指示剂)$；在低酸度时，可认为指示剂在溶液中全部以碱式结构形式存在，此时 $c(指示剂)=c(In^-)$，$A=A'_{In}=\varepsilon_{In^-}bc(指示剂)$。根据吸光度的加和性，在某一波长下测得的总吸光度等于共轭酸 HIn 的吸光度与共轭碱 In$^-$ 吸光度之和，即总吸光度

$$A=A_{HIn}+A_{In^-}=\varepsilon_{HIn}bc(HIn)+\varepsilon_{In^-}bc(In^-)$$

实验中使用 1cm 比色皿时，$b=1$，则

$$A=A_{HIn}+A_{In^-}=\varepsilon_{HIn}c(HIn)+\varepsilon_{In^-}c(In^-)$$
$$=\frac{A_{HIn}}{c/c^{\ominus}}\times\frac{(c/c^{\ominus})\cdot[c(H^+)/c^{\ominus}]}{K_{HIn}^{\ominus}+c(H^+)/c^{\ominus}}+\frac{A_{In^-}}{c/c^{\ominus}}\times\frac{(c/c^{\ominus})\cdot K_{HIn}^{\ominus}}{K_{HIn}^{\ominus}+c(H^+)/c^{\ominus}}$$

整理得

$$K_{HIn}^{\ominus}=\frac{c(In^-)/c^{\ominus}}{c(HIn)/c^{\ominus}}\times[c(H^+)/c^{\ominus}]$$
$$=\frac{A_{HIn}-A}{A-A_{In^-}}\times[c(H^+)/c^{\ominus}]$$

即

$$pK_{HIn}^{\ominus}=pH-\lg\frac{A_{HIn}-A}{A-A_{In^-}}$$

配制一系列总浓度相同而 pH 值不同的甲基橙溶液，准确测定各溶液的 pH 值，则可由各溶液的 pH 值及在某最大波长时测得的吸光度 A，绘制以吸光度 A 为纵坐标、pH 值为横坐标的 A-pH 图。当 $A=\frac{A_{HIn}+A_{In^-}}{2}$ 时，$\frac{A-A_{In^-}}{A_{HIn}-A}=1$，$pK_{HIn}^{\ominus}=pH$。

因 $pK_{HIn}^{\ominus}=pH-\lg\frac{c(In^-)/c^{\ominus}}{c(HIn)/c^{\ominus}}$

$$=pH-\lg\frac{A_{HIn}-A}{A-A_{In^-}}$$

计算出不同 pH 值指示剂溶液的 $\lg\frac{A_{HIn}-A}{A-A_{In^-}}$，即可绘制出 $\lg\frac{c(In^-)/c^{\ominus}}{c(HIn)/c^{\ominus}}$ 对 pH 关系的一条直线，该直线与 pH 轴上的截距即为 $pK_{HIn}^{\ominus}$ 值。

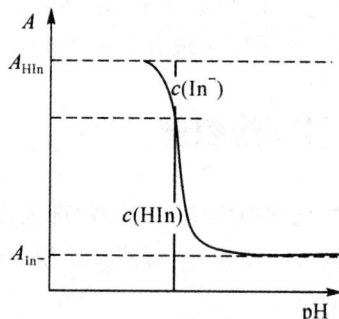

图 3-10-1 酸碱指示剂的 pH 对 A 的曲线

(三)预备知识

(1)分光光度法测定指示剂常数的原理。

(2)722N 型光栅分光光度计和 Delta 320-S 型酸度计的使用。

(3)实验数据的作图法处理。

(四)实验器材

1.仪器设备

FA1104N 型电子天平,722N 型光栅分光光度计,Delta 320-S 型酸度计,容量瓶(50mL) 10 个,吸量管(1mL),吸量管(5mL)2 支,塑料烧杯(50mL)5 个,滴管,吸耳球。

2.试剂

0.10mol·L^{-1}甲酸溶液,0.10mol·L^{-1} NaOH 溶液,浓盐酸,0.05%甲基橙水溶液(实验 十之三制备)。

(五)实验内容

1.甲基橙溶液配制和 pH 值测定

由自制的甲基橙配制 100mL 0.05%甲基橙水溶液。

在 10 个 50mL 容量瓶中,分别加入 1.00mL 甲基橙溶液,再按表 3-10-5 所示体积数据分别加入甲酸溶液和 NaOH 溶液,其中第 1 瓶中加 0.30mL 浓盐酸,分别用蒸馏水稀释至刻度,摇匀,用酸度计分别测定它们的 pH 值。

表 3-10-5 甲基橙溶液配制和 pH 值测定的数据记录

瓶号	指示剂 /mL	甲酸溶液 /mL	NaOH 溶液 /mL	pH 值	A	
					λ_a(酸式)	λ_b(碱式)
1	1.00	0.00	0.00			
2	1.00	10.00	1.00			
3	1.00	10.00	2.00			
4	1.00	10.00	3.00			
5	1.00	10.00	4.00			
6	1.00	10.00	5.00			
7	1.00	10.00	6.00			
8	1.00	10.00	8.00			
9	1.00	10.00	10.00			
10	1.00	0.00	1.00			

2. 吸收曲线绘制

以蒸馏水为参比,用 1cm 比色皿,在 480~550nm 间,每隔 10nm 测定第 1 瓶溶液的吸光度值,在 440~490nm 间测定第 10 瓶溶液的吸光度值,在峰值附近每隔 5nm 测定 1 次。分别绘制 HIn 和 In⁻ 的吸收曲线,确定 HIn 溶液和 In⁻ 溶液的最大吸收波长(分别为 λ_a 和 λ_b)。

3. 系列溶液的吸光度值测定

在两个最大吸收波长下,分别测定剩余 9 个溶液的吸光度值,分别作出它们的 A-pH 曲线,求出两个 pK_{HIn}。

计算出某一波长时 $\lg \dfrac{c(\mathrm{In}^-)/c^\ominus}{c(\mathrm{HIn})/c^\ominus}$ 的值,以 $\lg \dfrac{c(\mathrm{In}^-)/c^\ominus}{c(\mathrm{HIn})/c^\ominus}$ 对 pH 作图,由图中求得 pK_{HIn} 值。并将测定值与文献值($pK_{HIn}^\ominus = 3.40$)作比较,分析产生误差的原因。

(六)注意事项与注释

(1)甲基橙变色 pH 范围为 3.1~4.4,酸式色和碱式色的 λ_{max} 文献值分别为 522nm 和 464nm。

(2)由于实验时间影响,可在其中某个最大吸收波长下完成系列溶液的吸光度测定。

(七)思考题

(1)本实验中,为什么用 pH 值最小的第 1 瓶溶液和 pH 值最大的第 10 瓶溶液来选择两个最大吸收波长?

(2)测定甲基橙的指示剂常数时,为什么要选用甲酸及其钠盐来控制溶液体系的 pH 值?

(3)测定甲基橙指示剂常数时,要依次测得各系列溶液的 pH 值,其目的是什么?

(4)采用吸光光度法测定指示剂常数时,是否需要准确知道指示剂溶液浓度?为什么?

(5)吸光光度法测定吸光物质的吸光度时,为了减小测量误差,应将吸光度测量值控制在什么范围内?若测定甲基橙溶液的吸光度值大于 0.8 时,如何进行吸光度测定?

(6)浓度为 $2.0 \times 10^{-4} \mathrm{mol \cdot L^{-1}}$ 的甲基橙溶液,在不同 pH 的缓冲溶液中,于 520nm 波长处,用 1cm 吸收池测得吸光度值。计算甲基橙的 pK_{HIn} 值。

pH	0.88	1.17	2.99	3.41	3.95	4.89	5.50
A	0.890	0.890	0.692	0.552	0.385	0.260	0.260

(八)实验报告评分依据

"甲基橙指示剂常数的测定"实验报告评分依据如表 3-10-6 所示。

表 3-10-6 "甲基橙指示剂常数的测定"实验报告评分依据 单位:分/处

考查项目	主要考查内容	扣分
报告内容的完整性	实验报告内容不完整	$-5\sim-1$
原始记录	原始实验记录不完整或任意改动	$-10\sim-2$
曲线绘制	曲线坐标轴单位不合适 实验值的点位不准,曲线绘制粗糙(或误差大) 实验值点位基本准确,但在所作曲线两端的分布不均匀 未绘制曲线	-2 -6 -3 -10
系列溶液吸光度测定的实验数据处理	pK_{HIn} 比文献值低(或高)0.02～±0.06 pK_{HIn} 比文献值低(或高)0.06～±0.10 pK_{HIn} 比文献值低(或高)0.10～±0.14 pK_{HIn} 比文献值低(或高)0.14～±0.18 pK_{HIn} 比文献值低(或高)0.18 以上 未从 $\lg\dfrac{A_{HIn}-A}{A-A_{In^-}}-pH$ 曲线图上求取 K_{HIn}	$-5\sim-1$ $-9\sim-6$ $-14\sim10$ $-19\sim-15$ $-25\sim20$ -5
分析与讨论	只写实验操作注意事项,未进行讨论 不结合实验的实际情况空洞叙述 只作一般说明	-10 -8 -5
实验思考题	每小题 5 分,按回答质量评分	

实验十一　乙酰水杨酸的合成和含量分析

(一)实验目的

(1)学习用乙酸酐作酰基化试剂制取阿司匹林(乙酰水杨酸)的原理和方法。

(2)熟悉固态有机物重结晶提纯方法及纯度检测。

(3)学习返滴定法测定易水解物质含量的分析技术。

(二)实验原理

水杨酸是一个具有酚羟基和羧基的双官能团化合物,分别能与酰化剂和醇酚类物质进行酯化反应,当与过量甲醇反应,得到水杨酸甲酯(冬青油),**与乙酸酐作用时**,水杨酸分子中酚羟基上的氢原子被乙酰基取代生成乙酰水杨酸。水杨酸与乙酸酐进行乙酰化反应时,需加入少量浓硫酸作催化剂,其作用是破坏水杨酸分子中羧基与酚羟基间形成的氢键,从而使酰化反应容易完成。在生成乙酰水杨酸的同时,水杨酸分子之间发生缩合反应,生成少量聚合物。反应温度较高(水浴温度$>90℃$)时将有水杨酰水杨酸、乙酰水杨酰水杨酸、乙酰水杨酸酐等副产物生成。

主反应：

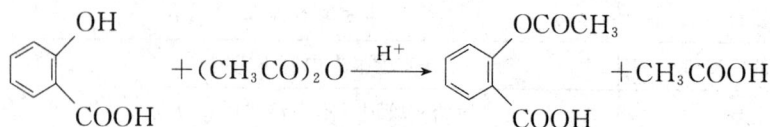

副反应：

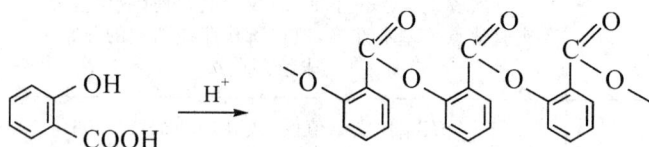

乙酰水杨酸与 $NaHCO_3$ 溶液反应生成水溶性钠盐,而副产物聚合物不能溶于 $NaHCO_3$ 溶液,由此可将乙酰水杨酸纯化。存在于最终产物中的杂质可能还有水杨酸本身,这是由于乙酰化反应不完全或由于产物在分离过程中发生水解所致,它可在各步纯化过程和产物重结晶过程中被除去。与大多数酚类化合物一样,水杨酸可与 $FeCl_3$ 溶液形成紫色配合物,而乙酰水杨酸中的酚羟基已被酰化,不能与 $FeCl_3$ 溶液发生颜色反应,作为杂质的水杨酸由此可被检出。

乙酰水杨酸结构中有一个羧基,呈酸性。在 $25℃$ 时 $K_a^\ominus = 3.27 \times 10^{-4}$,可用 NaOH 标准溶液在乙醇溶液中直接滴定测其含量。化学计量点时,溶液呈微碱性,可选用酚酞作指示剂。

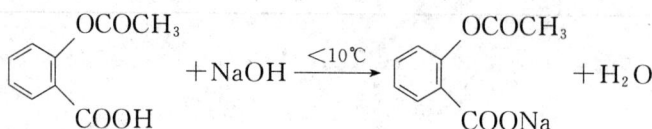

因乙酰水杨酸易在水溶液中水解,采用返滴定法进行含量分析较为适宜。

(三)预备知识

(1)酚类化合物的酰化反应及其反应条件的控制。

(2)乙酰水杨酸结构和性质;乙酰水杨酸产品纯度的检验方法。

(3)定量分析产品中乙酰水杨酸含量的方法、原理、操作技术及其注意事项;乙酰水杨酸含量的计算。

(四)实验器材

1. 仪器设备

托盘天平,FA1104N 型电子天平,循环水 SHZ-D(Ⅲ)真空泵,HH-2 恒温水浴锅,酸式滴定管(25mL),移液管(25mL),容量瓶(50mL)6 个,容量瓶(100mL)2 个,锥形瓶(250mL)3 个,烧杯(100mL)2 个,烧杯(250mL),量筒(10mL 和 50mL),布氏漏斗,抽滤瓶,称量瓶,表面皿。

2.试剂

饱和 $NaHCO_3$ 溶液,水杨酸,乙酸酐,浓硫酸,浓盐酸,1% $FeCl_3$ 溶液,无水乙醇,0.1mol · L^{-1} NaOH 标准溶液,0.1mol · L^{-1} HCl 标准溶液,酚红指示剂。

(五)实验内容

1.乙酰水杨酸的合成

在洁净干燥的 250mL 锥形瓶中依次加入 3.2g 水杨酸(0.023mol),8mL 乙酸酐(0.085mol),充分摇动后,滴加 5 滴浓硫酸并摇匀,使水杨酸溶解(如果不充分振摇,水杨酸将在硫酸作用下生成水杨酰水杨酸)。

将锥形瓶置于85～90℃的热水浴中,加热 20min,并不时地振摇。然后,停止加热,待反应混合物冷却至室温后,缓缓加入 15mL 水,边加水边振摇约 10min。将锥形瓶放在冷水浴中冷却,有晶体析出、抽滤,用滤液反复淋洗锥形瓶,使所有结晶均被收集到布氏漏斗上,用少量冷水洗涤结晶,尽量将溶剂抽干,得乙酰水杨酸粗产品。

将粗产品转入到100mL 烧杯中,边搅拌边加入 25mL 饱和碳酸氢钠水溶液,继续搅拌数分钟,直到不再有二氧化碳产生为止。抽滤,除去不溶性聚合物,用 5～10mL 蒸馏水洗涤,将滤液倒入预先盛有 5mL 浓盐酸和 10mL 蒸馏水配成溶液的烧杯中,搅拌均匀,即会有晶体逐渐析出。将烧杯置于冰水浴中冷却,使晶体尽量析出。抽滤,用少量冷水洗涤 2～3 次,抽干,将结晶转移到干燥的表面皿上。

干燥试管中加入少量乙酰水杨酸,加入几滴无水乙醇,并立即加入 1～2 滴 1% $FeCl_3$ 溶液,如果发生显色反应,说明仍有水杨酸存在,产物可用乙醇—水混合溶剂重结晶,即先将粗产品溶于少量(4～5mL)热的无水乙醇中,若粗品还有少量未溶,可补加少量乙醇,直至其全都溶解;用滴管向溶液中滴加水至微浑,再加热至溶液澄清透明(注意:加热不能太久,以防乙酰水杨酸水解)、静置慢慢冷却、过滤、放置于干燥烧杯中自然干燥、称重、计算产率。

2.产品中乙酰水杨酸的含量测定

(1)酸碱滴定法(返滴定法)

差减法准确称取 0.10～0.12g 合成产品 3 份,分别置于 3 个 250mL 锥形瓶中,各准确加入 25.00mL 0.1mol · L^{-1} NaOH 标准溶液,80～85℃水浴加热并摇动试样 5min,冷却至室温后,加 2 滴酚红指示剂,用 0.1mol · L^{-1} 的 HCl 标准溶液滴定过量的 NaOH,溶液由红色刚变为橙色时即为终点。平行测定 3 次,计算合成产物中乙酰水杨酸的含量。

乙酰水杨酸含量计算:

$$w(C_9H_8O_4) = \frac{\frac{1}{2} \times [n(NaOH) - n(HCl)] \times M(C_9H_8O_4)}{m_{样}} \times 100\%$$

(2)紫外分光光度法

准确称取 0.1000g 水杨酸样品,加入约 25mL 蒸馏水,温热使之溶解后定量转移到容量瓶中,冷却后定容成 100mL,为标准贮备液。

分别移取 0.50mL、1.00mL、1.50mL、2.00mL 和 2.50mL 标准贮备液于 5 个 50mL 容量瓶中,再分别加入 1.0mL 0.10mol·L^{-1} NaOH 溶液,用蒸馏水定容,计算其准确浓度(mg·mL^{-1})。

以蒸馏水作空白,在 250～350nm 范围内,每隔 10nm 测定上述任一标准溶液的吸光度,以波长为横坐标,吸光度为纵坐标,绘制吸收曲线,确定最大吸收波长和最大吸光度值。并测定其他各标准溶液在该最大吸收波长时的吸光度,绘制工作曲线。

准确称取 0.1000g 合成得到的乙酰水杨酸,加 40mL 0.10mol·L^{-1} NaOH 溶液,搅拌数分钟,转移到 100mL 容量瓶中,用蒸馏水定容。再移取 1.00mL 该试样溶液于 50mL 容量瓶中,用蒸馏水定容。以蒸馏水作空白,测定最大吸收波长时的吸光度值。

根据该吸光度值,从工作曲线上查到该试样溶液浓度,由下列算式换算成乙酰水杨酸的浓度:

$$乙酰水杨酸质量(mg) = 乙酰水杨酸浓度(mg·mL^{-1}) \times \frac{100}{2} \times 100$$

$$= 水杨酸浓度(mg·mL^{-1}) \times \frac{180.15}{138.12} \times \frac{100}{2} \times 100$$

$$乙酰水杨酸含量(\%) = 乙酰水杨酸质量(mg)/样品质量(mg)$$

3. 实验数据处理

乙酰水杨酸含量测定(返滴定法)的数据请记录于表 3-11-1 中。

表 3-11-1　乙酰水杨酸含量测定(返滴定法)的数据记录

倾出前(称量瓶＋试样)质量/g			
倾出后(称量瓶＋试样)质量/g			
试样的质量 m/g			
测定时的试样质量/g(25.00/100.0)			
测定序号	1	2	3
HCl 溶液体积终读数/mL			
HCl 溶液体积初读数/mL			
HCl 溶液的耗用体积 V(HCl)/mL			
$w(C_9H_8O_4)$			
平均值($\bar{x}$)			
相对平均偏差($\bar{d}/\bar{x}$)			
标准偏差(s)			
置信水平 95% 时的置信区间			

（六）注意事项与注释

（1）乙酸酐和浓硫酸均具有腐蚀性，量取时应小心。水杨酸与乙酸酐的反应比较快，两种反应物混合后，很快会出现白色沉淀，并非水杨酸未溶。

（2）反应结束后，多余的乙酸酐发生水解，这是放热反应，操作应小心，避免温度过高导致乙酰水杨酸分解。

（3）开始用饱和 $NaHCO_3$ 溶液处理时，应逐滴缓慢加入，避免中和反应太猛烈，产生大量 CO_2 气泡，将液体溢出容器。随着溶液酸性减弱，增大 $NaHCO_3$ 溶液加入速度。

（4）洗涤晶体时，要多洗几次，将晶体上附着的酸洗净；否则，重结晶时，会加速乙酰水杨酸的水解。

（5）在重结晶时，其溶液不宜加热过久，也不宜用高沸点溶剂，因为在高温下乙酰水杨酸易发生分解。重结晶时，一定要控制乙醇的用量，否则，重结晶样品损失过多，甚至得不到重结晶产品。

（6）乙酰水杨酸从母液中结晶析出较慢，若时间允许，放置时间长些，针状结晶效果会更好。

（7）乙酰水杨酸的 $K_a^{\ominus}=3.27\times10^{-4}$，可用 $NaOH$ 标准溶液直接滴定测其含量，但要防止乙酰水杨酸的水解，需在 $10\,℃$ 以下的中性乙醇溶液中进行，并不断摇动锥形瓶以避免局部碱性过大而致水解；滴定操作应迅速进行，不宜久置。

（8）乙酰水杨酸受热易分解，因此熔点不明显，它的分解温度为 $128\sim135\,℃$，测定熔点时，应先将导热液加热到 $120\,℃$ 左右，然后放入样品测定。

（9）主要试剂及产品的物理常数（文献值），如表 3-11-2 所示。

表 3-11-2 主要试剂及产品的物理常数

名称	相对分子质量	m. p. 或 b. p. /℃	溶解性		
			水	醇	醚
水杨酸	138	158(s)	微溶	易溶	易溶
乙酸酐	102.09	139.35(l)	易溶	溶	∞
乙酰水杨酸	180.17	135(s)	溶、热	溶	微溶

乙酰水杨酸在水及乙醇中的溶解度分别为：$1g/300mL$（水，$25\,℃$），$1g/100mL$（水，$37\,℃$），$1g/5mL$（乙醇）。

（七）思考题

（1）水杨酸与乙酸酐的反应过程中浓硫酸起什么作用？

（2）合成乙酰水杨酸时，为何要将水浴温度控制在 $85\sim90\,℃$？

（3）纯的乙酰水杨酸不会与 $FeCl_3$ 溶液发生显色反应。然而，在乙醇—水混合溶剂中经重结晶的乙酰水杨酸，有时反而会与 $FeCl_3$ 溶液发生显色反应，这是为什么？

(4)返滴定的反应式为

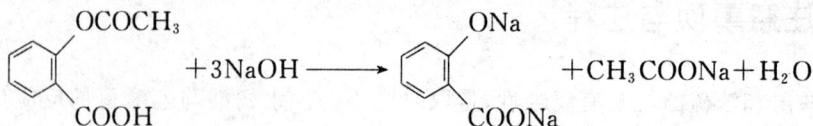

$$\underset{\underset{\text{COOH}}{\overset{\text{OCOCH}_3}{\bigcirc}}}{} +3NaOH \longrightarrow \underset{\underset{\text{COONa}}{\overset{\text{ONa}}{\bigcirc}}}{} +CH_3COONa+H_2O$$

为什么 1mol 乙酰水杨酸消耗 2mol NaOH 而不是 3mol NaOH？返滴定的溶液中,水解产物的存在形式是什么？

(八)实验报告评分依据

"乙酰水杨酸的合成和含量分析"实验报告评分依据如表 3-11-3 所示。

表 3-11-3　"乙酰水杨酸的合成和含量分析"实验报告评分依据　　　　单位:分/处

考查项目	主要考查内容	扣分
报告内容的完整性	实验报告内容不完整	$-5\sim-1$
原始记录	原始实验记录不完整或任意改动	$-10\sim-2$
乙酰水杨酸的制备	纯化产品产量为理论产量的 45%～50%	$-3\sim-1$
	纯化产品产量为理论产量的 40%～45%	$-6\sim-4$
	纯化产品产量为理论产量的 35%～40%	$-9\sim-7$
	纯化产品产量为理论产量的 30%～35%	$-12\sim-10$
	纯化产品产量为理论产量的 30% 以下	$-15\sim-13$
	纯化产品产量为理论产量的 55% 以上	$-5\sim-3$
	未计算产率或以粗产品计算产率	-4/个
滴定数据处理	滴定管初读数大于 1.00mL	-2
	滴定管读数不准(包括有效数字)	-5
	未作说明或 Q 检验即舍弃实验数据	-4
	相对标准偏差在 0.2%～0.4%	-2
	相对标准偏差在 0.4%～0.6%	-3
	相对标准偏差在 0.6%～0.8%	-4
	相对标准偏差大于 0.8%	$-10\sim-6$
标准系列溶液配制和标准曲线绘制	标准系列溶液的线性关系差	$-2\sim5$
	标准曲线坐标轴单位不合适	-2
	实验值的点位不准,标准曲线绘制粗糙(或误差大)	-6
	实验值点位基本准确,但在所作曲线两端的分布不均匀	-3
	未绘制标准曲线	-10
含量测定的数据处理	含量测定大于 102%	-3
	含量测定在 90%～98%	$-5\sim3$
	含量测定在 85%～90%	$-9\sim-6$
	含量测定在 80%～85%	$-14\sim-10$
	含量测定小于 80%	$-18\sim-15$
分析与讨论	只写实验操作注意事项,未进行讨论	-10
	不结合实验的实际情况空洞叙述	-8
	只作一般说明	-5
实验思考题	每小题 5 分,按回答质量评分	

实验十二　有机化合物的官能团的性质

(一)实验目的

(1)验证并掌握有机化合物官能团的主要化学性质。

(2)加深理解有机化合物的性质与结构的关系。

(3)熟悉有机化合物定性鉴定方法,进一步了解乙酰乙酸乙酯的互变异构现象。

(二)实验原理

有机化合物分子中的官能团是分子中比较活泼而容易发生化学反应的部位。根据有机官能团所特有的反应现象,也就可以大致确定化合物的类别。

饱和烃性质较稳定,难被氧化和加成,只有在光和热的影响下才能被卤素取代。不饱和烃的化学性质活泼,易发生 π 键的加成、氧化等反应。

芳香烃的结构特殊,闭合大 π 键使其具有芳香性,即苯环难被加成和氧化,苯环上的氢在一定条件下可被其他基团取代,芳烃的芳香性可区别于不饱和脂肪烃。苯的同系物较易被氧化,且不论其侧链长短,均被氧化成羧基。

醇和酚都含有羟基,但由于羟基所连的烃基不同而在性质上有差异,如酚有弱酸性、能与 $FeCl_3$ 溶液发生颜色反应,由于 p-π 共轭效应的影响,使苯环上的邻位和对位上的氢原子容易被取代等,可利用这些不同性质进行鉴别。醇的结构对羟基被取代的反应速度有明显的影响,结构不同的一元醇发生氧化反应的难易程度不同,氧化产物也不同,伯醇、仲醇分别被氧化成醛和酮,而叔醇不易被氧化;具有相邻羟基的多元醇由于羟基数目增多以及羟基间的相互影响,羟基中的氢原子解离度大,具有很弱的酸性,能与重金属的氢氧化物发生类似于中和作用的反应,生成类似盐类的产物。

醛和酮都含有羰基官能团,都能与羰基试剂反应;但由于醛类的羰基上连有氢原子,因此醛类的性质要比酮类活泼。醛类易被弱氧化剂(如托伦试剂、斐林试剂)氧化;由于羰基对α-氢原子的影响,凡具有 CH_3CO—结构的羰基化合物或能被次碘酸钠(碘的碱溶液)氧化成 CH_3CO—结构的化合物全都能发生碘仿反应。

羧酸具有弱酸性,能与碱反应生成盐。饱和的一元羧酸一般不会被氧化,但甲酸的结构可看作含有醛基,容易被氧化,具有还原性。草酸是二元羧酸,由于两个羧基直接相连的特殊结构,易被 $KMnO_4$ 的酸性溶液氧化。

乙酰乙酸乙酯是酮型和烯醇型两种异构体的混合物,这两种异构体经分子中氢原子的移位而发生相互转变,并形成动态平衡,因此它既能与羰基试剂反应显示酮的性质,又能使溴水褪色,与 $FeCl_3$ 溶液发生颜色反应,显示烯醇结构的性质。

胺类化合物具有碱性,能与酸作用成盐;苯胺和苯酚一样,能与溴水作用生成白色沉淀。酰胺与其他羧酸衍生物一样,能发生水解反应。尿素是碳酸的二元酰胺,除了可发生水解反应外,还能发生缩合生成缩二脲,缩二脲在碱性溶液中与稀的 $CuSO_4$ 作用出现紫红色,即发生二缩脲反应。

　　糖是多羟基醛、酮及它们的缩合物,单糖和含有半缩醛羟基的寡糖都是还原糖,能被弱氧化剂氧化;淀粉不是还原糖,但它的水解产物能被弱氧化剂氧化。糖类的鉴定一般都采用颜色反应,如在浓硫酸作用下,能与 α-萘酚作用生成紫红色物质(莫利施反应);酮糖在加热时可与间苯二酚的盐酸溶液作用,很快变成鲜红色(西里瓦诺夫反应)。

　　氨基酸和蛋白质都是两性化合物,与强酸、强碱都可生成盐。蛋白质的结构很容易受物理及化学因素影响而改变,其生物活性也随之改变——蛋白质变性;有些理化因素能使蛋白质从溶液中沉淀析出。氨基酸和蛋白质都能发生茚三酮反应而呈紫蓝色;蛋白质的二缩脲反应可用于定性鉴别和定量分析。

(三)预备知识

(1)醇、酚、醛、酮、羧酸的主要化学性质。

(2)乙酰乙酸乙酯的酮式结构和烯醇式结构互变而引起的化学性质。

(3)伯、仲、叔胺和芳香胺的化学性质及鉴定方法。

(4)糖类化合物的结构和主要性质。

(5)α-氨基酸的结构,α-氨基酸和蛋白质的两性性质及等电点,蛋白质的盐析及变性。

(四)实验器材

1. 仪器设备

HH-2 恒温水浴锅,烧杯(100mL),锥形瓶(50mL),试管 20 支,点滴板,试管夹,酒精灯,玻棒,石棉网,滴管,红色石蕊试纸。

2. 试剂

松节油,苯,甲苯,95%乙醇,丙醇,异丙醇,叔丁醇,甘油,5%苯酚溶液,5%间苯二酚溶液,5% α-萘酚溶液,5%甲醛溶液,5%乙醛溶液,5%丙酮溶液,甲醛,乙醛,丙酮,5%甲酸溶液,5%乙酸溶液,5%草酸溶液,5%三氯乙酸溶液,乙酰乙酸乙酯的乙醇溶液,苯胺,乙酰胺,尿素,2%葡萄糖溶液,2%果糖溶液,2%蔗糖溶液、2%麦芽糖溶液,2%淀粉溶液,1%甘氨酸溶液,10%蛋白质溶液,3%溴的 CCl_4 溶液,饱和溴水,I_2-KI 溶液,0.1%碘溶液,0.05% $KMnO_4$ 溶液,卢卡斯试剂,1% $CuSO_4$ 溶液,5% $FeCl_3$ 溶液,2% $AgNO_3$ 溶液,10% H_2SO_4 溶液,浓 H_2SO_4,浓 HCl,1% HCl 溶液,5% NaOH 溶液,0.5% NaOH 溶液,2%氨水,2,4-二硝基苯肼试剂,斐林试剂 I 液,斐林试剂 II 液,15% α-萘酚乙醇溶液,间苯二酚浓 HCl 溶液,甲基紫溶液,茜素黄 R 指示剂,百里酚蓝指示剂,1%茚三酮溶液,饱和 $(NH_4)_2SO_4$ 溶液,0.5% $PbAc_2$ 溶液,饱和苦味酸溶液。

(五)实验内容

1. 烯烃的性质实验

(1)加成反应

在 1 支试管中加入 2 滴 3％溴的 CCl_4 溶液,再加入 5 滴松节油,边加边振摇,观察并记录其颜色变化。

(2)氧化反应

在 1 支试管中加入 5 滴 0.05％ $KMnO_4$ 溶液,再加 5 滴松节油,振摇,观察颜色变化和是否有沉淀析出。

2. 芳香烃的性质实验

(1)氧化反应

在 2 支干燥的试管中各加入 5 滴 0.05％ $KMnO_4$ 溶液和 3 滴 10％ H_2SO_4 溶液,再向试管中分别加入纯的苯和甲苯各 5 滴,将试管置于 60℃ 水浴中加热 3～5min,观察颜色是否有变化。

(2)溴代反应

在 2 支试管中分别加入 5 滴苯和甲苯,再各加 2 滴 3％溴的 CCl_4 溶液,摇匀,观察现象。继而各加少量铁粉,摇匀,观察现象。若无变化,再放入热水浴中加热 1～2min 后,摇匀,观察现象。

3. 醇、酚的性质实验

(1)与卢卡斯试剂的反应

在 3 支干燥的试管中分别加入丙醇、异丙醇、叔丁醇各 3 滴,再加入 5 滴卢卡斯试剂,振摇,观察现象,记录出现混浊的时间。

(2)醇的氧化

取 3 支试管,各加入 5 滴 0.05％ $KMnO_4$ 溶液和 3 滴 10％ H_2SO_4 溶液,然后分别加入乙醇、异丙醇、叔丁醇各 3 滴,振摇,观察现象。

(3)多元醇的弱酸性反应

在试管中加入 1％ $CuSO_4$ 溶液和 5％ NaOH 溶液各 5 滴,观察有何现象;再加入 5 滴甘油,摇匀,观察现象。

(4)醇、酚的酸性比较

取 2 支试管,各加入 1mL 蒸馏水,再分别加入 5％ NaOH 溶液和酚酞试剂各 1 滴,摇匀,观察现象;然后在其中 1 支试管中加入 10 滴 95％乙醇,另 1 支试管中加入 10 滴 5％苯酚溶液,观察溶液颜色的变化。

(5)酚与 $FeCl_3$ 溶液的颜色反应

取 3 支试管,依次分别加入 5％苯酚溶液、5％间苯二酚溶液、5％α-萘酚溶液,然后各加入 1 滴 5％ $FeCl_3$ 溶液,观察颜色变化。

（6）苯酚的溴代

在试管中加入 5 滴饱和溴水，边振摇边逐滴加入 5%苯酚溶液，直至刚好生成白色沉淀为止。继续加入饱和溴水，又有什么现象。

4. 醛、酮的性质实验

（1）与 2,4-二硝基苯肼反应

取 3 支试管，分别加入 5 滴 5%甲醛、5%乙醛和 5%丙酮溶液，然后各加入 2 滴 2,4-二硝基苯肼试剂，振摇后观察现象。

（2）碘仿反应

取 5 支试管，分别加入 5%甲醛、5%乙醛、5%丙酮、95%乙醇和异丙醇各 5 滴，再各加入 10 滴 I_2-KI 溶液，然后边摇边滴加 5% NaOH 溶液至碘的颜色刚消失，观察现象。若无黄色沉淀生成，可在 60℃水浴中加热 2～3min 后再观察现象。

（注：从中归纳出能发生碘仿反应的化合物的结构特点）

（3）与斐林试剂的反应

取 3 支试管，各加入 5 滴斐林试剂 I 液和 5 滴斐林试剂 II 液，摇匀，得深蓝色透明溶液，然后分别加入甲醛、乙醛和丙酮各 5 滴，摇匀后置沸水浴中加热，观察溶液颜色有无变化以及有无沉淀生成。

5. 羧酸的性质实验

（1）羧酸的酸性

在点滴板的四个凹穴中分别加入 5%甲酸溶液、5%乙酸溶液、5%草酸溶液和 5%三氯乙酸溶液各 2 滴，再各加入 1 滴甲基紫溶液，观察颜色的不同，说明酸性强弱变化的次序。

（2）甲酸和草酸的还原性

在 3 支试管中各加入 5 滴 0.05% $KMnO_4$ 溶液和 3 滴 10% H_2SO_4 溶液，然后分别加入 5%甲酸溶液、5%乙酸溶液和 5%草酸溶液各 5 滴，摇匀后观察现象。若无变化，置沸水浴中加热，再观察现象。

（3）乙酰乙酸乙酯的酮式与烯醇式互变

在 1 支试管中加入 5 滴乙酰乙酸乙酯的乙醇溶液，再加入 2 滴 2,4-二硝基苯肼试剂，振摇后观察现象。

在另 1 支试管中加入 5 滴乙酰乙酸乙酯的乙醇溶液，滴加饱和溴水至刚呈红棕色时，立即加入 1 滴 5% $FeCl_3$ 溶液，观察颜色变化。放置数分钟，溶液颜色有何变化。解释溶液颜色变化的原因。

6. 胺和酰胺的性质实验

（1）苯胺的溴化

试管中加入 2 滴苯胺和 5 滴蒸馏水，混合后逐滴加入饱和溴水 2～3 滴，观察现象。

（2）酰胺的碱性水解

干燥试管中加入乙酰胺约 0.1g，再加入 10 滴 5% NaOH 溶液，摇匀，在酒精灯上加入至沸腾，并将湿润的红色石蕊试纸放在试管口，观察试纸颜色的变化。

(3)尿素的二缩脲反应

取 0.3g 结晶尿素(约半角匙)放在干燥的试管中,用小火加热使之熔化,并将湿润的红色石蕊试纸放在试管口,观察有何变化。继续加热,直至熔融物变稠凝固时,停止加热并冷却(得到什么物质?)。然后加入 1mL 5% NaOH 溶液,振摇使之溶解,再加 2 滴 1% $CuSO_4$ 溶液(不能过量),观察溶液颜色的变化。

7. 糖类的性质实验

(1)与 α-萘酚的显色反应(莫利施反应)

在 5 支试管中分别加入 2% 葡萄糖溶液、2% 果糖溶液、2% 蔗糖溶液、2% 麦芽糖溶液和 2% 淀粉溶液各 5 滴,再加 3 滴 15% α-萘酚乙醇溶液,摇匀后放在倾斜一定角度的试管架上,分别沿试管内壁小心地加入 10 滴浓硫酸(沉于试管底部),切勿摇动,静置片刻,观察浓硫酸与混合溶液的界面有无紫色的环。

(2)银镜反应

在 1 支洁净的试管中加入 2mL 2% $AgNO_3$ 溶液和 1 滴 5% NaOH 溶液,再滴加 2% 氨水,边加边摇,直至沉淀刚好溶解,即得托伦试剂。另取 4 支洁净的试管,将上述托伦试剂均分成 5 份,分别加入 2% 葡萄糖溶液、2% 果糖溶液、2% 蔗糖溶液、2% 麦芽糖溶液和 2% 淀粉溶液各 5 滴,摇匀后同时放入热水浴(60～70℃)中加热 2～3min,观察有无银镜生成。

(3)酮糖试验(西里瓦诺夫反应)

取 2 支试管,分别加入 10 滴 2% 葡萄糖溶液和 2% 果糖溶液,再加入 10 滴间苯二酚浓 HCl 溶液,将试管置于沸水浴中加入 2min,比较葡萄糖和果糖的变化。

(4)淀粉的酸催化水解

将 1 滴 2% 淀粉溶液加在点滴板凹穴中,加 1 滴 0.1% 碘溶液,观察颜色。

在 50mL 锥形瓶中加入 10mL 2% 淀粉溶液和 5 滴浓 HCl,摇匀后沸水浴加热,每隔 2min 用洁净的滴管吸取 1 滴水解液于点滴板凹穴中,冷却后加 1 滴 0.1% 碘溶液,直至水解液中加 0.1% 碘溶液不再发生颜色改变时止。吸取约 1mL 水解液于试管中,滴加 5% NaOH 溶液使成碱性,再加斐林试剂 I 液和斐林试剂 II 液各 5 滴,摇匀后沸水浴加热 1～2min,仔细观察,解释原因。

8. 氨基酸和蛋白质的性质实验

(1)氨基酸和蛋白质的两性性质

在试管中加入 5mL 蒸馏水、1 滴 0.5% NaOH 溶液和 1 滴茜素黄 R 指示剂,混匀后分装于 3 支试管中。然后在 2 支试管中分别逐滴加入 1% 甘氨酸溶液和 10% 蛋白质溶液各 1mL,边加边摇匀,以未加试样的试管为空白对照,观察溶液颜色的变化。

另取 1 支试管,加入 5mL 蒸馏水、2 滴 1% HCl 溶液和 1 滴百里酚蓝指示剂,混匀后分装于 3 支试管中。然后在 2 支试管中分别逐滴加入 1% 甘氨酸溶液和 10% 蛋白质溶液各 1mL,边加边摇匀,以未加试样的试管为空白对照,观察溶液颜色的变化。

(2)与茚三酮的颜色反应

在 2 支试管中分别加入 10 滴 1% 甘氨酸溶液和 10% 蛋白质溶液,并各加入 3 滴茚三酮溶液,沸水浴中加热 2～3min,冷却后观察现象。

在 2 支试管中分别加入 10 滴 1% 甘氨酸溶液和 10% 蛋白质溶液,再各加入 10 滴 5%

NaOH 溶液和 3～4 滴 1% $CuSO_4$ 溶液，振摇后观察现象。

（3）蛋白质的盐析和变性沉淀

①在试管中加入 10 滴蛋白质溶液，再加入 2mL 饱和 $(NH_4)_2SO_4$ 溶液，斜持试管微微转动，观察沉淀的生成；再加 2mL 蒸馏水，摇匀，观察有何变化。

②取 2 支试管，各加入 10 滴蛋白质溶液，然后分别加入 2 滴 1% $CuSO_4$ 溶液和 0.5% $PbAc_2$ 溶液，观察现象。

③在 1 支试管中加入 10 滴蛋白质溶液，再加 2 滴饱和苦味酸溶液，摇匀后观察现象。

④在试管中加入 2mL 蛋白质溶液，在沸水浴中加热 5min，蛋白质凝固成白色絮状沉淀。移出试管中的上层溶液，然后再在试管中加 2mL 蒸馏水，摇匀后观察沉淀能否溶解。

（六）注意事项与注释

（1）松节油是萜烯类化合物，所含的萜烯主要有 α-蒎烯、β-蒎烯等，结构式分别为：和。

（2）苯、甲苯的纯度是本实验成功的关键之一，纯的苯、甲苯可以得到合理的实验结果。如果苯中含有少量甲苯，硫酸中含有微量还原性物质，水浴温度过高或水浴中加热时间过长，加有苯的混合溶液也会变色。

（3）因为 6 个碳以上的醇不溶于卢卡斯试剂，而 1～2 个碳的醇反应后生成的氯代烷是气体，故卢卡斯试剂只用于鉴定 3～6 个碳的醇。

（4）酚羟基对苯环的致活效应，苯酚与溴水反应生成 2,4,6-三溴苯酚白色沉淀，由于溴水具有氧化作用，过量的溴水将 2,4,6-三溴苯酚氧化成 2,4,4,6-四溴环己二烯酮，呈黄色沉淀析出。

（5）加入 NaOH 溶液过量，生成的碘仿在受热时水解，沉淀消失：

$$CHI_3 + 4NaOH \longrightarrow HCOONa + 3NaI + 2H_2O$$

（6）斐林试剂由 I 液（5% $CuSO_4$ 溶液）和 II 液（NaOH 和酒石酸钾钠溶液）两部分组成，混合溶液呈深蓝色，因为 $Cu(OH)_2$ 与酒石酸钾钠形成的配合物不够稳定，久置后有 $Cu(OH)_2$ 沉淀析出，故只能在使用时混合。斐林试剂不能氧化芳香醛，与脂肪醛共热后，溶液颜色依次有如下变化：

$$深蓝色 \longrightarrow 绿色 \longrightarrow 黄色[Cu_2(OH)_2] \longrightarrow 红色沉淀(Cu_2O)$$

甲醛被斐林试剂氧化生成甲酸，具有还原性的甲酸可被斐林试剂继续氧化，Cu_2O 被还原成金属铜，呈暗红色粉末或铜镜析出。

（7）甲基紫有三个变色范围，其变色 pH 范围及酸式色、碱式色如表 3-12-1 所示。

表 3-12-1　甲基紫 pH 变色范围及酸式色和碱式色

变色 pH 范围	颜色	
	酸式色	碱式色
0.13～0.50	黄	绿
1.0～1.5	绿	蓝
2.0～3.0	蓝	紫

(8)乙酰乙酸乙酯中的烯醇式结构约占 7%,在不同溶剂中,乙酰乙酸乙酯的烯醇式结构有不同的含量。由于羰基的极性要比烯醇式强,根据结构相似互溶的原则,酮式结构在极性强的溶剂中有较高的比例,而在非极性溶剂或弱极性溶剂中烯醇式的含量增大。如表 3-12-2 所示。

表 3-12-2　在不同溶剂中,乙酰乙酸乙酯烯醇式结构所占比例

溶剂	己烷	二硫化碳	乙醚	戊醇	乙醇	甲醇	水
烯醇式含量	0.464	0.324	0.217	0.133	0.12	0.069	0.004

乙酰乙酸乙酯与 $FeCl_3$ 溶液的显色反应是其中的烯醇式与 $FeCl_3$ 生成了紫红色配合物。

(9)在酸性条件下,酮糖脱水生成羟甲基糠醛,与间苯二酚缩合生成鲜红色物质,反应迅速,其脱水速率要比醛糖快 10～15 倍。但当加热时间过长时,葡萄糖和蔗糖也有此反应,其原因是蔗糖在酸性溶液中水解生成葡萄糖和果糖,而高浓度的葡萄糖在酸溶液中长时间受热时能部分转化成果糖,因此加热时间不能超过 20min,葡萄糖的浓度不要超过 12%。

(10)茜素黄 R 指示剂的第二变色范围是 pH 为 10.0～12.0,酸式色为黄色,碱式色为淡紫色;百里酚蓝的第一变色范围是 pH 为 1.2～2.8,酸式色为红色,碱式色为黄色。

(七)思考题

(1)醇、酚有哪些鉴别方法？有哪些简便方法可以鉴别醛、酮？

(2)什么是碘仿反应？碘仿反应为何要控制 NaOH 溶液的加入量？在下列化合物中,哪些可以发生碘仿反应？

①$C_6H_5COCH_3$　　②$CH_3CH_2COCH_2CH_3$　　③CH_3CH_2CHO
④CH_3CH_2OH　　⑤$CH_3CH_2CH(OH)CH_3$　　⑥C_6H_5CHO

(3)具有哪些结构类型的化合物能与 $FeCl_3$ 溶液发生显色反应？

(4)设计分离丙酮、2—丙醇和丙酸混合溶液的实验方案。

(5)甲酸与其他饱和一元羧酸不同,除了能被 $KMnO_4$ 氧化外,能否被托伦试剂或斐林试剂氧化？

(6)乙酰乙酸乙酯具有什么结构特点？根据什么实验结果能说明它在常温下存在互变异构现象？

(7)苯胺与苯酚可用什么方法鉴别？有时苯胺与溴水的反应体系呈粉红色,这是为什么？

(8)何谓还原性糖？有哪些方法可鉴别其与非还原性糖？

(9)为什么可用碘液定性地了解淀粉的水解程度？

(10)什么是蛋白质的盐析？盐析蛋白质与蛋白质的变性沉淀有何区别？

(八)实验报告评分依据

"有机化合物的官能团的性质"实验报告评分依据如表 3-12-3 所示。

表 3-12-3　"有机化合物的官能团的性质"实验报告评分依据　　　单位:分/处

考查项目	主要考查内容	扣分
报告内容的完整性	实验报告内容不完整	$-5\sim-1$
原始记录	原始实验记录不完整或任意改动	$-10\sim-2$
实验现象与记录	实验现象基本正确,对实验现象的描述不完整	$-2\sim-1$
	实验现象不正确,对实验现象的记录不全	$-5\sim-3$
实验现象的解释	能对实验现象予以解释,反应式书写基本正确	$-2\sim-1$
	对实验现象的解释错误,反应式书写错误	$-6\sim-3$
	没有解释实验现象	$-8\sim-6$
分析与讨论	只写实验操作注意事项,未进行讨论	-10
	不结合实验的实际情况空洞叙述	-8
	只作一般说明	-5
实验思考题	每小题 5 分,按回答质量评分	

实验十三　天然物质有效成分的分离与纯化系列

一、茶叶中提取咖啡因和薄层色谱

(一)实验目的

(1)了解从茶叶中提取咖啡因和茶多酚的基本原理和方法。

(2)掌握索氏提取技术和升华基本操作,能熟练进行重结晶、蒸馏、浓缩、减压过滤等操作。

(3)学习并掌握薄层色谱分离的操作技术和定性分析的原理。

(二)实验原理

　　茶叶是一种含有丰富活性物质的天然产物,咖啡因和茶多酚是其中最具代表性的两种活性物质,此外还有鞣酸($11\%\sim12\%$)、类黄酮色素、纤维素、叶绿素、蛋白质等物质。

　　咖啡因又称咖啡碱,为黄嘌呤衍生物,是一种中枢兴奋药,在茶叶干物中约占 $1\%\sim5\%$,与茶碱和可可碱共存于茶叶中。无水咖啡因为白色针状晶体,熔点为 234.5℃,味苦。茶多酚又称儿茶素,是一种天然的高效抗氧化剂,约占茶叶干物的 20% 左右,是含量较多的黄烷醇类有机物的混合物,它们都是苯并吡喃与没食子酸结合的衍生物。这两种物质的结构如图 3-13-1 所示。

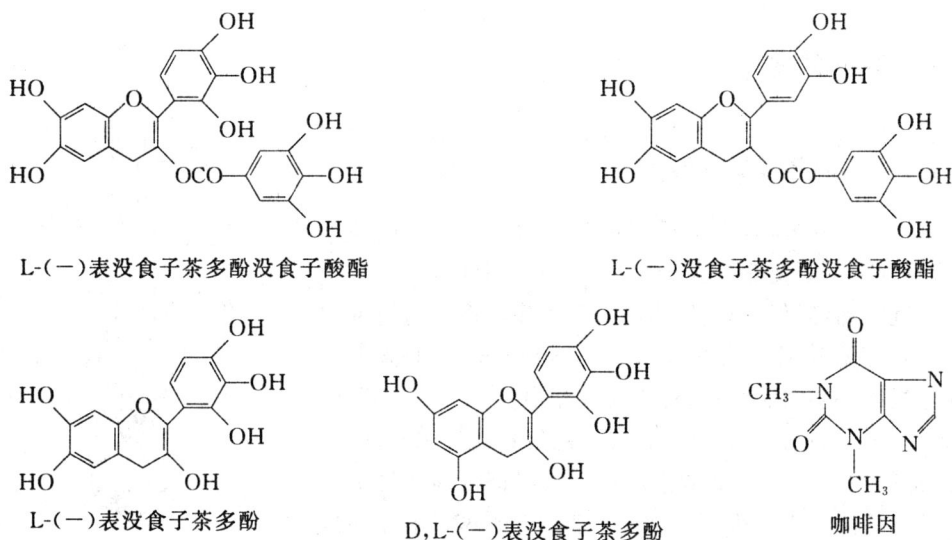

图 3-13-1 儿茶素和咖啡因结构

咖啡因具有碱性,茶多酚则有酸性,它们都能溶于甲醇、乙醇、乙醚和水中,但茶多酚更易溶于水(咖啡因 2%,茶多酚>8%),茶多酚不溶于氯仿而易溶于乙酸乙酯,咖啡因则易溶于氯仿,因此,可用水或乙醇等溶剂将咖啡因和茶多酚从茶叶中溶出(用乙醇提取,需用索氏提取器连续抽提)。用水提取时,鞣酸则会混溶于茶叶水溶液中,为了除去鞣酸,可加入碳酸盐(索氏提取器提取时,则在乙醇溶液中加入 CaO),使鞣酸成难溶钙盐而将咖啡因游离出来,再用氯仿萃取出咖啡因,用乙酸乙酯萃取出茶多酚,再利用重结晶提纯茶多酚、升华提纯咖啡因(100℃时结晶咖啡因失去结晶水,开始升华,120℃时显著升华,178℃时迅速升华)。

(三)预备知识

(1)了解咖啡因的结构和性质,理解提取、纯化咖啡因的方法。
(2)了解索氏提取器的结构特点、使用方法及其使用时的注意事项。
(3)薄层色谱的有关概念、原理、薄层色谱操作方法及 R_f 值。

(四)实验器材

1. 仪器设备

索氏提取器,HH-2 恒温水浴锅,FA1104N 型电子天平,电热套,烧杯(250mL,500mL),量筒(100mL),分液漏斗(125mL),圆底烧瓶(100mL),直形水冷凝管,蒸馏头,接受管,锥形瓶(100mL),蒸发皿 2 个,点滴板,硅胶 G 薄层层析板,层析缸,电吹风,喷瓶,滤纸,玻棒,脱脂棉,酒精灯,铅笔和尺子(自备)。

2. 试剂

干茶叶,氧化钙,氯仿,95%乙醇,酸性碘—碘化钾溶液,甲醇,甲酸。

（五）实验内容

1. 索氏提取器提取咖啡因

称取 10g 茶叶末，装入索氏提取器（见图 3-13-2）的滤纸筒中（滤纸筒大小既要紧贴器壁，又要能方便取放，纸筒上面盖滤纸或脱脂棉，以保证回流均匀浸透被萃取物。用滤纸包茶叶末时要谨防其漏出堵塞虹吸管）。轻轻压实，纸筒上口盖一片滤纸或一小团脱脂棉，置于提取器中。在 250mL 圆底烧瓶（或平底烧瓶）内加入 120mL 95％乙醇和几粒沸石，电热套加热，连续抽提 2～3h（提取液颜色很淡时即可停止抽提），待提取器内溶液刚刚虹吸下去时，立即停止加热。稍冷却后改装成蒸馏装置，蒸馏回收提取液中的大部分乙醇（约100mL）。将残液倾入蒸发皿中，拌入 3g 研细的 CaO（起吸水和中和作用），在 90℃蒸气浴上蒸发至干（可在蒸发皿中加入几粒沸石以避免残液在蒸干过程中因沸腾而溅出），再继续在蒸气浴上焙炒片刻，除去全部水分（若水分未被除尽，升华开始时会出现烟雾而污染器皿），冷却，收集所得的粗产品。

图 3-13-2　索氏提取器

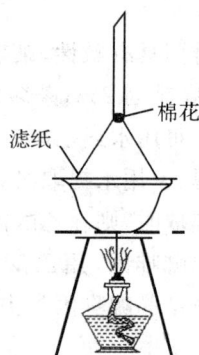

2. 纯化

咖啡因粗产品可采用升华方法提纯，先取出约 1/4 粗产品于点滴板中备用。装置如图 3-13-3 所示，擦去蒸发皿前沿

图 3-13-3　升华少量物质装置

上的粉末（以防止升华时污染产品），在蒸发皿上盖一张刺有许多小孔的滤纸（孔刺向上），再在滤纸上置一大小合适的玻璃漏斗，漏斗颈部疏松地塞一小团棉花，通过石棉网小心地加热，逐渐升高温度，使咖啡因蒸气通过滤纸孔在漏斗内壁和滤纸上结晶，当滤纸上出现针状白色结晶时，暂停加热，冷却到 100℃左右，小心地取出滤纸，将附在上面的咖啡因刮下，称量，计算产率。如果残渣仍为绿色，可再次升华，直到变为棕色为止。

3. 咖啡因的薄层色谱分离

将相近质量的咖啡因粗产品和纯化产品在点滴板上各用相同体积的氯仿溶解，分别用毛细管点样于已活化的硅胶 G 薄层层析板上的样品点上，点样原点应距薄层板的一端约 1.5cm（见图 3-13-4，有关内容见色谱法），点样次数依样品溶液浓度而定，一般为 2～5 次（粗产品中咖啡因含量低，点样次数还应增多），第一次点样干后才能第二次点样，点样后的斑点直径以扩散成 2mm 为宜。

将氯仿：甲醇：甲酸＝9：1：0.5 的混合溶液约 15mL 放入层析缸中（见图 3-13-5），盖上盖使展开剂蒸气在层析缸内饱和 5～10min，将点好试样的薄层板放入层析缸展开（注意：展开剂不能浸没样品点），当展开剂上升到薄层板的前沿（离顶端 1～2cm 时）取出薄层板，立即用铅笔轻轻划出前沿位置后，用电吹风将薄层板吹干除去展开剂，喷上显色剂显示斑点位置，计

算各组分的 R_f 值,比较咖啡因纯化前后的组成情况。

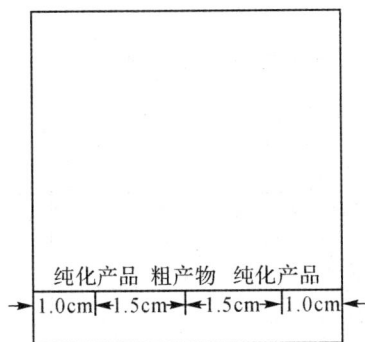

纯化产品 粗产物 纯化产品
←1.0cm→←1.5cm→←1.5cm→←1.0cm→

图 3-13-4 薄层色谱板点样

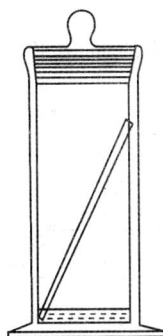

图 3-13-5 广口瓶式展开

(六)注意事项与注释

(1)滤纸筒直径应略小于提取管的内径,若滤纸筒过细,装入的茶叶可能高于虹吸管顶部,高出部分就不能充分提取;过粗,滤纸筒的取放不便。

(2)蒸出乙醇后,圆底烧瓶内的残液呈浓浆状,但仍应能倒出来。若残液过浓,可尽量倒净,然后用约 1mL 蒸出的乙醇荡洗烧瓶,洗涤液一起并入蒸发皿中。

(3)升华操作应控制加热温度,太高,会使咖啡因发黄,被升华物会很快炭化变黑;太低,咖啡因会在蒸发皿内壁或被升华物表层结出,而与残渣混在一起。

(4)薄层板放入层析缸后,就不要再移动层析缸,否则会引起展开剂液面波动,使展开剂上行不均匀。

(5)显色剂酸性 I_2-KI 溶液:2g I_2 和 2g KI 溶于 50mL 95% 乙醇中(温热),加入 50mL 25% HCl 混匀。

(6)薄层板展开后,R_f 值由大到小的组成依次为咖啡因(斑点显棕色)、茶碱(红紫色)和可可豆碱(蓝紫色)。

(7)提取咖啡因的萃取液若混浊,颜色较深,可用少量蒸馏水洗涤。

(七)思考题

(1)使用索氏提取器进行提取操作时应注意哪些事项?

(2)咖啡因提取液的乙醇浓缩液在蒸气浴干燥前,为什么要加入氧化钙?

(3)升华操作时应注意什么?

(4)薄层板上点样,为什么样品斑点的直径不能太大?点样时,样品量过多或过少对分离的效果有什么影响?第一次点样时溶剂还未挥发即第二次点样,对薄层分离又有何影响?

(5)薄层色谱分离时,若将样品浸入展开剂中,会产生什么后果?薄层展开后,为什么必须立即画出前沿位置?

(6)什么是 R_f 值?在薄层色谱中有什么意义?

(7)本实验在制备薄层色谱用的试样溶液时,如何确定粗咖啡因试样溶液的点样量?

（八）实验报告评分依据

"茶叶中提取咖啡因和薄层色谱"实验报告评分依据如表 3-13-1 所示。

表 3-13-1　"茶叶中提取咖啡因和薄层色谱"实验报告评分依据　　　　单位:分/处

考查项目	主要考查内容	扣分
报告内容的完整性	实验报告内容不完整	$-5\sim-1$
原始记录	原始实验记录不完整或任意改动	$-10\sim-2$
咖啡因提取结果	提取率在 $2.2\%\sim3.0\%$	$-3\sim-1$
	提取率在 $1.2\%\sim2.2\%$	$-6\sim-4$
	提取率在 $0.6\%\sim1.2\%$	$-9\sim-7$
	提取率在 $0.3\%\sim0.6\%$	$-12\sim-10$
	提取率小于 0.3%	$-15\sim-13$
	提取率大于 4.0%	$-8\sim-5$
	未记录产量,又未计算提取率	-6
	记录产量,未计算提取率	-4
	提取率计算错误	-2
薄层色谱展开情况	有纯净咖啡因的展开斑点和 1 个粗产品的展开斑点	$-3\sim-1$
	只有 1 个纯净咖啡因的展开斑点	$-6\sim-4$
	没有展开结果	$-9\sim-7$
R_f 计算	纯咖啡因的 R_f 值大于 0.80	$-6\sim-4$
	纯咖啡因的 R_f 值偏大	$-3\sim-1$
	纯咖啡因的 R_f 值小于 0.50	$-6\sim-4$
	纯品与粗产品的 R_f 值之差在 $0.10\sim0.15$	$-2\sim-1$
	纯品与粗产品的 R_f 值之差在 $0.15\sim0.20$	$-4\sim-3$
	纯品与粗产品的 R_f 值之差大于 0.20	$-6\sim-5$
	无粗产品斑点而不能确定者	-8
	纯品和粗产品的展开斑点的 R_f 值计算有误	-1
实验结果表达	薄层色谱展开图内容完整、绘制潦草,图谱分析基本正确	$-3\sim-1$
	薄层色谱展开图内容不完整、绘制潦草,图谱分析有误	$-6\sim-4$
	没有薄层色谱展开图及对图谱分析	-8
实验装置图	装置图绘制基本正确,比例基本合适	$-4\sim-2$
	装置图绘制潦草,比例不适宜	$-7\sim-5$
	未绘制装置图	-10
分析与讨论	只写实验操作注意事项,未进行讨论	-10
	不结合实验的实际情况空洞叙述	-8
	只作一般说明	-5
实验思考题	每小题 5 分,按回答质量评分	

二、绿色植物色素的提取和色谱分离

(一)实验目的

(1)学习色谱法分离提取绿色植物中的色素以及定性分析的原理及操作技术。
(2)学习分光光度法测定叶绿素 a 含量的原理和方法。

(二)实验原理

绿色植物的茎、叶中含有胡萝卜素、叶黄素和叶绿素等色素。胡萝卜素 $C_{40}H_{56}$ 有 α、β、γ 三种异构体,其中 β-胡萝卜素含量最高,也最重要。叶黄素 $C_{40}H_{56}O_2$ 的结构与胡萝卜素相似。如图 3-13-6 所示。

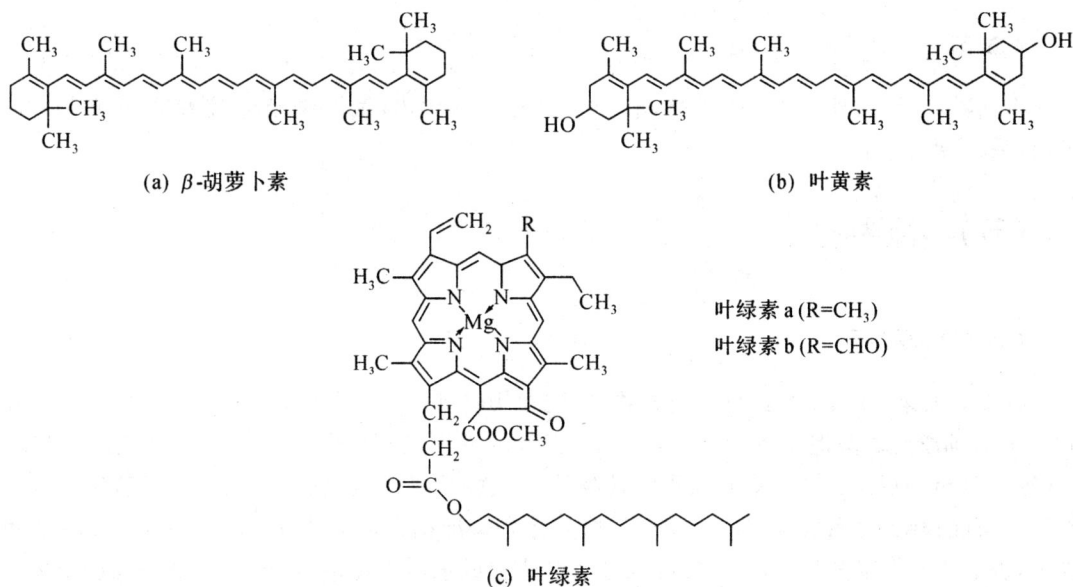

(a) β-胡萝卜素

(b) 叶黄素

叶绿素 a (R=CH₃)
叶绿素 b (R=CHO)

(c) 叶绿素

图 3-13-6 β-胡萝卜素、叶黄素和叶绿素结构

叶绿素有 a 和 b 两种,叶绿素 a($C_{55}H_{72}MgN_4O_5$)为蓝黑色固体,叶绿素 b($C_{55}H_{70}MgN_4O_6$)为暗绿色固体,它们都不溶于水而溶于苯、乙醇、氯仿、丙酮等有机溶剂。可以利用色谱法将结构相似的植物色素分离。

叶绿素 a 用 90％丙酮溶液提取后在分光光度计上测定吸光度,根据吸光度读数可以计算出叶绿素 a 的含量。

(三)预备知识

(1)胡萝卜素、叶黄素和叶绿素等色素的结构和性质。
(2)绿色植物样品试液的准备及湿法装柱方法。
(3)薄层色谱分离原理、薄层色谱操作方法及 R_f 值。
(4)叶绿素 a 含量计算方法。

(四)实验器材

1. 仪器设备

722N 型光栅分光光度计,电热套,研钵,分液漏斗(125mL),吸量管(5mL),铁台铁圈,蝶形夹,色谱柱,硅胶 G 薄层板,锥形瓶或小烧杯(50mL)4 个,层析槽,具塞比色管(10mL),电吹风,量筒(50mL),容量瓶(25mL),滴管,茄形烧瓶(25mL),直形水冷凝管,蒸馏头,温度计(100℃),温度计套,玻璃漏斗,托盘天平,剪刀。

2. 试剂

石油醚,95％乙醇,丙酮,正丁醇,苯,色谱用中性氧化铝,氯化钠,无水硫酸钠,绿色植物叶子(自采、洗净、晾干)。

(五)实验内容

1. 样品溶液制备

将 10g 菠菜(或其他新鲜的绿色植物)叶洗净用滤纸吸干并剪碎,置研钵中磨烂,用 20mL 3∶2 的石油醚-乙醇混合溶液分二次浸取,把浸取液用滴管转移到分液漏斗中,用水萃取 2 次(每次 10mL)以除去乙醇和其他水溶性物质(注意:不要剧烈振摇分液漏斗,以防发生乳化现象)。石油醚层用无水硫酸钠干燥后量取其体积。准确移取 2.00mL 浸取液于 10mL 比色管中,盖上塞子作定量测定,其余的浸取液在电热套或水浴上蒸馏,蒸出石油醚(回收)至体积约为 1mL 止。

2. 柱色谱分离

色谱柱固定在铁台上,加石油醚约半个柱身高。取少许脱脂棉用石油醚浸湿,挤去气泡,用一根洁净的玻棒将其推入色谱柱底部并使平整,再将一片直径略小于柱内径的圆滤纸片水平覆盖在棉花上,通过玻璃漏斗将 20g 中性氧化铝缓缓加入柱中,同时打开活塞让石油醚流出,使柱内石油醚的高度大体保持不变。氧化铝在柱中沉降过程中可用装在玻棒上的橡皮塞轻轻敲震柱身以便使氧化铝沉积均匀平实,关闭活塞,在装好的氧化铝表面上覆盖一层无水硫酸钠,沉积面上再加盖一片圆滤纸片。注意在装柱过程中,氧化铝就不能再暴露于空气中,以免空气进入柱中影响分离效果。

用滴管小心地将浓缩液加到色谱柱中(留下一滴作薄层色谱用),加完后打开活塞,让液面下降至滤纸片处,关闭活塞。将数滴石油醚贴柱内壁加入以冲洗内壁,打开活塞使液面下降如前,重复冲洗 2～3 次,使色素全部进入柱中。

在柱顶部小心地加入约 1.5cm 高度的 9∶1(体积比)的石油醚—丙酮混合溶液,打开活塞让洗脱剂逐滴流出收集于锥形瓶中,即开始色谱分离,及时添加洗脱剂,保持液柱高度,当第一个有色成分即将滴出时,另取一洁净锥形瓶收集,得橙黄色溶液,即为胡萝卜素。当第一种有色物完全流出后改用体积比为 7∶3 的石油醚—丙酮混合溶液洗脱出第二个有色物——黄色的叶黄素,最后改用体积比为 3∶1∶1 的正丁醇—乙醇—丙酮混合溶液洗脱,分别接收叶绿素 a(蓝绿色)和叶绿素 b(黄绿色)。

3. 薄层色谱

在 10cm×5cm 的硅胶板上,分别用毛细管将浓缩浸取液,第一和第三种有色物洗脱液点样于起始线上,斑点直径不超过 3mm。用体积比为 8∶2 的石油醚—丙酮混合溶液展开,观察斑点的位置并计算各组分的 R_f 值。

各样点的 R_f 值因薄层厚度及活化程度不同而略有差异,大致次序为:橙黄色的 β-胡萝卜素,$R_f \approx 0.75$;黄色的叶黄素,$R_f \approx 0.7$;蓝绿色的叶绿素 a,$R_f \approx 0.67$;黄绿色的叶绿素 b,$R_f \approx 0.50$。在原浸取液的展开谱上还可以看到另一个未知色素的斑点,$R_f \approx 0.20$。

4. 分光光度法测定叶绿素 a 的含量

用丙酮将移取于比色管中的 2.00mL 浸取原液稀释到刻度,摇匀,用 1cm 比色皿,以丙酮作空白,分别读取波长为 750nm、663nm、645nm、630nm 时的吸光度值,按下式计算叶绿素 a 的含量:

$$w(\text{叶绿素 a,mg} \cdot \text{g}^{-1}) = \frac{V \times [11.64(A_{663} - A_{750}) - 2.16(A_{645} - A_{750}) + 0.10(A_{663} - A_{750})]}{m \cdot \delta}$$

式中:V 为定容体积,单位为 L;m 为测定时植物叶的实际用量,单位为 g;δ 为比色皿厚度,单位为 cm。

(六)注意事项与注释

叶黄素易溶于醇而在石油醚中溶解度较小,菠菜嫩叶中叶黄素含量本来不多,经提取洗涤损失后所剩更少,故在柱色谱时不易分离得到。在薄层色谱中斑点很淡,可能观察不到。

(七)思考题

(1)柱色谱洗脱分离植物叶提取液时,展开剂的极性是怎样变化的? 若洗脱剂极性顺序相反时洗脱,会出现什么结果? 本实验条件下,先被洗脱出来的是胡萝卜素,与其他色素相比,胡萝卜素的极性是大还是小?

(2)色谱柱装填不紧密均匀,对分离效果有何影响? 如何避免?

(3)色谱柱中的吸附剂从开始加入溶剂起都不得再暴露于空气中,为什么?

（八）实验报告评分依据

"绿色植物色素的提取与色谱分离"实验报告评分依据如表 3-13-2 所示。

表 3-13-2　"绿色植物色素的提取与色谱分离"实验报告评分依据　　　　单位：分/处

考查项目	主要考查内容	扣分
报告内容的完整性	实验报告内容不完整	$-5\sim-1$
原始记录	原始实验记录不完整或任意改动	$-10\sim-2$
柱色谱分离色素	有 3 个洗脱成分	$-2\sim-1$
	有 2 个洗脱成分	$-4\sim-3$
	有 1 个洗脱成分	$-6\sim-5$
薄层色谱展开情况	有 3 个斑点	$-2\sim-1$
	有 2 个斑点	$-4\sim-3$
	有 1 个斑点	$-6\sim-5$
R_f 计算	各组分 R_f 值正确	-0
	各组分 R_f 值偏大或偏小	$-2\sim-1$
	R_f 值计算结果不全	-1
	R_f 值计算错误	-1
实验结果表达	薄层色谱展开图内容完整、绘制潦草，图谱分析基本正确	$-3\sim-1$
	薄层色谱展开图内容不完整、绘制潦草，图谱分析有误	$-6\sim-4$
	没有薄层色谱展开图及对图谱分析	-8
叶绿素 a 含量测定	实验数据完整，含量在正常范围内	-0
	实验数据完整，含量偏高或偏低	$-3\sim-1$
	实验数据不完整，没有计算叶绿素 a 含量	$-6\sim-4$
分析与讨论	只写实验操作注意事项，未进行讨论	-10
	不结合实验的实际情况空洞叙述	-8
	只作一般说明	-5
实验思考题	每小题 5 分，按回答质量评分	

三、辣椒红色素的提取和检测

（一）实验目的

(1)了解从辣椒中提取辣椒红色素的基本原理和方法。

(2)进一步熟悉索氏提取、薄层色谱和分光光度测定等操作技术。

(二)实验原理

红辣椒中含有多种色素,其含量高达 3.2g/100g(成熟的干辣椒),已知的有辣椒红色素($C_{40}H_{56}O_3$,$M=584.88g \cdot mol^{-1}$)、辣椒玉红素($C_{40}H_{56}O_4$,$M=600.88g \cdot mol^{-1}$)、辣椒红脂肪酸酯、β-胡萝卜素($C_{40}H_{56}$,$M=536.88g \cdot mol^{-1}$)、叶黄素、黄体素等,它们都是类胡萝卜素,在结构上都属于二环四萜化合物。类胡萝卜素可分为红色素和黄色素两类,辣椒红色素是深红色粘性液体或深胭脂红色结晶的天然食用色素,并具有营养保健作用和抗癌能力。极性大的辣椒红色素易溶于乙醇、丙酮、二氯甲烷、植物油而不溶于甘油和水。极性小的黄色组分主要是 β-胡萝卜素和叶黄素(结构式见"绿色植物色素的提取和色谱分离"实验中)。结构如图 3-17-7 所示。

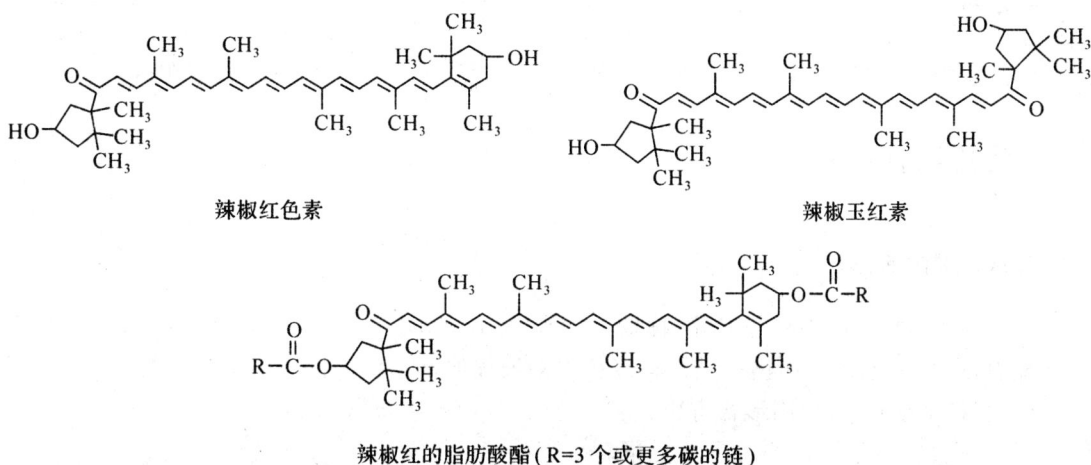

辣椒红色素

辣椒玉红素

辣椒红的脂肪酸酯(R=3 个或更多碳的链)

图 3-13-7 辣椒红、辣椒玉红素和辣椒红脂肪酸酯的结构

辣椒中含有强烈辛辣味的辣素(辣椒碱),含量一般为 0.2%～0.5%。固态辣椒碱是白色或淡黄色针状晶体,不溶于水,易溶于乙醇、乙醚、苯、氯仿。辣椒碱都是酰胺类化合物,通式为

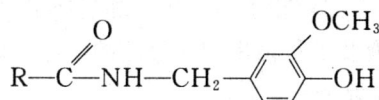

其酚羟基具有弱酸性,可溶于 NaOH 溶液中。

用有机溶剂提取红辣椒中辣椒红色素的过程中,需先除去辣椒碱,提取得到的辣椒色素经浓缩、干燥后,可用薄层色谱进行分析分离,由分光光度法测定辣椒红色素的色价及含量。

(三)预备知识

(1)辣椒红色素和辣椒碱的结构特点、性质和应用。

(2)索氏提取、薄层色谱、吸附柱色谱的操作技术;吸附柱的装柱方法;R_f 值计算及薄层色谱图分析。

(3)722N 型光栅分光光度计的使用及其计算。

(四)实验器材

1. 仪器设备

FA1104 电子天平,组织捣碎机,HH-2 恒温水浴锅,722N 型光栅分光光度计,电热套,托盘天平,圆底烧瓶(250mL),索氏提取器,直形水冷凝管,蒸馏头,接受管,层析缸,CMC 硅胶薄层板(5×10cm 玻璃板),色谱柱(1×10cm),烧杯(250mL),锥形瓶(50mL,100mL),试剂瓶(100mL),量筒(100mL)2 个,点滴板,温度计(100℃),电吹风,pH 试纸,毛细管,沸石,剪刀(公用),纱布,脱脂棉,滤纸,擦镜纸,玻棒,铅笔,小尺子(自备)。

2. 试剂

红辣椒干,95%乙醇,丙酮,石油醚(沸点 60～90℃),5% NaOH 溶液,二氯甲烷。

(五)实验内容

1. 辣椒碱的除去

将干的红辣椒剪碎去籽并捣碎,称取 20g,加入 180mL(按 1∶9 的比例)5% NaOH 溶液于烧杯中,在 90℃水浴上加热 1h 后,将烧杯内的液体倾倒于洁净的纱布上滤去碱液,用水洗涤至中性,拧干纱布,保留固形物备用。

2. 辣椒色素的提取

将辣椒移到索氏提取的滤纸筒中(滤纸筒大小既要紧贴器壁,又要能方便取放),轻轻压实,纸筒上口盖一片滤纸或一小团脱脂棉,置于提取器中。在 250mL 洁净的圆底烧瓶(或平底烧瓶)中,加入 120mL 95%乙醇和几粒沸石,加热进行抽提(提取液颜色很淡时即可停止抽提),待冷凝液刚刚虹吸下去时,立即停止加热。稍冷却后改成常压蒸馏装置,蒸出大部分乙醇(约剩余 5～6mL 乙醇)。将残液及少量馏出液洗烧瓶的洗涤液倾入已准确称出重量的试剂瓶中,在 100℃烘干后称重,计算提取率。

3. 薄层色谱分析分离

取少量干燥的辣椒色素于点滴板上,用适量石油醚溶解。用铅笔在距 5cm×15cm 硅胶薄层板一端约 1cm 处轻画一条线,标记出间隔距离大于 1.0cm 的两个点样原点,用平口毛细管吸取辣椒色素溶液点样在点样原点上,点样 3～8 次不等,点样后的斑点直径小于 3mm,用石油醚(沸点 60～90℃)与丙酮 10∶1(体积比)的混合液作展开剂展开。展开后取出薄层板,立即用铅笔轻轻划出前沿位置,电吹风吹干除去展开剂,轻画出各斑点的位置、观察斑点颜色并计算 R_f 值,并根据薄层色谱展开图以及它们的结构确定三个斑点最大的组分归属。

4. 辣椒红色素的柱色谱分离

用湿法装柱,将在二氯甲烷中的 7.5～10g 硅胶(60～200 目)装填到色谱柱中,打开活塞,放出少量二氯甲烷,待二氯甲烷降至硅胶上方约4～5mm时,放入2层小滤纸片以保护柱顶的表面。柱装好后,将溶解在少量(约1mL)二氯甲烷中的辣椒红色素装入柱中,待色素混合液的液面降至滤纸上方约1mm时,用二氯甲烷洗脱色素。收集每个馏分于50mL锥形瓶中(每个锥形瓶中收集2mL左右);当第二组黄色素洗脱后,停止洗脱分离。

5. 辣椒红色素的色价测定

准确称取0.0020g(精确到0.0002g)辣椒红色素粗产品,用95％乙醇溶解并定容成25mL,以95％乙醇作参比溶液,测定460nm处的吸光度,计算$E_{1cm}^{1\%}$来确定辣椒红色素的色价。色价的算式是:

$$E_{1cm}^{1\%} = \frac{A}{0.01} = \frac{A}{\frac{m}{25} \times 100} = \frac{25A}{m} \times \frac{1}{100}$$

(六)注意事项与注释

(1)实验室中也可用石油醚(沸点60～90℃)与二氯甲烷1∶3(体积比)混合溶液作展开剂,如果样点分不开或严重拖尾,可酌增二氯甲烷比例。

(2)用石油醚∶丙酮(体积比)为10∶1混合溶液作展开剂时,β-胡萝卜素的R_f值为0.86,辣椒红色素的R_f值为0.46。

(3)用二氯甲烷开始洗脱时,二氯甲烷不要加得过多,应使用滴管吸取二氯甲烷慢慢加入,保持柱上不干即可。当加入的二氯甲烷中没有色素的颜色时,可多加些二氯甲烷洗脱。

(七)思考题

(1)干红辣椒用NaOH溶液浸泡后,为什么不采用过滤或抽滤的方法进行固液分离?

(2)进行干红辣椒的除辣操作时,水浴温度不能超过90℃,水浴时间不宜过长,其原因是什么?

(3)薄层色谱中的R_f值有何意义?

(4)不同的展开系统对R_f值会产生什么影响?

(5)薄层板上点样量过多或过少,对薄层色谱分离效果有什么影响?

(6)如果需采用薄层色谱方法定量测定红辣椒中辣椒红色素含量,应怎样进行实验操作?请设计出定量测定的实验方案。

(7)如何从NaOH辣椒碱浸提液中分离、提取辣椒碱?

（八）实验报告评分依据

"辣椒红色素的提取和检测"实验报告评分依据如表 3-13-3 所示。

表 3-13-3 "辣椒红色素的提取和检测"实验报告评分依据   单位：分/处

考查项目	主要考查内容	扣分
报告内容的完整性	实验报告内容不完整	$-5\sim-1$
原始记录	原始实验记录不完整或任意改动	$-10\sim-2$
辣椒红色素提取结果	提取率在 $2.5\%\sim3.0\%$	$-3\sim-1$
	提取率在 $2.0\%\sim2.5\%$	$-6\sim-4$
	提取率在 $1.0\%\sim2.0\%$	$-9\sim-7$
	提取率小于 1.0%	$-12\sim10$
	未记录产量，又未计算提取率	-4（加扣）
	记录产量，未计算提取率	-2（加扣）
	提取率计算错误	-1
$E_{1cm}^{1\%}$ 计算	色价在 $20\sim29$	$-3\sim-1$
	色价在 $10\sim19$	$-6\sim-4$
	色价小于 10	$-9\sim-7$
薄层色谱展开情况	有 3 个斑点	$-2\sim-1$
	有 2 个斑点	$-4\sim-3$
	有 1 个斑点	$-6\sim-5$
R_f 计算	R_f 值计算结果不全	-1
	R_f 值计算错误	-1
实验结果表达	薄层色谱展开图内容完整、绘制潦草，图谱分析基本正确	$-1\sim3$
	薄层色谱展开图内容不完整、绘制潦草，图谱分析有误	$-6\sim-4$
	没有薄层色谱展开图及对图谱分析	-8
实验装置图	装置图绘制基本正确，比例基本合适	$-4\sim-2$
	装置图绘制潦草，比例不适宜	$-7\sim-5$
	未绘制装置图	-10
分析与讨论	只写实验操作注意事项，未进行讨论	-10
	不结合实验的实际情况空洞叙述	-8
	只作一般说明	-5
实验思考题	每小题 5 分，按回答质量评分	

四、中药黄连中黄连素的提取和薄层色谱纯化

(一)实验目的

(1)学习从中草药中提取生物碱的基本原理和方法
(2)进一步熟练掌握重结晶、薄层色谱等操作技术。

(二)实验原理

生物碱是生物体内的一类含氮有机化合物的总称,大多是结构较复杂的含氮杂环化合物。生物碱一般为无色结晶形固体,味苦,具有特殊和显著的生物活性作用。生物碱有类似碱的性质,能与酸结合成盐而溶于水,而生物碱一般难溶于水,能溶于乙醇、乙醚、丙酮、氯仿或苯等有机溶剂,通常就是利用生物碱的这些性质从生物体中提取和纯化生物碱的。

黄连中含有多种生物碱,除黄连素为主要有效成分外,还含有黄连碱、甲基黄连碱、棕榈碱、药根碱等,黄连素在黄连中的含量约在 4%～10%。黄连素俗称小檗碱,属异喹啉类衍生物,是临床上广泛使用的广谱抗菌消炎药,并有降血压、降血糖、抗心律失常、抗癌等多种功效。黄连素有三种互变异构体,如图 3-13-8 所示。

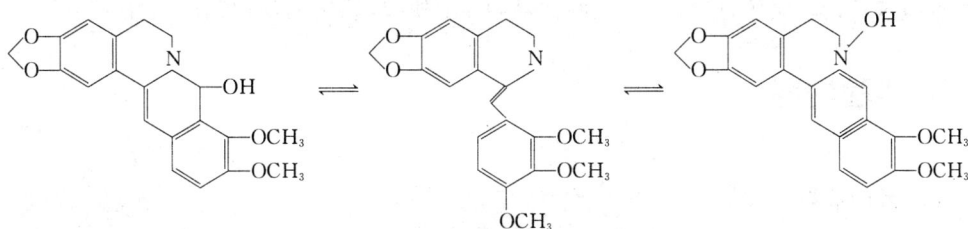

图 3-13-8　黄连素三种互变异构体

黄连素是黄色的针状结晶,含有 5.5 分子结晶水,味苦,熔点为 145℃,微溶于水和乙醇,而易溶于热水和热乙醇中,难溶于乙醚和苯;在 100℃ 干燥后,失去结晶水而转为棕红色。黄连素盐酸盐(结构见图 3-13-9)、硝酸盐、硫酸盐、氢碘酸盐均难溶于冷水,易溶于热水。有酸法、碱法和醇法三类经典的方法提取黄连素,可用水重结晶使之纯化。本实验用乙醇在脂肪测定仪或索氏提取器提取黄连素。

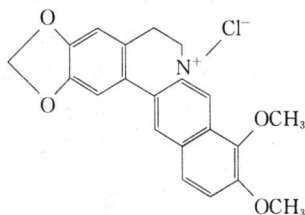

图 3-13-9　黄连素盐酸盐结构

SZF-06A 全自动脂肪测定仪主要有加热抽提、溶剂回收和冷却三大部分组成,根据索氏抽提原理,使样品在有机溶剂中加热、反复浸泡、抽提后,回收溶剂,即可得到提取物,可以同时提取 6 个样品。

(三)预备知识

(1)了解生物碱及其理化性质。

(2)提取黄连素的常用方法。

(3)活性炭的吸附作用。

(4)薄层色谱的有关概念、原理、薄层色谱操作方法及 R_f 值。

(四)实验器材

1.仪器设备

SZF-06A 脂肪测定仪,圆底烧瓶(250mL),索氏提取器,直形水冷凝管,蒸馏头,抽滤瓶,布氏漏斗,真空接受管,量筒(50mL,100mL),烧杯(250mL,100mL),CMC 硅胶薄层板,层析缸,毛细管,表面皿,研钵,托盘天平,电热套,剪刀,镊子,广泛 pH 试纸,精密 pH 试纸(8.2~10.0),铅笔和小尺子(自备),点滴板,沸石,电吹风,循环水 SHZ-D(Ⅲ)式真空泵,烘箱。

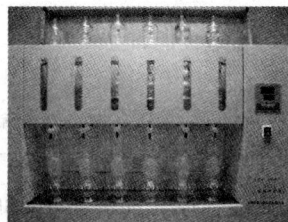
图 3-13-10　SZF-06A 脂肪测定仪

2.试剂

黄连,95%乙醇,氯仿,甲醇,1%乙酸溶液,1∶1 盐酸,氯化钠,石灰乳,活性炭。

(五)实验内容

1.黄连素的提取

(1)脂肪测定仪提取

称取 10g 黄连,剪碎,研磨成粉末,粉末样品装于抽提器样品篮的滤纸筒中(滤纸筒直径应小于样品篮,高度不得超过虹吸管),上面盖一片滤纸或脱脂棉;抽提瓶中加入 60mL 乙醇和沸石,依次装上抽提器、带有可回收溶剂的冷却管。打开冷却管上的活塞,设定测量温度和加热抽提所需时间后通电加热,抽提结束后,关闭回收

图 3-13-11　装样方法

开关,回收乙醇至冷凝管。回收结束后,取下提取瓶,加入 30mL 1%乙酸溶液,加热溶解后趁热抽滤,除去固态杂质,在滤液中加5%~8% NaCl,再滴加 1∶1 盐酸调到 pH 值为 1~2,静置冷却,即有黄色针状的黄连素盐酸盐析出,抽滤,用冰水洗涤两次,滤饼即为黄连素粗产品。

(2)索氏提取器提取

称取黄连 10g,剪碎,研磨成粉末,装入索氏提取器的滤纸筒内,筒上盖一片滤纸或脱脂棉,圆底烧瓶中加入 100mL 乙醇和 2~3 块沸石,组装好索氏提取装置后,加热,连续提取至提取液几乎无色。在循环水 SHZ-D(Ⅲ)式真空泵减压下蒸出大部分乙醇(回收),直至烧瓶内残

留液体呈棕红色糖浆状。浓缩液中加入 30mL 1%乙酸溶液，加热溶解后趁热抽滤，以除去不溶物，此后的操作同上。

2. 黄连素的纯化

盐酸黄连素粗产品（留少许作薄层色谱）置于 100mL 烧杯中，加入热水至刚好溶解，加少许活性炭，煮沸，用石灰乳调节 pH 为 8.5～9.8，冷却，滤去杂质，滤液继续冷却到室温以下，即有针状黄连素析出，抽滤结晶，用少量水洗涤，抽干，在 50～60℃烘箱中慢慢烘干，称重，计算提取率。

3. 薄层色谱

取少量黄连素粗品和黄连素结晶于点滴板中，各加 1mL 95%乙醇溶解样品（必要时可在水浴上加热片刻）。在离薄层板一端约 1cm 处，用铅笔轻轻画一直线，并在直线上轻轻标记出间隔距离大于 1.0cm 的两个点样原点，用管口平整的两支毛细管分别将两种样品溶液点样于原点上，每个原点上点样 3～5 次，但第一次点样干后才能第二次点样，点样后的斑点直径以扩散成 2mm 为宜。

将适量的氯仿和甲醇（体积比为 4∶1）混合溶液作为展开剂倒入层析缸中，盖上盖子使蒸气饱和后，将点好样的薄层板放入层析缸内，点样一端浸入展开剂内约 0.5cm，盖上盖子展开，待展开剂前沿上升到薄层板上端约 0.5cm 处时取出，即用铅笔轻轻画出前沿位置，冷风吹干除去展开剂，计算黄连素的 R_f 值。比较薄层谱图上的两种样品展开结果，得出什么结论？

（六）注意事项与注释

（1）SZF-06A 脂肪测定仪设定测量温度和加热抽提需时间的方法是：

按○/SET 键，上排显示 SP，按▲或▼键，使下排显示为所需要的设定温度；再按○键，上排显示 ST，按▲或▼键，使下排显示为所需要的定时时间（s）。再按○键，回到标准模式。如图 3-13-12 所示。

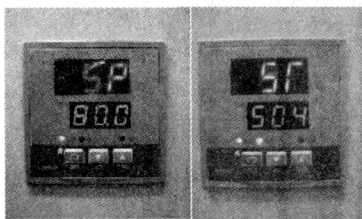

图 3-13-12　SZF-06A 脂肪测定仪操作按钮

测量温度达到设定温度后，定时功能开始启动，达到设定的时间后，加热输出关闭，蜂鸣器会鸣叫提醒。

需将蒸馏水用作 SZF-06A 脂肪测定仪水浴锅的导热液，通电前应检查水浴锅中的蒸馏水淹没电热管（防止空烧），并保证与抽提瓶底部接触；抽提过程中应及时补充蒸馏水。

（2）提取液中加不加乙酸，对黄连素产量有一定影响，加乙酸可显著提高效率。

（3）滴加盐酸之前，应先除去不溶性杂质，否则会影响产品的纯度。

（4）纯净的黄连素晶体较难得到，需使黄连素成盐酸盐沉淀析出后再提纯。滤液中需加浓盐酸约 10mL。

（5）室温下需放置几小时，最好用冰水浴冷却。

（6）黄连素的定性检验：

①试管中加入少许黄连素盐酸盐，加 2mL 浓硫酸，溶解后加入几滴浓硝酸，黄连素即被氧

化而呈樱红色。

②试管中加入少许黄连素盐酸盐，加 5mL 蒸馏水，缓缓加热使之溶解后，加入 2 滴 20% NaOH 溶液，即转化为醛式黄连素而呈橙色；该溶液冷却后过滤，滤液中加入 4 滴丙酮，即可发生缩合反应，放置后有黄色沉淀生成。

(七)思考题

(1)黄连素被提取后，可在盐酸酸化滤液时加入一定量的 NaCl，其作用是什么？

(2)提纯黄连素粗产品时，加入石灰乳的作用是什么？

(3)如何用薄层色谱法对试样的有效成分进行定量测定？

(4)能否采用简单回流装置提取黄连素？若是可以的，应如何控制提取过程？

(八)实验报告评分依据

"中药黄连中黄连素的提取和薄层色谱纯化"实验报告评分依据如表 3-13-4 所示。

表 3-13-4　"中药黄连中黄连素的提取和薄层色谱纯化"实验报告评分依据　　单位:分/处

考查项目	主要考查内容	扣分
报告内容的完整性	实验报告内容不完整	$-5\sim-1$
原始记录	原始实验记录不完整或任意改动	$-10\sim-2$
黄连素提取结果	提取率比文献值少 5%～10%	$-3\sim-1$
	提取率比文献值少 10%～15%	$-6\sim-4$
	提取率比文献值少 15%～20%	$-9\sim-7$
	提取率比文献值少 20%以上	$-12\sim10$
	未记录产量，又未计算提取率	-4(加扣)
	记录产量，未计算提取率	-2(加扣)
	提取率计算错误	-1
R_f 计算	纯黄连素的 R_f 值大于 0.85	$-6\sim-4$
	纯黄连素的 R_f 偏小	$-3\sim-1$
	纯黄连素的 R_f 值小于 0.50	$-6\sim-4$
	纯品与粗产品的 R_f 值之差在 0.10～0.15	$-2\sim-1$
	纯品与粗产品的 R_f 值之差在 0.15～0.20	$-4\sim-3$
	纯品与粗产品的 R_f 值之差大于 0.20	$-6\sim-5$
	纯品和粗产品的展开斑点的 R_f 值计算有误	-8
	R_f 值计算结果不全	-1
	R_f 值计算错误	-1
实验结果表达	薄层色谱展开图内容完整、绘制潦草，图谱分析基本正确	$-3\sim-1$
	薄层色谱展开图内容不完整、绘制潦草，图谱分析有误	$-6\sim-4$
	没有薄层色谱展开图及对图谱分析	-8
分析与讨论	只写实验操作注意事项，未进行讨论	-10
	不结合实验的实际情况空洞叙述	-8
	只作一般说明	-5
实验思考题	每小题 5 分，按回答质量评分	

实验十四　氨基酸系列

一、混合氨基酸的制备和胱氨酸的提取

(一)实验目的

(1)通过用毛发制取混合氨基酸溶液及提取胱氨酸,加深对蛋白质结构的理解。
(2)学习水解法生产混合氨基酸,提取胱氨酸的有关技术。
(3)进一步熟练掌握回流、脱色、抽滤、称重、旋光度测定的操作技术。

(二)实验原理

蛋白质是一类结构相当复杂的含氮有机化合物,α-氨基酸则是组成蛋白质的基本单位,肽键将各种 α-氨基酸残基连接成多肽长链,是蛋白质的一级结构。因此,可用强酸将其水解,即可得到混合氨基酸溶液。角、指甲、毛发、蹄爪等天然角蛋白都是纤维状蛋白质,属硬蛋白,其中含有大量的胱氨酸,约占各种 α-氨基酸总量的 18%,将混合氨基酸溶液调节到 pH 为 4.8～5.0,等电点 pI＝4.8 的胱氨酸溶解度最小,即可得到胱氨酸粗品。

(三)预备知识

(1)蛋白质的结构特点、水解及试样中蛋白质含量测定的方法。
(2)α-氨基酸的分类及两性性质。
(3)从氨基酸混合溶液中提取胱氨酸的实验条件。
(4)旋光性物质、旋光性、旋光度及比旋光度,旋光仪的使用方法。

(四)实验器材

1. 仪器设备

三口烧瓶(250mL),直形水冷凝管,真空接受管,循环水 SHZ-D(Ⅲ)式真空泵,抽滤瓶,布氏漏斗,烧杯(100mL,250ml),量筒(50mL),锥形瓶(100mL)2 个,温度计(150℃),容量瓶(50mL),空心塞,表面皿,点滴板,滴管,玻璃漏斗,托盘天平,FA1104N 电子天平,WZZ-2A 型旋光仪,电热套,剪刀,精密 pH 试纸(3.8～5.4)。

2. 试剂

头发(去尘土及杂质),浓盐酸,浓氨水,5%氨水,10% NaOH 溶液,1%硫酸铜溶液,5%盐酸溶液,活性炭,洗衣粉。

(五)实验内容

1. 混合氨基酸溶液的制备

将 25g 头发用洗衣粉充分洗涤脱酯,清水漂洗干净,晾干,剪碎。

将洁净的头发放入三口瓶,加入 50mL 浓盐酸,装上回流冷凝管及温度计,在冷凝管上口接一氯化氢吸收装置,尾端的漏斗不能全部没在吸收液的液面之下。装置如图 3-14-1 所示。用电热套加热,控制反应液温度在 105~110℃,保持微沸状态,回流 3~4h,回流到 3h 后可用 1%硫酸铜溶液及 NaOH溶液检验,不呈二缩脲反应(不显蓝紫色)即反应完全,可停止加热,否则应继续加热回流至 4h,一般水解 4h 即基本完成。

稍冷即趁热(80℃)抽滤,弃去滤渣,滤液用 5g 活性炭脱色 2 次,抽滤后得淡黄色液体,即混合氨基酸溶液。

2. 提取胱氨酸

图 3-14-1 带吸收装置的回流装置

往混合氨基酸溶液中慢慢加入浓氨水,搅拌,调节 pH 为 4.8~5.0,用冰水冷却滤液,析出的结晶抽滤,得胱氨酸粗品。保存滤液用于提取碱性氨基酸。

将胱氨酸粗品放在烧杯中,加入 5%盐酸溶液约 30mL。搅拌溶解,加约 2g 活性炭,加热煮沸 10min 进行脱色,趁热抽滤,在无色的滤液中缓慢加入 5%氨水中和,并调节 pH 为 4.8~5.0,冰水中冷却 20min 后抽滤,用少量蒸馏水洗涤结晶,移于表面皿上干燥后称取,计算产率。

在电子天平上准确称取提纯的胱氨酸 0.5g,加入 5mL 5%盐酸溶液使之溶解,转移到 50mL 容量瓶中,蒸馏水定容,摇匀,测定其旋光度,计算比旋光度。

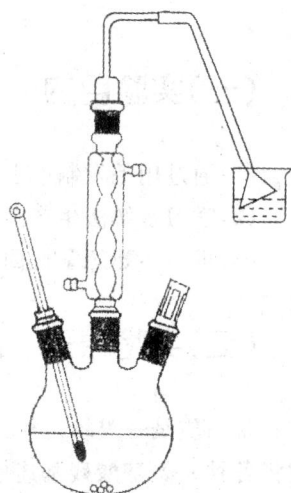

(六)注意事项与注释

(1)蛋白质水解至二肽时,分子结构中只有 1 个肽键(酰胺键),不能与稀硫酸铜的碱溶液发生二缩脲反应,若无蓝紫色物质生成,再在水解一些时间,即可认为水解完全。

(2)氨基酸是典型的两性化合物,氨基酸在水溶液中全部以两性离子(内盐)形式存在时溶液的 pH 值称为氨基酸的等电点,各种氨基酸在其等电点时,溶解度最小,故可通过调节溶液 pH 值的方法,使氨基酸从混合溶液中分离。胱氨酸的等电点为 4.80,半胱氨酸是胱氨酸的还原产物,其等电点为 5.05,宜将溶液 pH 控制 5.0 以内。

(3)光学活性物质有使平面偏振光旋转的角度大小叫旋光度,光学活性物质的旋光度除与其本性有关外,溶液浓度、液层厚度、偏振光波长、测定时温度、溶剂种类等因素都会影响旋光度的测定结果。每一种光学活性物质都有一定的比旋光度,是指溶液浓度为 $1g \cdot mL^{-1}$、液层厚度为 1dm(10cm)时的旋光度,用符号 $[\alpha]$ 表示,旋光度和比旋光度间的关系是:

$$[\alpha]_D^T = \frac{\alpha}{c \cdot L}$$

(七)思考题

(1)为什么采用二缩脲反应能判断水解反应基本完成?
(2)混合氨基酸溶液中提取胱氨酸时,为什么要将溶液的 pH 值调节到 4.8~5.0?
(3)哪些方法可以测定头发中蛋白质的含量?
(4)什么是旋光活性物质的比旋光度?本实验中是如何得到胱氨酸的比旋光度的?
(5)如何用实验方法确定旋光活性物质是左旋的还是右旋的?

(八)实验报告评分依据

"混合氨基酸的制备和胱氨酸的提取"实验报告评分依据如表 3-14-1 所示。

表 3-14-1　"混合氨基酸的制备和胱氨酸的提取"实验报告评分依据　　　单位:分/处

考查项目	主要考查内容	扣分
报告内容的完整性	实验报告内容不完整	−5~−1
原始记录	原始实验记录不完整或任意改动	−10~−2
胱氨酸提取结果	提取率大于文献值的 20% 以上	−8~−5
	提取率大于文献值 10%~20%	−4~−1
	提取率小于文献值 10%~20%	−3~−1
	提取率小于文献值 20%~30%	−6~−4
	提取率小于文献值 30% 以上	−10~−7
	未记录产量,又未计算提取率	−4
	仅有产量及提取率计算结果中的 1 个	−2
	提取率计算错误	−2
胱氨酸比旋光度	比旋光度大于文献值的 10% 以上	−8~−5
	比旋光度大于文献值的 5%~10%	−4~−1
	比旋光度小于文献值 5%~10%	−3~−1
	比旋光度小于文献值 10%~20%	−6~−4
	比旋光度小于文献值 20% 以上	−10~−7
	未记录旋光度测定值,又未计算比旋光度	−4(加扣)
	记录有旋光度测定值,未计算比旋光度	−2(加扣)
	比旋光度计算错误	−2
分析与讨论	只写实验操作注意事项,未进行讨论	−10
	不结合实验的实际情况空洞叙述	−8
	只作一般说明	−5
实验思考题	**每小题 5 分,按回答质量评分**	

二、碱性氨基酸的制备

(一)实验目的

(1)通过从氨基酸混合溶液中提取碱性氨基酸,加深了解氨基酸的有关性质。
(2)学习使用离子交换树脂分离、提纯化合物的技术。
(3)继续熟练脱色、重结晶、减压蒸馏等有关技术。

(二)实验原理

　　碱性氨基酸是精氨酸、赖氨酸和组氨酸的总称,因为它们的分子中都有两个氨基和一个羧基,溶于蒸馏水后溶液呈碱性,它们的等电点都大于7(精氨酸 pI=10.76,赖氨酸 pI=9.74,组氨酸 pI=7.59)。这3种氨基酸在酸性介质中均以阳离子形式存在,但它们对阳离子交换树脂的亲和力是不同的,其亲和力大小顺序为精氨酸＞赖氨酸＞组氨酸。因此,可用阳离子交换树脂将它们分离后再提纯得到纯净产品。

(三)预备知识

(1)离子交换树脂的分类及活化处理、装柱及交换分离。
(2)氨基酸的呈色反应及碱性氨基酸的检验方法。
(3)减压蒸馏及操作注意事项。

(四)实验器材

1.仪器设备

　　色谱柱(3cm×20cm),圆底烧瓶(100mL)3 个,磨口锥形瓶(100mL)3 个,直形水冷凝管,循环水 SHZ-D(Ⅲ)式真空泵,抽滤瓶,克氏蒸馏头,真空接受管,水银压力计,蒸发皿,烧杯(100mL)3 个,玻棒,滴管,布氏漏斗,量筒(50mL),电热套,HH-2 型恒温水浴锅,精密 pH 试纸(1.7～3.3,2.7～4.7,5.0～6.6,8.2～9.7),温度计(100℃)。

2.试剂

　　732 阳离子交换树脂(经清洗、转型、洗涤等活化处理),混合氨基酸溶液(实验十四之二制备),活性炭,活性白土,0.1mol·L^{-1}氨水,2mol·L^{-1}氨水,1mol·L^{-1}盐酸,6mol·L^{-1}盐酸,浓盐酸,10％ NaOH 溶液,1％ NaNO$_3$ 溶液,5％ NaNO$_2$ 溶液,1％硝酸银溶液,次溴酸钠,75％乙醇,95％乙醇,α-萘酚,对氨基苯磺酸,茚三酮。

（五）实验内容

1. 阳离子交换树脂柱

将色谱柱固定在铁夹上,关闭活塞,装入半柱水,用玻棒将少许脱脂棉推入色谱柱底部并使平整。将经活化处理成氢型的阳离子交换树脂与水混合后带水缓流状倒入柱中,使树脂沉于水底。装柱要求树脂堆积紧密,不带气泡,以免造成断路和气体阻隔,影响交换效率。装柱时,若柱中水过满,可打开活塞放水,但柱内水面不能低于树脂层,否则,树脂层会出现气泡,应予重装,或用蒸馏水从下端通入交换柱进行逆流冲洗,赶走气泡。柱装好后,在树脂层上放两片略小于色谱柱内径的滤纸片。

2. 样品处理和分离

将提取了胱氨酸后的滤液置蒸发皿中,加热浓缩至膏状。加 2 倍左右的蒸馏水,在搅拌下加入 3％活性炭,80～90℃恒温水浴锅上加热,保温脱色半小时,待冷却至室温,抽滤除去活性炭,收集澄清滤液,加约 4 倍水稀释。

吸附:将稀释液用 1mol·L⁻¹ 盐酸调节 pH 为 2.5,然后加于阳离子交换柱上,打开活塞,以每分钟为树脂体积的 0.4％～0.8％的流速进行吸附。随时用波利试剂检查流出液,当检查出有组氨酸出现(此时的交换柱已被氨基酸饱和),立即停止将稀释液上柱。

清洗:用蒸馏水通过已上柱的离子交换柱,其流速每分钟为树脂体积的 1％～15％,洗至流出液无氯离子,pH 值为 5～6 时为止。

洗脱:先以 0.1mol·L⁻¹ 氨水洗脱,流速为每分钟树脂体积的 4％～5％,随时用波利试剂检查柱下端流出液,呈橘红色时,开始收集组氨酸洗脱液。当流出液 pH≥9.0 时,波利试剂的反应消失,将洗脱速度增加到每分钟树脂体积的 7％～8％,并改用茚三酮试剂检查流出液呈蓝紫色时,收集赖氨酸洗脱液,直到洗脱液茚三酮反应变得微弱时,换用 2mol·L⁻¹ 氨水洗脱,用坂口试剂检查洗脱液,待有精氨酸出现时,开始收集精氨酸洗脱液,至无茚三酮反应和坂口反应时,停止收集。

3. 碱性氨基酸的纯化

将上述三种洗脱液分别减压浓缩和赶氨至呈黏稠状后再加入 20 倍的蒸馏水溶解,继续赶氨,如此重复 3 次,至无氨可赶为止。

精氨酸盐酸盐的纯化:将赶氨后的精氨酸液,用 50 倍左右蒸馏水溶解,再用 6mol·L⁻¹ 盐酸溶液调至 pH 为 3.8～4.2,加 1％活性炭,搅拌加热至 85～90℃,保温脱色 30min。待冷却至室温后过滤,用少量蒸馏水洗涤。再将滤液减压浓缩至粘稠状,放置使结晶后过滤,结晶用 75％和 95％乙醇各洗涤一次,再在 80℃以下干燥,得精氨酸盐酸盐。

赖氨酸盐酸盐的纯化:除用 6mol·L⁻¹ 盐酸溶液调至 pH 为 4～4.5 外,其他都与精氨酸盐酸盐的纯化方法相同。

组氨酸盐酸盐的纯化:赶氨后的组氨酸洗脱液,用 100 倍蒸馏水溶解,再用 6mol·L⁻¹ 盐酸溶液调至 pH＝3.0～3.2,加入 1％活性炭在 85～90℃下脱色 40min,在冷却后抽滤,滤液中再加入 1％活性白土,加热至 60～70℃,于搅拌下保温 30min,冷却至室温后过滤,将滤液减压浓缩至晶体析出,再置于 4℃冰箱中 48h 使结晶完全。最后将结晶抽滤至干,并用 75％和 95％乙醇各洗涤一次,抽干,在 70～80℃下干燥。

分别计算三种碱性氨基酸的提取率。

(六)注意事项与注释

(1)波利试剂 A 液是将 0.9g 对氨基苯磺酸用 9mL 浓盐酸加热溶解后,加蒸馏水至 100mL,冷至室温后与 5％ $NaNO_2$ 溶液等体积混匀;B 液是 1％ $NaNO_3$ 溶液。使用前 A 液与 B 液等体积混合,在 $NaNO_3$ 存在下,对氨基苯磺酸的重氮盐与组氨酸的咪唑环偶合生成红色的偶氮化合物,这是检验组氨酸的快速方法。

(2)钠型阳离子交换树脂转型成氢型后,需用水洗涤至 pH 为 4～5,同时无 Cl^- 离子方可使用。

(3)α-氨基酸与茚三酮水溶液一起加热,能生成紫色的有色物质,蛋白质、多肽和一般的氨基酸都有此呈色反应。此外,氨、铵盐及含有游离氨基的化合物(如伯胺)也有此颜色反应。

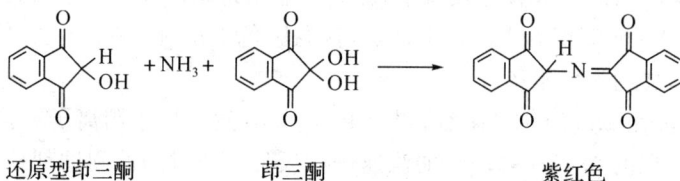

还原型茚三酮　　　茚三酮　　　紫红色

(4)坂口反应:精氨酸与含 0.2％ α-萘酚的 70％乙醇溶液在 5％次溴酸钠溶液中发生颜色反应生成红色产物,这是胍基特有的反应,过量的次溴酸钠会引起颜色消失。

试验方法是:在 1mL 洗脱液中加入 1 滴 10％ NaOH 溶液、3 滴 α-萘酚乙醇溶液,再加 1～5 滴次溴酸钠溶液,反应式为

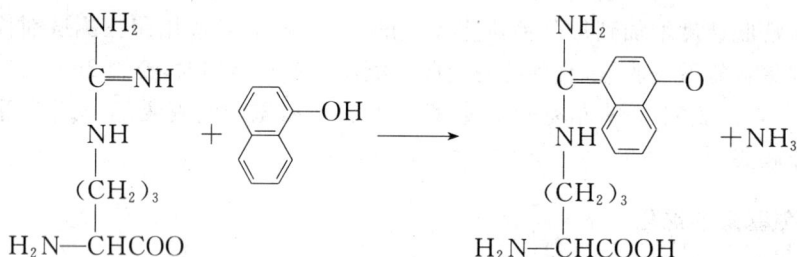

(5)活性白土是用粘土(主要是膨润土)为原料,经无机酸化处理,再经水漂洗、干燥制成的吸附剂,它的主要成分是硅藻土,其本身就已有活性。活性白土的化学组成为 SiO_2:50％～70％;Al_2O_3:10％～16％;Fe_2O_3:2％～4％;MgO:1％～6％等。

活性白土外观为乳白色粉末,相对密度为 2.3～2.5,无臭,无味,无毒,不溶于水、有机溶剂和各种油类中,几乎完全溶于热烧碱和盐酸中。活性白土因表面积大,吸附能力很强,能吸附有色物质、有机物质、脱色效率高;活性度低,不与油脂及其他化学物质发生化学作用。在空气中易吸潮,放置过久会降低吸附性能。但是,加热至 300℃以上便开始失去结晶水。

活性白土适用于植物油、矿物油、动物油、酶、味精、聚醚、糖、酒等吸附脱色;在化工、环保等行业作过滤剂、催化剂、吸附剂、干燥剂、除臭吸味剂、水质净化剂、废水处理絮凝剂、脱色剂等;在食品工业上,用作葡萄酒和糖果汁的澄清剂、啤酒的稳定化处理、糖化处理、糖汁净化等。

（七）思考题

（1）制备三种碱性氨基酸的原理和方法是什么？

（2）使用离子交换树脂柱时要注意些什么？

（3）纯化三种碱性氨基酸时，为什么要用减压浓缩法浓缩？

（4）洗脱分离得到的碱性氨基酸进行纯化处理时，为什么要将氨除净？

（八）实验报告评分依据

"碱性氨基酸的制备"实验报告评分依据如表 3-14-2 所示。

表 3-14-2 "碱性氨基酸的制备"实验报告评分依据　　单位：分/处

考查项目	主要考查内容	扣分
报告内容的完整性	实验报告内容不完整	−5～−1
原始记录	原始实验记录不完整或任意改动	−10～−2
精氨酸提取结果	提取率大于文献值的 20% 以上	−8～−5
	提取率大于文献值的 10%～20%	−4～−1
	提取率小于文献值 10%～20%	−3～−1
	提取率小于文献值 20%～30%	−6～−4
	提取率小于文献值 30% 以上	−10～−7
	未记录产量，又未计算提取率	−4
	仅有产量及提取率计算结果中的 1 个	−2
	提取率计算错误	−2
赖氨酸提取结果	提取率大于文献值的 20% 以上	−8～−5
	提取率大于文献值的 10%～20%	−4～−1
	提取率小于文献值 10%～20%	−3～−1
	提取率小于文献值 20%～30%	−6～−4
	提取率小于文献值 30% 以上	−10～−7
	未记录产量，又未计算提取率	−4
	仅有产量及提取率计算结果中的 1 个	−2
	提取率计算错误	−2
组氨酸提取结果	提取率大于文献值的 20% 以上	−8～−5
	提取率大于文献值的 10%～20%	−4～−1
	提取率小于文献值 10%～20%	−3～−1
	提取率小于文献值 20%～30%	−6～−4
	提取率小于文献值 30% 以上	−10～−7
	未记录产量，又未计算提取率	−4
	仅有产量及提取率计算结果中的 1 个	−2
	提取率计算错误	−2
分析与讨论	只写实验操作注意事项，未进行讨论	−10
	不结合实验的实际情况空洞叙述	−8
	只作一般说明	−5
实验思考题	每小题 5 分，按回答质量评分	

三、氨基酸等电点的测定

(一)实验目的

(1)通过对氨基酸等电点的测定,加深理解氨基酸的两性性质和等电点。

(2)进一步掌握酸度计的操作技术。

(3)了解电位滴定方法测定弱酸的原理和电势滴定法操作,学会电势滴定法的计算和滴定曲线的制作。

(二)实验原理

氨基酸的等电点是指氨基酸在溶液中全部形成两性离子时溶液的 pH 值,用符号 pI 表示,它可由多种实验方法测定,本实验采用测定氨基酸的羧基和氨基的解离平衡常数的方法来测定。氨基酸分子中同时含有羧基和氨基,因此它的分子内这两个基团也可以互相作用生成盐,这种盐称为内盐,又称两性离子。中性氨基酸在水溶液中存在下列平衡:

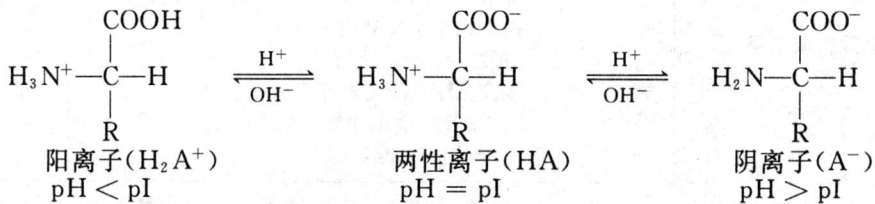

$$
\underset{\substack{\text{阳离子}(H_2A^+)\\ pH < pI}}{\overset{\text{COOH}}{H_3N^+\!-\!\overset{|}{\underset{|}{C}}\!-\!H}} \ \underset{OH^-}{\overset{H^+}{\rightleftharpoons}} \ \underset{\substack{\text{两性离子}(HA)\\ pH = pI}}{\overset{\text{COO}^-}{H_3N^+\!-\!\overset{|}{\underset{|}{C}}\!-\!H}} \ \underset{OH^-}{\overset{H^+}{\rightleftharpoons}} \ \underset{\substack{\text{阴离子}(A^-)\\ pH > pI}}{\overset{\text{COO}^-}{H_2N\!-\!\overset{|}{\underset{|}{C}}\!-\!H}}
$$

因此,中性氨基酸的酸式盐相当于是个二元弱酸,应有两级解离常数,且 $K_{a1}^{\ominus}(\alpha\text{-COOH}) > K_{a2}^{\ominus}(-NH_3^+)$。氨基酸在水溶液中达到平衡时:

$$
c(H_2A^+) = \frac{[c(HA)/c^{\ominus}] \cdot [c(H^+)/c^{\ominus}]}{K_{a1}^{\ominus}}
$$

$$
c(A^-) = \frac{[c(HA)/c^{\ominus}] \cdot K_{a2}^{\ominus}}{c(H^+)/c^{\ominus}}
$$

在等电点时,溶液中分子的净电荷为零,即:

$$
c(H_2A^+) = c(A^-)
$$

得

$$
\left[\frac{c(H^+)}{c^{\ominus}}\right]^2 = K_{a1}^{\ominus} \cdot K_{a2}^{\ominus}
$$

因此

$$
pH = pI = \frac{pK_{a1}^{\ominus} + pK_{a2}^{\ominus}}{2}
$$

又由于弱酸溶液的 pH 值与其 $pK_a^{\ominus}$ 值有着如下关系:

$$
pH = pK_a^{\ominus} + \lg \frac{c(A^-)/c^{\ominus}}{c(HA)/c^{\ominus}}
$$

当有一半量的氨基酸盐被中和时,溶液中:

$$c(\mathrm{H_2A^+})=c(\mathrm{HA})$$

则

$$\mathrm{pH}=\mathrm{p}K_{a1}^{\ominus}$$

因此测得氨基酸的 $\mathrm{p}K_{a1}^{\ominus}$ 和 $\mathrm{p}K_{a2}^{\ominus}$ 后,即可求得该氨基酸的等电点 pI。

　　电势滴定法是将待测溶液与电极组成原电池,在滴定过程中通过测量电极电势来确定滴定终点的方法,基本仪器装置包括滴定管、滴定池、指示电极、参比电极、搅拌器和测电动势的仪器,其装置如图 3-14-1 所示。

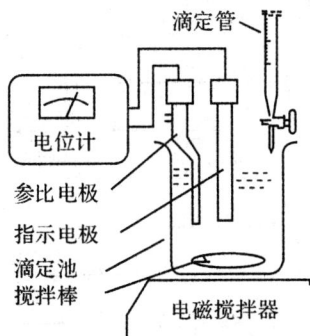

图 3-14-1　电势滴定装置

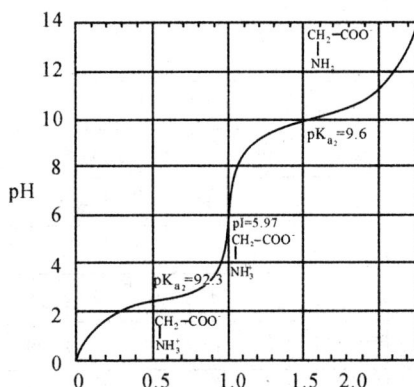

图 3-14-2　NaOH 溶液滴定甘氨酸的滴定曲线

　　搅拌下,用 NaOH 标准溶液滴定氨基酸盐酸盐溶液,边滴定,边记录滴定剂 NaOH 溶液的体积和混合溶液的 pH 值电势(本实验中记录 pH)读数,用二阶导数法计算出滴定终点时 NaOH 溶液的准确体积 $V(\mathrm{NaOH})$,可在滴定曲线(见图 3-14-2)上查得 $\frac{1}{2}V(\mathrm{NaOH})$ 和 $\frac{3}{2}V(\mathrm{NaOH})$ 时混合溶液的 pH 值,即得到氨基酸的 $\mathrm{p}K_{a1}^{\ominus}$ 和 $\mathrm{p}K_{a2}^{\ominus}$,再求氨基酸的等电点。

　　电势滴定法的基本原理可参阅仪器分析教材有关电势分析法章节的内容,现通过具体数据分析介绍滴定终点的计算方法(见表 3-14-3)。表中,一阶导数由算式 $\dfrac{\Delta E}{\Delta V}=\dfrac{E_{n+1}-E_n}{V_{n+1}-V_n}$ 计算得到,二价导数由 $\dfrac{\Delta^2 E}{\Delta V^2}=\dfrac{(\Delta E/\Delta V)_{n+1}-(\Delta E/\Delta V)_n}{V_{均n+1}-V_{均n}}$ 计算得到,$\Delta E/\Delta V$ 为极大值,或 $\Delta^2 E/\Delta V^2=0$ 时的滴定剂体积是滴定终点,可用内插法计算,其算式是:

$$V\mathrm{ep}=V+\frac{p}{p-m}\cdot\Delta V$$

式中:p 为 $\Delta^2 E/\Delta V^2=0$ 之前一点的 $\Delta^2 E/\Delta V^2$ 值($\mathrm{mV/mL^2}$);m 为 $\Delta^2 E/\Delta V^2=0$ 之后一点的 $\Delta^2 E/\Delta V^2$ 值($\mathrm{mV/mL^2}$);V 为 $\Delta^2 E/\Delta V^2=p$ 时所需的滴定剂体积(mL);ΔV 为 $\Delta^2 E/\Delta V^2=p\sim\Delta^2 E/\Delta V^2=m$ 之间 V 的差值(mL)。

表 3-14-3　滴定终点附近的电势数据示例

滴定剂 体积 V/mL	电势 E/mV	$\Delta E/\Delta V$ mV/mL	$\Delta^2 E/\Delta V^2$	滴定终点时 滴定剂体积 V/mL
10.00	91			
		16		
12.00	123			
		15		
13.00	138			
		36		
14.00	174			
		90		
14.10	183		200	
		110		
14.20	194		2800	
		390		
14.30	233		4400	
		830		$14.30+\dfrac{4400}{4400-(-5590)}\times(14.40-14.30)=14.34$
14.40	316		-5900	
		240		
14.50	340		-1300	
		110		
14.60	351		-400	
		70		
14.70	358			
		50		
14.80	363			

(三)预备知识

(1)氨基酸的等电点及在等电点时的性质。

(2)电势滴定法测定弱酸 $K^{\ominus}$ 的原理及酸度计的使用方法。

(3)一阶导数法、二阶导数法处理实验数据的方法。

(四)实验器材

1.仪器设备

Delta 320-S 型酸度计,复合电极,磁力搅拌器,容量瓶(100mL),烧杯(100mL)4 个,碱式滴定管(50mL),移液管(20mL),托盘天平,铁台铁夹,玻棒,滤纸,擦镜纸。

2.试剂

甘氨酸(或丙氨酸)盐酸盐,0.1mol·L^{-1} NaOH 标准溶液,标准 pH 缓冲溶液。

(五)实验内容

(1)称取 1.0g 甘氨酸盐酸盐于烧杯中溶解后移入容量瓶中,定容摇匀,用移液管准确移取 20.00mL 甘氨酸溶液于烧杯中。

(2)pH 的校正:在干燥的烧杯中盛入 30～50mL 的标准 pH 缓冲溶液,装好电极,调节仪器使显示的"pH"与标准缓冲液的 pH 值相符。之后,将电极用蒸馏水洗净,用滤纸轻轻吸干电极上的水,备用。

(3)校正后,烧杯置于搅拌器上,将电极架下移,把电极插到氨基酸溶液里,将盛有标准 NaOH 溶液的碱式滴定管装好,在保证电极正常使用(即搅拌磁子不碰到电极的前提下)下启动磁力搅拌器,边滴加 NaOH 标准溶液,边记录 NaOH 溶液准确体积和混合溶液的 pH 值。刚开始滴定时 NaOH 溶液可多加一些,然后逐渐减少,在接近半等量点(滴定剂消耗体积数等于终点消耗体积数一半时的那一点)和滴定终点附近时体积间隔应小一些,每次加 0.1mL,直至混合溶液的 pH 至 13 为止。

(4)在坐标纸上绘制 pH-V 的曲线,由二阶导数法求出滴定终点的准确体积;计算氨基酸盐酸盐的原始浓度,在 pH-V 曲线上求取氨基酸的和,再计算氨基酸的等电点 pI。由测得的 pI 值与文献值比较,如有差异,说明原因。

(六)注意事项与注释

(1)酸度计必须用标准 pH 缓冲溶液校正,必要时进行二点校正。

(2)酸度计是具有高输入阻抗的直流毫伏计,能将指示电极产生的电极电势转换成溶液的 pH 读数,故在实验中可直接测定溶液的 pH 值,其一价导数算式和二价导数算式分别为

$$\frac{\Delta E}{\Delta V} = \frac{E_{n+1} - E_n}{V_{n-1} - V_n}, \quad \frac{\Delta^2 E}{\Delta V^2} = \frac{(\Delta E/\Delta V)_{n+1} - (\Delta E/\Delta V)_n}{V_{均n+1} - V_{均n}}$$

(3)滴定终点将到达前,酸溶液中加入少量 NaOH 溶液,溶液的 pH 值将发生急剧变化,此时的一阶导数 $\Delta E/\Delta V$ 值变化很大,而二价导数($\Delta^2 E/\Delta V^2$)值则由正值骤降为负值。

(4)pH-V 曲线应在坐标纸上绘制,坐标单位应合适,以保证测量结果的准确度。

（七）思考题

（1）用电势滴定法进行滴定分析时，氨基酸溶液是否需要准确配制？

（2）实验中，还可采用什么方法测得氨基酸 $pK_{a1}^{\ominus}$ 的和 $pK_{a2}^{\ominus}$？

（3）电势滴定法进行滴定分析时，氨基酸溶液是否需要准确加入？为什么？为何在接近半等量点和滴定终点附近时，NaOH 溶液的滴加体积间隔要小一些？

（4）与普通滴定法相比，电势滴定法具有什么特点？

（八）实验报告评分依据

"氨基酸等电点的测定"实验报告评分依据如表 3-14-4 所示。

表 3-14-4　"氨基酸等电点的测定"实验报告评分依据　　　　单位：分/处

考查项目	主要考查内容	扣分
报告内容的完整性	实验报告内容不完整	$-5\sim-1$
原始记录	原始实验记录不完整或任意改动	$-10\sim-2$
滴定读数	滴定管初读数大于 1.00mL	-2
	滴定管读数不准（包括有效数字）	-5
电位滴定的数据处理	$\Delta E/\Delta V, \Delta^2 E/\Delta V^2$ 计算错误	-1
	滴定终点时的 $V(\text{NaOH})$ 计算错误（包括有效数字）	-4
甘氨酸的 pK_{a1}、pK_{a2} 及 pI 测定	pK_{a1} 为文献值的 $\pm5\%\sim\pm10\%$ 之内	$-3\sim-1$
	pK_{a1} 为文献值的 $\pm10\%\sim\pm20\%$ 之内	$-6\sim-4$
	pK_{a1} 为文献值的 $\pm20\%$ 以上	$-10\sim-7$
	pK_{a2} 为文献值的 $\pm5\%\sim\pm10\%$ 之内	$-3\sim-1$
	pK_{a2} 为文献值的 $\pm10\%\sim\pm20\%$ 之内	$-6\sim-4$
	pK_{a2} 为文献值的 $\pm20\%$ 以上	$-10\sim-7$
	pI 为文献值的 $\pm5\%\sim\pm10\%$ 之内	$-3\sim-1$
	pI 为文献值的 $\pm10\%\sim\pm20\%$ 之内	$-6\sim-4$
	pI 为文献值的 $\pm20\%$ 以上	$-10\sim-7$
分析与讨论	只写实验操作注意事项，未进行讨论	-10
	不结合实验的实际情况空洞叙述	-8
	只作一般说明	-5
实验思考题	每小题 5 分，按回答质量评分	

第四章

研究设计性实验

一、研究设计性实验的目的

(1)培养学生查阅书刊及文献资料的能力。

(2)培养运用已学理论知识和实验知识及有关参考资料设计出实验方案的能力。

(3)在教师指导下,完成实验方案的修订并完成实验,培养学生分析、解决问题能力。

二、研究设计性实验的要求和过程

在完成基础性和综合性实验内容后,小组学生选择(或由教师指定)研究性实验项目中的1～2个实验项目,根据实验目的和要求,查阅有关参考资料,设计实验方案(经实验指导教师审阅并修改),认真仔细地按所拟定的实验方案完成全部实验内容,完整记录实验数据和实验现象,认真地写好实验报告,并对所设计的实验方案和实验结果进行评价。

研究性设计实验有如下过程组成:

(1)小组学生根据指定的研究性题目,查阅收集合成、分离、样品预处理与分析方法等有关资料。

(2)在查阅资料的基础上,经分析、讨论(与同组或同班同学,教师)、比较后拟定出适宜、实验条件可行的实验方案,并按实验目的、原理、试剂(注明试剂规格、浓度、计划用量及配制方法等)、仪器设备、实验步骤(包括取样及其预处理、标准溶液的配置及标定)、分析计算方法、误差来源及采取措施、参考文献等项书写成文。

(3)设计方案经实验指导教师审核后,只要方法合理、实验条件具备就可按所设计方案进行实验。如果不具备条件,或设计不合理、不完善,教师需对方案提出指导意见,退回学生修改或重新设计,再交指导教师审阅,如果还不合格则再重复上述过程,直至合格为止。

(4)独立完成所设计的实验:

①做好实验前的准备工作,自己配制好实验所需的试剂、调试好仪器和准备好其他物品及

安全措施。

②遵守实验室安全规则,以规范、熟练的基本操作、良好的实验素养进行实验。

③实验中须仔细观察、及时记录(包括实验现象、试剂用量、反应条件、环境条件及实验数据等)、认真思考。如果在实验中发现原设计不完善或出现新问题,应认真思考、查找原因、设法改进或解决,以获得满意的结果。

④完成实验报告,对实验结果及所设计实验方案实施中的体会及注意事项进行分析、讨论。

⑤班级各小组学生集中汇报本组进行的研究设计性实验方案、过程及结果(需要制作PPT)。

实验十五　盐酸—硼酸溶液中各组分含量测定

设计提示:硼酸是弱酸,不能被强碱直接滴定。以酚酞作指示剂,NaOH 标准溶液直接滴定试样溶液中的 HCl。加入甘油($M=92.11\text{g} \cdot \text{mol}^{-1}$)或甘露醇($M=182.2\text{g} \cdot \text{mol}^{-1}$),将硼酸强化成解离常数较大的配位酸,再用 NaOH 标准溶液滴定。

硼酸形成配位酸的反应是可逆反应,因此加入的甘油或甘露醇须过量(硼酸与甘露醇的物质的量之比为 $1:(1.1\sim1.3)$),使全部硼酸定量地转化为配位酸。

实验十六　硼砂—硼酸混合物中各组分含量测定

设计提示:硼砂水溶液是同浓度的 H_3BO_3 和 $H_2BO_3^-$ 的混合溶液,H_3BO_3 不能被强碱直接滴定,而其共轭碱 $H_2BO_3^-$ 是强碱,可用甲基红作指示剂,HCl 标准溶液直接滴定试样溶液中的 $H_2BO_3^-$。加入甘油或甘露醇,将硼酸强化成解离常数较大的配位酸,再用 NaOH 标准溶液滴定。但应考虑到试样溶液中已存在的 H_3BO_3 和滴定 $H_2BO_3^-$ 时生成的 H_3BO_3。

硼酸易溶于热水,混合试样应加沸水溶解。为了防止配位酸水解,溶液的体积不宜过大。

实验十七　$H_2SO_4\text{-}H_2C_2O_4$ 混合液中各组分浓度测定

设计提示:H_2SO_4 是二元强酸,根据 $H_2C_2O_4$ 的解离常数可知,$H_2C_2O_4$ 能被直接滴定到第二步,但不能分步滴定,即在滴定曲线上只有 1 个滴定突跃,以酚酞作指示剂,NaOH 标准溶液直接滴定的结果是试样溶液的总浓度。需将 H_2SO_4 或 $H_2C_2O_4$ 转换成某种存在形式,再用 NaOH 标准溶液滴定或选择其他分析方法。

实验十八　HCOOH 与 HAc 混合溶液中各组分浓度测定

设计提示：以酚酞作指示剂，用 NaOH 标准溶液滴定混合溶液的总酸量，在强碱性介质中向混合溶液加入过量 $KMnO_4$ 标准溶液，此时甲酸被氧化为 CO_2，MnO_4^- 被还原为 MnO_4^{2-} 并歧化成 MnO_2 及 MnO_4^-。甲酸，加入过量的 KI 还原过量部分的 MnO_4^- 及歧化生成的 MnO_4^- 及 MnO_2 至 Mn^{2+} 并析出 I_2，再以 Na_2SO_3 标准溶液滴定，根据耗用于甲酸的 $KMnO_4$ 标准溶液的量计算混合溶液中的甲酸浓度。

实验十九　啤酒总酸和钙含量的测定

设计提示：啤酒中游离酸是多种有机弱酸和氨基酸，可由酸碱滴定法测定总酸，其含钙量可用 EDTA 法进行分析。但应考虑如何减小或消除较深的色泽对测定结果的影响。

实验二十　酸牛奶的酸度和钙含量的测定

设计提示：酸牛奶是较粘稠的乳浊液，其酸度来自游离的有机弱酸和蛋白质水解生成的氨基酸。酸牛奶样品置于酒精灯上蒸发至粘稠状后，再经烘干、炭化、灰化后，在高温炉中灼烧为固体粉末，用 EDTA 法进行钙含量分析。

实验二十一　茶叶中微量元素含量的分光光度法测定

设计提示：茶叶中含有 Ca、Mg、Al、Fe、Cu、Zn 等金属元素。将茶叶灼烧，用酸溶解，使金属元素以离子形式存在。将 Al^{3+}、Cu^{2+}、Zn^{2+} 掩蔽或调节溶液 pH 值，用 EDTA 标准溶液滴定 Ca^{2+}、Mg^{2+}，Fe^{3+} 转换成 Fe^{2+} 后用邻菲咯啉吸光光度法进行含量分析。

实验二十二　肉制品中亚硝酸盐含量测定

设计提示：查阅处理熟肉制品，制备试样溶液和配制 $NaNO_2$ 标准溶液的有关资料。试样中的 NO_2^- 可与对氨基苯磺酸发生重氮化反应，再与 N-(1-萘基)-乙二胺盐酸盐偶合成紫红色的偶氮染料,在 540nm 处进行吸光光度法测定。也可使 NO_2^- 重氮化后,α-萘胺偶合生成紫红色偶氮染料,在 525nm 处进行吸光光度法测定。

实验二十三　　电镀液的分析与贵金属离子的回收利用

设计提示:在贵金属电镀中,无论在镀前配缸,还是在电镀中间过程或是电镀液的报废过程中,对电镀液的各项性能进行测试和分析是必须和经常要做的工作。利用可见分光光度法、原子吸收分光光度法分析包括镀液中贵金属含量、贵金属形态、杂质金属离子浓度等多项内容。再利用絮凝沉淀法、吸附法与离子交换法回收电镀液中的贵重金属。

实验二十四　　壳聚糖微球制备及其
对甲基橙染料的吸附性能

设计提示:可用生物降解的壳聚糖为原料,在液状石蜡有机溶液中,采用反相乳液聚合法制备交联型壳聚糖微球;采取正交试验法探索制备壳聚糖微球的最佳条件;采用荧光显微镜对微球的形貌和大小进行表征;采用可见分光光度计研究在最佳条件下制备的壳聚糖微球对甲基橙染料的吸附能力。

实验二十五　　从桔(橙)皮中提取精油和色素

设计提示:以 50g 的桔(橙)皮提取精油和色素。要求先查阅精油和桔黄素的有关资料;列出所用的仪器设备及辅助试剂,画出各步操作所用仪器的装置图;写出实验方法、步骤;并制定检验、鉴定产品的方法。

实验二十六　　苯甲酸乙酯的制备

设计提示:合成线路按苯甲醇→苯甲酸→苯甲酸乙酯的顺序进行。要求先查阅资料写出各步反应的反应式;列出所需的仪器、药品,画出各步反应所用仪器的装置图;写出实验步骤;制定检验、鉴定产品的方法。起始原料苯甲醇的量为 0.02mol 左右。

实验二十七 对氨基苯甲酸乙酯的制备

设计提示：对氨基苯甲酸乙酯的商品名叫苯佐卡因，是常用的局部麻醉剂。要求学生以**对硝基甲苯**为原料设计合成路线，写出各步反应式；列出所需的仪器设备及辅助试剂，画出各步反应所用仪器的装置图；写出实验步骤；列出各中间物和产物的物理性质，制定产品的检验、鉴定方法。最后制得的产品不少于 0.2g。

实验二十八 食品抗氧化剂叔丁基对苯二酚的制备

设计提示：以甲苯、叔丁醇和和对苯二酚为原料合成抗氧化剂，写出各反应物、中间物、产物的物理性质。要求先写出各步反应的反应式；列出所用的仪器设备及辅助试剂，画出各步反应所用仪器的装置图；写出实验步骤；制定检验、鉴定产品的方法。最后制得的叔丁基对苯二酚产品在 0.5~1g。

第五章

文献合成实验

下列化合物在相应领域中有实际应用价值,结构较为简单。文献合成是根据这些化合物的名称、结构等信息,运用已掌握的化学知识,积极思考,并通过查阅资料等手段设计出在实验室由简单的有机原料合成它们的过程,并提出所需的试剂、设备和反应条件等,达到拓宽知识面、联系实际解决问题的目的,培养学生开展科研工作、书写开题报告的能力。

一、香 料

(1)香草醛,商品名叫香兰素,Vanillin,系统命名的名称为:3-甲氧基-4-羟基苯甲酸。

(2)香豆素,Coumarin,系统命名的名称为:1,2-苯并吡喃酮或 O-羟基肉桂酸内酯。

(3)安息香,Benzoin,系统命名的名称为:2-苯基-2-羟基乙酰苯。

(4)葵子麝香,Musk Ambrette,系统命名的名称为:2,6-二硝基-1-甲基-3-甲氧基-4-叔丁基苯。

二、医 药

(1)1-苯丙醇:商品名叫利胆醇,1-phenyl-propanol,系统命名的名称为:3-苯基-1-丙醇。

(2)热镇痛药:乙酰苯胺,Acidum Acetylsalicylicum Aspirin,系统命名的名称为:N-乙酰苯胺或 N-苯基乙酰胺。

(3)磺胺类药:磺胺嘧啶,简称 SD,Sulfadiazinum。

(4)麻醉剂:普鲁卡因,Procaini,系统命名的名称为:对氨基苯甲酸-2-(二乙氨基)乙酯。

(5)苯巴比妥:商品名叫鲁米那,Phenobarbitalum(Luminal),系统命名的名称为:5-乙基苯巴比妥酸。

三、农 药

(1)杀菌剂:百菌清,Chlorothalonil,系统命名的名称为:2,4,5,6-四氯-1,3-二氰基苯。

（2）植物生长调节剂：α-萘乙酸，α-Naphthalene acetic acid，简称 NAA。

（3）2,4-dichlorophenoxyacetic acid，系统命名的名称为：2,4-二氯苯氧乙酸。

四、日用化工

（1）化学卷发液原料巯基乙酸铵：Ammonium mercaptoacetate，其结构式为：

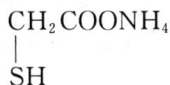

$$CH_2COONH_4$$
$$|$$
$$SH$$

（2）N,N-二乙基-间-甲基苯甲酰胺：商品名 Deet，驱虫剂的主要活性成分，meta-methyl-N,N-diethyl benzoylamide。

五、防腐剂

（1）山梨酸，Sorbic acid，系统命名的名称为：2,4-己二烯酸。

（2）脱氢乙酸，Dehydroacetic acid，系统命名的名称为：6-甲基-3-乙酰-2-哌喃酮。

（3）尼泊金乙酯，Ethyl hydroxybenzoate，系统命名的名称为：4-羟基苯甲酸乙酯。

第六章

附　　录

附录一　实验室常用酸、碱试剂及其一般性质

相对分子质量	密度 g·mL^{-1}	浓度		一般性质
		质量分数	$c/\text{mol·L}^{-1}$	
盐酸 36.463	1.18~1.19	0.36~0.38	11.6~12.4	无色液体,发烟。与水互溶。强酸,常用的溶剂。大多数金属氯化物溶于水。Cl$^-$具有弱还原性及一定的配位能力
	1.10	0.20	6	
硝酸 63.016	1.39~1.40	0.65~0.68	14.4~15.2	无色液体,与水互溶。受热、光照时易分解,放出 NO$_2$,变成橘红色。强酸,具有氧化性,溶解能力强且快。所有硝酸盐均易溶于水
	1.19	0.32	6	
硫酸 98.08	1.83~1.84	0.95~0.98	17.8~18.4	无色透明油状液体,与水互溶,并放出大量的热,故只能将硫酸慢慢地加入水中,否则会因暴沸溅出伤人。强酸。浓酸具有强氧化性和强脱水性。除碱土金属及铅的硫酸盐难溶于水外,其他硫酸盐一般都溶于水
	1.18	0.25	3	
磷酸 98.00	1.70	0.855	14.8	无色浆状液体,极易溶于水中。强酸。低温时腐蚀性弱,200~300℃时腐蚀性很强。强配位剂,很多难熔矿物均可被溶解。高温时脱水形成焦磷酸和聚磷酸
	1.05	0.09	1	
乙酸 60.054	1.05	0.99~0.998	17.4	无色液体,有强烈的刺激性的酸味。与水互溶,是常用的弱酸。当浓度达 99% 以上时(密度为 1.050g·mL^{-1}),凝固点为 14.8℃,称为冰乙酸,对皮肤有腐蚀作用
	1.04	0.34	6	
	1.02	0.12	2	

相对分子质量	密度 g·mL^{-1}	浓度		一般性质
		质量分数	c/mol·L^{-1}	
氨水 35.048	0.88~0.90	0.25~0.28	13.3~14.8	无色液体,有刺激性臭味。常用弱碱。易挥发,加热至沸时,NH$_3$可全部逸出。空气中NH$_3$达0.5%时,可使人中毒。室温较高时欲打开瓶塞,需用湿毛巾盖着,以免喷出伤人
	0.96	0.10	6	
浓氢氧化钠 40.01	商品溶液			白色固体,呈粒、块、棒状。易溶于水,并放出大量热。强碱,有强腐蚀性,对玻璃也有腐蚀性,故宜储存于带胶塞的瓶中。易溶于甲醇、乙醇
	1.54	0.505	19.4	
稀氢氧化钠	1.22	0.20	6	
浓氢氧化钾 56.104	商品溶液			
	1.535	52.05	14.2	

附录二 常用标准溶液的保存期限

标准溶液			保存期限(月)
名称	化学式	浓度/mol·L^{-1}	
各种酸溶液		各种浓度	3
氢氧化钠	NaOH	各种浓度	2
氢氧化钾乙醇溶液	KOH	0.1与0.5	0.25
硝酸银	AgNO$_3$	0.1	3
硫氰酸铵	NH$_4$SCN	0.1	3
高锰酸钾	KMnO$_4$	0.1	2
	KMnO$_4$	0.05	1
溴酸钾	KBrO$_3$	0.1	3
碘液	I$_2$	0.1	1
硫代硫酸钠	Na$_2$S$_2$O$_3$	0.1	3
	Na$_2$S$_2$O$_3$	0.05	2
硫酸亚铁	FeSO$_4$	0.1	3
	FeSO$_4$	0.05	3
亚硝酸钠	NaNO$_2$	0.1	0.5
亚砷酸钠	Na$_3$AsO$_3$	0.1	1
EDTA	Na$_2$H$_2$Y	各种浓度	3

附录三　某些酸、碱溶液的浓度和密度

一、酸

$w/\%$	HCl			H_2SO_4			HAc		
	d_4^{20}	$g \cdot L^{-1}$	$mol \cdot L^{-1}$	d_4^{20}	$g \cdot L^{-1}$	$mol \cdot L^{-1}$	d_4^{20}	$g \cdot L^{-1}$	$mol \cdot L^{-1}$
1	1.0032	10.03	0.2752	1.0051	10.05	0.1025	0.9996	9.996	0.1665
2	1.0082	20.16	0.5530	1.0118	20.24	0.2063	1.0012	20.02	0.3335
3	1.0132	30.40	0.8337	1.0184	30.55	0.3115	1.0025	30.08	0.5008
4	1.0181	40.72	1.117	1.0250	41.00	0.4180	1.0040	40.16	0.6688
5	1.0230	51.15	1.403	1.0317	51.59	0.5259	1.0055	50.28	0.8372
6	1.0279	61.67	1.692	1.0385	62.31	0.6353	1.0069	60.41	1.006
7	1.0327	72.29	1.983	1.0453	73.17	0.7460	1.0083	70.58	1.175
8	1.0376	83.01	2.277	1.0522	84.18	0.8582	1.0097	80.78	1.345
9	1.0425	93.82	2.573	1.0591	95.32	0.9718	1.0111	91.00	1.515
10	1.0474	104.7	2.873	1.0661	106.6	1.087	1.0125	101.3	1.686
11	1.0524	115.8	3.175	1.0731	118.0	1.204	1.0139	111.5	1.857
12	1.0574	126.9	3.480	1.0802	129.6	1.322	1.0154	121.8	2.029
13	1.0624	138.1	3.788	1.0874	141.4	1.441	1.0168	132.2	2.201
14	1.0675	149.5	4.099	1.0949	153.3	1.563	1.0182	142.5	2.374
15	1.0725	160.9	4.412	1.1020	165.3	1.685	1.0195	152.9	2.547
16	1.0776	172.4	4.729	1.1094	177.5	1.809	1.0209	163.3	2.720
17	1.0829	184.1	5.049	1.1168	189.9	1.936	1.0223	173.8	2.894
18	1.0878	195.8	5.370	1.1243	202.4	2.063	1.0236	184.2	3.068
19	1.0929	207.7	5.695	1.1318	215.0	2.193	1.0250	194.8	3.243
20	1.0980	219.6	6.023	1.1394	227.9	2.323	1.0263	205.3	3.418
21	1.1031	231.7	6.354	1.1471	240.9	2.456	1.0276	215.8	3.594
22	1.1083	243.8	6.687	1.1548	254.1	2.590	1.0288	226.3	3.769
23	1.1135	256.1	7.024	1.1626	267.4	2.726	1.0301	236.9	3.945
24	1.1187	268.5	7.364	1.1704	280.9	2.864	1.0313	247.5	4.122
25	1.1239	281.0	7.707	1.1783	294.6	3.003	1.0326	258.2	4.299

$w/\%$	HCl			H_2SO_4			HAc		
	d_4^{20}	$g \cdot L^{-1}$	$mol \cdot L^{-1}$	d_4^{20}	$g \cdot L^{-1}$	$mol \cdot L^{-1}$	d_4^{20}	$g \cdot L^{-1}$	$mol \cdot L^{-1}$
26	1.1290	293.5	8.051	1.1862	308.4	3.144	1.0338	268.8	4.476
27	1.1341	307.6	8.436	1.1942	322.4	3.287	1.0349	279.4	4.653
28	1.1392	319.0	8.749	1.2023	336.6	3.432	1.0361	290.1	4.831
29	1.1443	331.8	9.102	1.2104	351.0	3.579	1.0372	300.8	5.009
30	1.1492	344.8	9.456	1.2185	365.6	3.727	1.0384	311.5	5.188
31	1.1543	357.8	9.814	1.2267	380.3	3.877	1.0395	322.2	5.366
32	1.1593	371.0	10.17	1.2349	395.2	4.029	1.0406	333.0	5.545
33	1.1642	384.2	10.54	1.2432	410.3	4.183	1.0417	343.8	5.725
34	1.1691	397.5	10.90	1.2515	425.5	4.338	1.0428	354.6	5.904
35	1.1740	410.9	11.27	1.2599	441.0	4.496	1.0438	365.3	6.084
36	1.1789	424.4	11.64	1.2684	456.6	4.656	1.0449	376.2	6.264
37	1.1837	438.0	12.01	1.2729	471.0	4.802	1.0459	387.0	6.444
38	1.1885	451.6	12.39	1.2855	488.5	4.981	1.0469	397.8	6.625
39	1.1933	465.4	12.76	1.2941	504.7	5.146	1.0479	408.7	6.806
40	1.1980	479.2	13.14	1.3028	521.1	5.313	1.0488	419.5	6.986
42				1.3205	554.6	5.655	1.0507	441.3	7.349
44				1.3384	588.9	600.4	1.0525	463.1	7.712
45				1.3476	606.4	6.183	1.0534	474.0	7.894
46				1.3569	624.2	6.364	1.0542	484.9	8.075
48				1.3758	660.4	6.733	1.0559	506.8	8.440
50				1.3951	697.6	7.112	1.0575	528.8	8.805
52				1.4148	735.7	7.501	1.0590	550.7	9.170
54				1.4350	774.9	7.901	1.0604	572.6	9.537
55				1.4453	794.9	8.105	1.0611	583.6	9.719
56				1.4557	815.2	8.312	1.0618	594.6	9.902
58				1.4768	856.5	8.733	1.0631	616.6	10.27
60				1.4983	899.0	9.166	1.0642	638.5	10.63
62				1.5200	942.4	9.608	1.0653	660.5	11.00
64				1.5421	986.9	10.06	1.0662	682.4	11.36
65				1.5533	1010	10.29	1.0666	693.3	11.55
66				1.5646	1033	10.53	1.0671	704.3	11.73

续　表

w/%	HCl			H₂SO₄			HAc		
	d_4^{20}	g·L⁻¹	mol·L⁻¹	d_4^{20}	g·L⁻¹	mol·L⁻¹	d_4^{20}	g·L⁻¹	mol·L⁻¹
68				1.5874	1079	11.01	1.0678	726.1	12.09
70				1.6105	1127	11.49	1.0685	748.0	12.46
72				1.6338	1176	11.99	1.0690	769.7	12.82
74				1.6584	1227	12.51	1.0694	791.4	13.18
75				1.6692	1252	12.76	1.0696	802.2	13.36
76				1.6810	1278	13.03	1.0698	813.0	13.54
78				1.7043	1329	13.55	1.0700	834.6	13.90
80				1.7272	1382	14.09	1.0700	856.0	14.25
81				1.7383	1408	14.36	1.0699	866.7	14.43
82				1.7491	1434	14.62	1.0698	877.2	14.61
83				1.7594	1460	14.89	1.0696	887.8	14.78
84				1.7693	1486	15.15	1.0693	898.2	14.96
85				1.7786	1512	15.41	1.0689	908.6	15.13
86				1.7872	1537	15.67	1.0685	918.9	15.30
87				1.7951	1562	15.92	1.0680	929.2	15.47
88				1.8022	1586	16.17	1.0675	939.4	15.64
89				1.8087	1610	16.41	1.0668	984.9	15.81
90				1.8144	1633	16.65	1.0661	959.5	15.98
91				1.8195	1656	16.88	1.0652	969.3	16.14
92				1.8240	1678	17.11	1.0643	979.2	16.31
93				1.8279	1700	17.33	1.0632	988.8	16.47
94				1.8312	1721	17.55	1.0619	998.2	16.62
95				1.8337	1742	17.76	1.0605	1007	16.78
96				1.8355	1762	17.79	1.0588	1016	16.93
97				1.8364	1781	18.16	1.0570	1025	17.07
98				1.8361	1799	18.35	1.0549	1034	17.22
99				1.8342	1816	18.51	1.0524	1042	17.35
100				1.8305	1831	18.66	1.0489	1050	17.47

二、碱

w/%	NaOH			NH₃·H₂O			Na₂CO₃		
	d_4^{20}	g·L⁻¹	mol·L⁻¹	d_4^{20}	g·L⁻¹	mol·L⁻¹	d_4^{20}	g·L⁻¹	mol·L⁻¹
1	1.0095	10.10	0.2523	0.9939	9.939	0.5836	1.0086	10.09	0.09516
2	1.0207	20.41	0.5102	0.9895	19.79	1.162	1.0190	20.38	0.1923
3	1.0318	30.95	0.7737	0.9853	29.56	1.736	1.0291	30.88	0.2913
4	1.0428	41.71	1.043	0.9811	39.24	2.304	1.0398	41.59	0.3924
5	1.0538	52.69	1.317	0.9770	48.85	2.868	1.0501	52.51	0.4954
6	1.0648	63.89	1.597	0.9730	58.38	3.428	1.0606	63.64	0.6004
7	1.0758	75.31	1.882	0.9690	67.83	3.983	1.0711	74.98	0.7074
8	1.0869	86.95	2.173	0.9651	77.21	4.534	1.0816	86.53	0.8164
9	1.0979	98.81	2.470	0.9613	86.52	5.080	1.0911	98.20	0.9265
10	1.1089	110.9	2.772	0.9575	95.75	5.622	1.1029	110.3	1.041
11	1.1199	123.2	3.079	0.9538	104.9	6.161	1.1139	122.5	1.156
12	1.1309	135.7	3.392	0.9501	114.0	6.695	1.1244	134.9	1.273
13	1.1420	148.5	3.711	0.9465	123.0	7.225	1.1357	147.6	1.393
14	1.1530	161.4	4.034	0.9430	132.0	7.752	1.1463	160.5	1.514
15	1.1641	174.6	4.364	0.9396	140.9	8.276	1.1571	173.6	1.637
16	1.1751	188.0	4.699	0.9362	149.8	8.976	1.1682	186.9	1.763
17	1.1862	201.7	5.040	0.9328	158.6	9.312			
18	1.1972	215.5	5.386	0.9295	167.3	9.824	1.1905	214.3	2.022
19	1.2082	229.6	5.738	0.9262	176.0	10.33			
20	1.2191	243.8	6.094	0.9229	184.6	10.84	1.2132	242.6	2.289
21	1.2301	258.3	6.456	0.9196	193.1	11.34			
22	1.2411	273.0	6.824	0.9164	201.6	11.84			
23	1.2520	288.0	7.197	0.9132	210.0	12.33			
24	1.2629	303.1	7.576	0.9101	218.4	12.83			
25	1.2739	318.5	7.960	0.9070	226.8	13.31			
26	1.2848	334.0	8.349	0.9040	235.0	13.80			
27	1.2956	349.8	8.743	0.9010	243.3	14.28			
28	1.3064	365.8	9.143	0.8980	251.4	14.76			
29	1.3172	382.0	9.547	0.8950	259.6	15.24			
30	1.3279	398.4	9.957	0.8920	267.6	15.71			

续 表

$w/\%$	NaOH			NH₃·H₂O			Na₂CO₃		
	d_4^{20}	g·L⁻¹	mol·L⁻¹	d_4^{20}	g·L⁻¹	mol·L⁻¹	d_4^{20}	g·L⁻¹	mol·L⁻¹
31	1.3385	414.9	10.37						
32	1.3490	431.7	10.79						
33	1.3593	448.6	11.21						
34	1.3696	465.7	11.64						
35	1.3798	482.9	12.07						
36	1.3900	500.4	12.51						
37	1.4001	518.0	12.95						
38	1.4101	535.8	13.39						
39	1.4201	553.8	13.84						
40	1.4300	572.0	14.30						
41	1.4397	590.3	14.76						
42	1.4494	608.7	15.21						
43	1.4590	627.4	15.68						
44	1.4685	646.1	16.15						
45	1.4779	665.1	16.62						
46	1.4873	684.2	17.10						
47	1.4969	703.5	17.59						
48	1.5065	723.1	18.07						
49	1.5159	742.8	18.57						
50	1.5253	762.7	19.06						

附录四　洗涤玻璃仪器的洗液

溶液	配制方法	使用范围
铬酸洗液	20g 研细的 $K_2Cr_2O_7$ 溶于加热搅拌的 40g 水中,再慢慢地加入到 360g 浓硫酸中,浓度为 5%	用于除去油污
酸性高锰酸钾洗液	4g $KMnO_4$ 溶于水中,加入 100mL 10% H_2SO_4 溶液	适于洗涤油腻及有机物;洗后玻璃器皿上留有的 MnO_2 沉淀可用浓盐酸或 Na_2SO_3 溶液处理

溶液	配制方法	使用范围
硝酸—过氧化氢洗液	15%～20%硝酸和5%过氧化氢	洗涤特别顽固的化学污物
碱性高锰酸钾洗液	4g KMnO$_4$溶于水中,加入10g KOH,用水稀释至100mL	用于清洗油污或其他有机物质
碱性乙醇溶液	6g NaOH溶于6mL水中,再加50mL 95%乙醇,贮于胶塞玻璃瓶中(久贮易失效)	用于洗涤油脂、焦油、树脂玷污的仪器;遇水分解
磷酸钠洗液	57g磷酸钠和28.5g油酸钠,溶于470mL水中	用于洗涤残炭
草酸洗液	5～10g草酸溶于100mL水中,加入少量浓盐酸	用于洗涤KMnO$_4$洗后产生的MnO$_2$
碘—碘化钾洗液	1g碘和2g碘化钾溶于水中,用水稀释至100mL	用于洗涤AgNO$_3$黑褐色残留污物
(1∶1)盐酸或(1∶1)硝酸	等体积盐酸(或硝酸)与水混合	用于洗去碱性物质及大多数无机物残渣

附录五　一些常见弱电解质在水中的解离常数

一、弱酸的解离常数(近似浓度 0.003～0.01mol·L^{-1},温度 298K)

弱酸	名称及化学式	$K^{\ominus}$	p$K^{\ominus}$
无机一元酸	氢氰酸(HCN)	6.2×10^{-10}	9.21
	氢氟酸(HF)	6.8×10^{-4}	3.17
	次氯酸(HClO)	4.69×10^{-11}	10.33
	亚硝酸(HNO$_2$)	7.1×10^{-4}	3.15
无机多元酸	碳酸(H$_2$CO$_3$)	$4.3\times10^{-7}(K^{\ominus}_{a1})$	6.38
		$5.6\times10^{-11}(K^{\ominus}_{a2})$	10.25
	氢硫酸(H$_2$S)	$9.5\times10^{-8}(K^{\ominus}_{a1})$	7.02
		$1.3\times10^{-14}(K^{\ominus}_{a2})$	13.9
	硫酸(H$_2$SO$_4$)	$1.02\times10^{-2}(K^{\ominus}_{a2})$	1.99
	亚硫酸(H$_2$SO$_3$)	$1.23\times10^{-2}(K^{\ominus}_{a1})$	1.91
		$5.6\times10^{-8}(K^{\ominus}_{a2})$	7.18

续　表

弱酸	名称及化学式	$K^{\ominus}$	$pK^{\ominus}$
	硫代硫酸($H_2S_2O_3$)	$0.25(K_{a1}^{\ominus})$	0.60
		$1.9\times10^{-2}(K_{a1}^{\ominus})$	1.72
	过氧化氢(H_2O_2)	$2.2\times10^{-12}(K_{a1}^{\ominus})$	11.65
	硼酸(H_3BO_3)	$5.8\times10^{-10}(K_{a1}^{\ominus})$	9.24
	磷酸(H_3PO_4)	$7.11\times10^{-3}(K_{a1}^{\ominus})$	2.18
		$6.23\times10^{-8}(K_{a2}^{\ominus})$	7.20
		$4.5\times10^{-13}(K_{a3}^{\ominus})$	12.35
有机一元酸	甲酸(HCOOH)	1.80×10^{-4}	3.75
	乙酸(CH_3COOH)	1.75×10^{-5}	4.76
	苯甲酸(C_6H_5COOH)	6.28×10^{-5}	4.20
	苯酚(C_6H_5OH)	1.0×10^{-10}	9.98
	乳酸($CH_3CH(OH)COOH$)	1.38×10^{-4}	3.86
有机多元酸	草酸($H_2C_2O_4$)	$5.60\times10^{-2}(K_{a1}^{\ominus})$	1.25
		$5.42\times^{-5}(K_{a2}^{\ominus})$	4.27
	抗坏血酸($C_6H_8O_6$)	$9.1\times10^{-5}(K_{a1}^{\ominus})$	4.04
		$4.6\times10^{-12}(K_{a2}^{\ominus})$	11.34
	酒石酸($H_2C_4H_4O_6$)	$9.20\times10^{-4}(K_{a1}^{\ominus})$	3.04
		$4.31\times10^{-5}(K_{a2}^{\ominus})$	4.37
	邻苯二甲酸($C_6H_4(COOH)_2$)	$1.12\times10^{-3}(K_{a1}^{\ominus})$	2.95
		$3.91\times10^{-6}(K_{a2}^{\ominus})$	5.41
	对氨基苯磺酸($H_2NC_6H_4SO_3H$)	5.9×10^{-4}	3.23
	水杨酸($C_6H_4OHCOOH$)	$1.0\times10^{-3}(K_{a1}^{\ominus})$	2.98
		$2.2\times10^{-14}(K_{a2}^{\ominus})$	13.66
	乙酰水杨酸($CH_3COO\text{-}C_6H_4COOH$)	$1.05\times10^{-3}(K_{a1}^{\ominus})$	2.98
	柠檬酸($C_6H_4(OH)(COOH)_3$)	$7.44\times10^{-4}(K_{a1}^{\ominus})$	3.13
		$1.73\times10^{-5}(K_{a2}^{\ominus})$	4.76
		$4.02\times10^{-7}(K_{a3}^{\ominus})$	6.40
	乙二胺四乙酸(H_4Y)	$1.0\times10^{-2}(K_{a1}^{\ominus})$	1.99
		$2.14\times10^{-3}(K_{a2}^{\ominus})$	2.67
		$6.92\times10^{-7}(K_{a3}^{\ominus})$	6.16
		$5.5\times10^{-11}(K_{a4}^{\ominus})$	10.26

二、弱碱的解离常数（近似浓度 0.003～0.01，温度 298K）

名称	化学式	$K^{\ominus}$	$pK^{\ominus}$
氨水	NH_3	1.78×10^{-5}	4.76
氢氧化钙	$Ca(OH)_2$	$4.0\times10^{-2}(K_{b2}^{\ominus})$	1.40
氢氧化铅	$Pb(OH)_2$	$9.55\times10^{-4}(K_{b1}^{\ominus})$	3.02
		$3.0\times10^{-8}(K_{b2}^{\ominus})$	7.52
氢氧化锌	$Zn(OH)_2$	9.55×10^{-4}	3.02
羟胺	NH_2OH	9.12×10^{-9}	8.04
甲胺	CH_3NH_2	4.17×10^{-4}	3.38
乙胺	$C_2H_5NH_2$	4.27×10^{-4}	3.37
乙二胺	$H_2NCH_2CH_2NH_2$	$8.51\times10^{-5}(K_{b1}^{\ominus})$	4.07
		$7.08\times10^{-8}(K_{b2}^{\ominus})$	7.15
尿素	$CO(NH_2)_2$	1.5×10^{-14}	13.82
三乙醇胺	$(HOCH_2CH_2)_3N$	5.75×10^{-7}	6.24
邻二氮菲	$C_{12}H_8N_2$	9.1×10^{-10}	9.04
六亚甲基四胺	$(CH_2)_6N_4$	1.35×10^{-9}	8.87

附录六 pH 标准缓冲溶液的配制方法

pH 基准试剂		干燥条件	浓度 /mol·L^{-1}	配 制	pH 标准值 298K
名称	化学式			方 法	
草酸三氢钾	$KH_3(C_2O_4)_2$ ·$2H_2O$	$330\pm2℃$，烘 4～5h	0.05	12.61g $KH_3(C_2O_4)_2$·$2H_2O$ 溶于水后，转入1L 容量瓶中，定容，摇匀	1.68 ± 0.01
酒石酸氢钾	$KHC_4H_4O_6$		饱和溶液	控制温度在 296～300K，过量的酒石酸氢钾（大于 $6.4g·L^{-1}$）和水剧烈振摇 20～30min	3.56 ± 0.01
邻苯二甲酸氢钾	$KHC_8H_4O_4$	$378\pm5℃$，烘 2h	0.05	10.12g $KHC_8H_4O_4$ 用水溶解后转入 1L 容量瓶中定容，摇匀	4.00 ± 0.01
磷酸氢二钠-磷酸二氢钾	Na_2HPO_4 KH_2PO_4	383～393℃ 烘 2～3h	0.025 0.025	3.533g Na_2HPO_4 和 3.387g KH_2PO_4 用水溶解后转入1L 容量瓶中定容，摇匀	6.86 ± 0.01
四硼酸钠	$Na_2B_4O_7$· $10H_2O$	在氯化钠和蔗糖饱和溶液中干燥至恒重	0.01	3.80g 溶于水后，转入 1L 容量瓶中定容，摇匀	9.18 ± 0.01
氢氧化钙	$Ca(OH)_2$		饱和溶液	控制温度在 296～300K，过量氢氧化钙（大于 $2g·L^{-1}$）和水剧烈振摇 20～30min	12.46 ± 0.01

附录七　实验室常用的各种指示剂

一、酸碱指示剂

指示剂名称	pH 变色范围	酸色	碱色	变色点 pH	配制方法
百里酚蓝（第一变色范围）	1.2～2.8	红	黄	1.65	0.1g 指示剂溶 100mL 20％乙醇中
茜素黄 R（第一变色范围）	1.9～3.3	红	黄	2.46	0.1％水溶液
甲基橙	3.1～4.4	红	黄	3.40	0.1％水溶液
溴酚蓝	3.0～4.6	黄	蓝	3.85	0.1g 溶于 7.45mL 0.02mol·L^{-1} NaOH，用水稀释成 250mL
溴甲酚绿	3.8～5.4	黄	蓝	4.68	0.1g 溶于 7.15mL 0.02mol·L^{-1} NaOH，用水稀释成 250mL
甲基红	4.4～6.2	红	黄	5.00	0.1g 或 0.2g 指示剂溶于 100mL 60％乙醇
溴酚红	5.2～6.8	黄	红	6.25	0.1g 或 0.04g 指示剂溶于 100mL 20％乙醇
溴百里酚蓝	6.0～7.6	黄	蓝	7.1	0.05g 指示剂溶于 100mL 50％乙醇
中性红	6.8～8.0	红	亮黄	7.4	0.1g 指示剂溶于 100mL 60％乙醇
甲酚红	7.2～8.8	黄	红	8.2	0.1g 指示剂溶 100mL 20％乙醇
百里酚蓝（第二变色范围）	8.0～9.6	黄	蓝	8.90	0.1g 指示剂溶于 100mL 20％乙醇
酚酞	8.0～10.0	无色	紫红	9.4	1g 酚酞溶于 100mL 90％乙醇
茜素黄 R（第二变色范围）	10.1～12.1	黄	淡紫	11.16	0.1％水溶液

二、混合酸碱指示剂

指示剂溶液的组成	变色点 pH	酸色	碱色	备注
1 份 0.1％甲基黄乙醇溶液 1 份 0.1％亚甲基蓝乙醇溶液	3.25	蓝紫	绿	pH3.2 为蓝紫色 pH3.4 为绿色
4 份 0.2％溴甲酚绿钠盐水溶液 1 份 0.2％甲基黄乙醇溶液	3.9	橙	绿	
1 份 0.1％甲基橙水溶液 1 份 0.25％靛蓝二磺酸乙醇溶液	4.1	紫	黄绿	pH4.1 为灰色

指示剂溶液的组成	变色点pH	酸色	碱色	备注
1份0.1%溴百里酚绿钠盐水溶液 1份0.2%甲基橙水溶液	4.3	黄	蓝绿	pH3.5为黄色 pH4.0为黄绿色 pH4.3为绿色
3份0.1%溴甲酚绿乙醇溶液 1份0.2%甲基红乙醇溶液	5.1	酒红	绿	颜色变化极为显著
1份0.2%甲基红乙醇溶液 1份0.1%亚甲基蓝乙醇溶液	5.4	红紫	绿	pH5.2为红紫色 pH5.4为暗绿色 pH5.6为绿色
1份0.1%溴甲酚绿钠盐水溶液 1份0.1%氯酚红钠盐水溶液	6.1	黄绿	蓝紫	pH5.4为蓝绿色 pH5.8为蓝色 pH6.2为蓝紫色
1份0.1%溴甲酚紫钠盐水溶液 1份0.1%溴百里酚蓝钠盐水溶液	6.7	黄	蓝紫	pH6.2为黄紫色 pH6.6为紫色 pH6.8为蓝紫色
1份0.1%中性红乙醇溶液 1份0.1%亚甲基蓝乙醇溶液	7.0	蓝紫	绿	pH7.0为蓝紫色
1份0.1%溴百里酚蓝钠盐水溶液 1份0.1%酚红钠盐水溶液	7.5	黄	紫	pH7.2为暗绿色 pH7.4为淡紫色 pH7.6为深紫色
1份0.1%甲酚红50%乙醇溶液 6份0.1%百里酚蓝50%乙醇溶液	8.3	黄	紫	pH8.2为玫瑰色 pH8.4为紫色 变色点微红色
1份0.1%酚酞乙醇溶液 12份0.1%甲基绿乙醇溶液	8.9	绿	紫	pH8.8为浅蓝色 pH9.0为紫色
1份0.1%酚酞乙醇溶液 1份0.1%百里酚乙醇溶液	9.9	无	紫	pH9.6为玫瑰色 pH10.0为紫色

三、氧化还原指示剂

指示剂名称	$\varphi^{\ominus}/V$ $c(H^+)=1mol \cdot L^{-1}$	颜　色		配制方法
		氧化态	还原态	
中性红	0.24	红	无色	0.05%的60%乙醇溶液
亚甲基蓝	0.36	蓝	无色	0.05%水溶液
二苯胺	0.76	紫	无色	1%的浓H_2SO_4溶液
二苯胺磺酸钠	0.85	紫红	无色	0.5%的水溶液,必要时过滤
N-邻苯氨基苯甲酸	1.08	紫红	无色	0.1g指示剂加20mL 5% NaOH溶液,用水稀释至100mL
邻二氮菲-Fe(Ⅱ)	1.06	浅蓝	红	1.485g邻二氮菲加0.965g $FeSO_4$,溶于100mL水中

四、配位指示剂

指示剂名称	解离平衡和颜色变化	配制方法
铬黑 T(EBT)	$H_2In^- \xrightleftharpoons{pK_{a2}^{\ominus}=6.3} HIn^{2-} \xrightleftharpoons{pK_{a3}^{\ominus}=11.5} In^{3-}$ 紫红色　　　　　蓝色　　　　　橙色	1. 0.5%水溶液 2. 与 NaCl 按 1∶100(质量比)混合
二甲酚橙(XO)	$H_3In^{4-} \xrightleftharpoons{pK_{a3}^{\ominus}=11.5} HIn^{5-}$ 黄色　　　　　蓝色	0.2%水溶液
钙指示剂	$H_2In^- \xrightleftharpoons{pK_{a2}^{\ominus}=9.4} HIn^{2-} \xrightleftharpoons{pK_{a3}^{\ominus}=13.5} In^{3-}$ 酒红色　　　　　蓝色　　　　　淡橙色	0.5%的乙醇溶液
钙镁试剂	$H_2In^- \xrightleftharpoons{pK_{a2}^{\ominus}=8.1} HIn^{2-} \xrightleftharpoons{pK_{a3}^{\ominus}=12.4} In^{3-}$ 红色　　　　　蓝色　　　　　红橙色	0.5%水溶液
磺基水杨酸	$H_2In^- \xrightleftharpoons{pK_{a2}^{\ominus}=2.7} HIn^{2-} \xrightleftharpoons{pK_{a3}^{\ominus}=13.1} In^{3-}$ 无色	1%或10%的水溶液

附录八　滴定分析常用的基准物质

基准物		干燥后的组成	干燥条件	标定对象
名称	化学式			
无水碳酸钠	Na_2CO_3	Na_2CO_3	270~300℃	酸
碳酸钾	K_2CO_3	K_2CO_3	270~300℃	酸
硼砂	$Na_2B_4O_7 \cdot 10H_2O$	$Na_2B_4O_7 \cdot 10H_2O$	置于盛有 NaCl、蔗糖 饱和溶液的密闭容器中	酸
邻苯二甲酸氢钾	$KHC_8H_4O_4$	$KHC_8H_4O_4$	110~120℃	碱
二水草酸	$H_2C_2O_4 \cdot 2H_2O$	$H_2C_2O_4 \cdot 2H_2O$	室温空气干燥	碱,$KMnO_4$
草酸钠	$Na_2C_2O_4$	$Na_2C_2O_4$	130℃	氧化剂
三氧化二砷	As_2O_3	As_2O_3	室温干燥器中保存	氧化剂
重铬酸钾	$K_2Cr_2O_7$	$K_2Cr_2O_7$	140~150℃	还原剂
溴酸钾	$KBrO_3$	$KBrO_3$	130℃	还原剂
碘酸钾	KIO_3	KIO_3	130℃	还原剂
铜	Cu	Cu	室温干燥器中保存	EDTA,还原剂

基准物		干燥后的组成	干燥条件	标定对象
名称	化学式			
锌	Zn	Zn	室温干燥器中保存	EDTA
氧化锌	ZnO	ZnO	900～1000℃	EDTA
碳酸钙	$CaCO_3$	CaO	110℃	EDTA
硝酸银	$AgNO_3$	$AgNO_3$	110℃	氯化物
氯化钠	NaCl	NaCl	500～600℃	$AgNO_3$
氯化钾	KCl	KCl	500～600℃	$AgNO_3$

附录九 国际相对原子质量表

序数	名称	符号	相对原子质量	序数	名称	符号	相对原子质量
1	氢	H	1.0079	53	碘	I	126.9
2	氦	He	4.0026	54	氙	Xe	131.29
3	锂	Li	6.941	55	铯	Cs	132.91
4	铍	Be	9.0122	56	钡	Ba	137.33
5	硼	B	10.811	57	镧	La	138.91
6	碳	C	12.011	58	铈	Ce	140.12
7	氮	N	14.007	59	镨	Pr	140.91
8	氧	O	15.999	60	钕	Nd	144.24
9	氟	F	18.998	61	钷	Pm	144.91★
10	氖	Ne	20.18	62	钐	Sm	150.36
11	钠	Na	22.99	63	铕	Eu	151.96
12	镁	Mg	24.305	64	钆	Gd	157.25
13	铝	Al	26.982	65	铽	Tb	158.93
14	硅	Si	28.086	66	镝	Dy	162.50
15	磷	P	30.974	67	钬	Ho	164.93
16	硫	S	32.066	68	铒	Er	167.26
17	氯	Cl	35.453	69	铥	Tm	168.934
18	氩	Ar	39.948	70	镱	Yb	173.04
19	钾	K	39.098	71	镥	Lu	174.97
20	钙	Ca	40.078	72	铪	Hf	178.49

续 表

序数	名称	符号	相对原子质量	序数	名称	符号	相对原子质量
21	钪	Sc	44.956	73	钽	Ta	180.95
22	钛	Ti	47.867	74	钨	W	183.84
23	钒	V	50.942	75	铼	Re	186.21
24	铬	Cr	51.996	76	锇	Os	190.23
25	锰	Mn	54.938	77	铱	Ir	192.22
26	铁	Fe	55.845	78	铂	Pt	195.08
27	钴	Co	58.993	79	金	Au	196.97
28	镍	Ni	58.693	80	汞	Hg	200.59
29	铜	Cu	63.546	81	铊	Tl	204.38
30	锌	Zn	65.39	82	铅	Pb	207.20
31	镓	Ga	69.723	83	铋	Bi	208.98
32	锗	Ge	72.61	84	钋	Po	208.98
33	砷	As	74.922	85	砹	At	209.99
34	硒	Se	78.96	86	氡	Rn	222.02
35	溴	Br	79.904	87	钫	Fr	223.02★
36	氪	Kr	83.798	88	镭	Ra	226.03★
37	铷	Rb	85.468	89	锕	Ac	227.03★
38	锶	Sr	87.62	90	钍	Th	232.04
39	钇	Y	88.906	91	镤	Pa	231.04
40	锆	Zr	91.224	92	铀	U	238.03
41	铌	Nb	92.906	93	镎	Np	237.05★
42	钼	Mo	95.94	94	钚	Pu	244.06★
43	锝	Tc	97.907★	95	镅	Am	243.06★
44	钌	Ru	101.07	96	锔	Cm	247.07★
45	铑	Rh	102.91	97	锫	Bk	247.07★
46	钯	Pd	106.42	98	锎	Cf	251.08★
47	银	Ag	107.87	99	锿	Es	252.08★
48	镉	Cd	112.41	100	镄	Fm	257.10★
49	铟	In	114.82	101	钔	Md	258.10★
50	锡	Sn	118.71	102	锘	No	259.10★
51	锑	Sb	121.76	103	铹	Lr	262.11★
52	碲	Te	127.6	104	𬬻	Rf	261.11★

注:1. 表中数据由 IUPAC1995 年提供的五位有效数字相对原子质量数据得来。

(2)右上角有★的表示半衰期最长的同位素的相对原子质量。

附录十 常用化合物的摩尔质量

化合物	M /mol·L^{-1}	化合物	M /mol·L^{-1}	化合物	M /mol·L^{-1}
AgBr	187.77	$(NH_4)_2C_2O_4$	124.10	$H_2C_2O_4$	90.04
AgCl	143.32	CaC_2O_4	128.10	$H_2C_2O_4 \cdot 2H_2O$	126.07
AgCN	133.89	$CaCl_2$	110.99	$H_2C_4H_4O_6$	150.09
Ag_2CO_3	275.75	$CaCl_2 \cdot 6H_2O$	219.08	$H_3C_6H_5O_7 \cdot H_2O$ （柠檬酸）	210.14
AgSCN	165.95	CaF_2	78.08		
Ag_2CrO_4	331.73	$Ca(NO_3)_2 \cdot 4H_2O$	236.15	$H_2C_4H_4O_5$ （苹果酸）	134.09
AgI	234.77	$Ca(OH)_2$	74.09		
$AgNO_3$	169.87	$Ca_3(PO_4)_2$	310.18	HCl	36.46
$AlCl_3$	133.34	$CaSO_4$	136.14	HF	20.01
$AlCl_3 \cdot 6H_2O$	241.43	$Ce(SO_4)_2$	332.24	HI	127.91
Al_2O_3	101.96	$CoCl_2$	129.84	HIO_3	175.91
$Al_2(SO_4)_3$	342.14	$CoSO_4$	154.99	HNO_2	47.01
As_2O_3	197.84	$CrCl_3 \cdot 6H_2O$	266.45	HNO_3	63.01
As_2O_5	229.84	$CuCl_2$	134.45	H_2O	18.015
$BaCO_3$	197.34	$Cu(NO_3)_2$	187.56	H_2O_2	34.02
BaC_2O_4	225.35	Cu_2O	143.09	H_3PO_4	98.00
$BaCl_2$	208.24	CuO	79.54	H_2S	34.08
$BaCrO_4$	253.32	CuS	95.61	H_2SO_3	82.07
BaO	153.33	$CuSO_4$	159.61	H_2SO_4	98.07
$Ba(OH)_2$	171.34	$CuSO_4 \cdot 5H_2O$	249.68	$HgCl_2$	271.50
$BaSO_4$	233.39	$FeCl_2$	126.75	Hg_2Cl_2	472.09
CCl_4	153.81	$FeCl_3$	162.21	$KAl(SO_4)_2 \cdot 12H_2O$	474.38
CH_3COOH	60.05	$FeCl_3 \cdot 6H_2O$	270.30	KBr	119.01
$(CH_3CO)_2O$	102.09	$Fe(NO_3)_3$	241.86	$KBrO_3$	167.01
C_6H_5OH	94.113	FeO	71.85	KCl	74.56
$C_{14}H_{14}N_3O_3SNa$ （甲基橙）	327.33	Fe_2O_3	159.69	$KClO_3$	122.55
		Fe_3O_4	231.54	$KClO_4$	138.55
$(CH_2)_6N_4$ （六亚甲基四胺）	140.19	$Fe(OH)_3$	106.87	KCN	65.12
		FeS	87.91	KSCN	97.18

续 表

化合物	M /mol·L^{-1}	化合物	M /mol·L^{-1}	化合物	M /mol·L^{-1}
$C_7H_6O_6S·2H_2O$（磺基水杨酸）	254.22	$FeSO_4$	151.91	K_2CO_3	138.21
		$FeSO_4·7H_2O$	278.01	K_2CrO_4	194.19
C_9H_6NOH（8-羟基喹啉）	145.16	$Fe(NH_4)_2(SO_4)_2$	284.02	$K_2Cr_2O_7$	294.18
		$Fe(NH_4)_2(SO_4)_2·6H_2O$	392.14	$KFe(SO_4)_2·12H_2O$	503.24
$C_{12}H_8N_2·H_2O$（邻菲咯啉）	198.22	$FeNH_4(SO_4)_2·12H_2O$	482.18	$KHC_2O_4·H_2O$	146.14
		HBr	80.91	$KHC_2O_4·H_2C_2O_4·2H_2O$	254.19
CO	28.01	H_3BO_3	61.83	$KHC_4H_4O_6$（酒石酸氢钾）	188.18
CO_2	44.01	$HCHO$	30.03		
$CO(NH_2)_2$（尿素）	60.06	HCN	27.03	$KHC_8H_4O_4$（邻苯二甲酸氢钾）	204.22
CaF_2	78.08	$HCOOH$	46.03		
CaO	56.08	H_2CO_3	62.02	$KHSO_4$	136.16
$CaCO_3$	100.09	NH_4NO_3	80.04	$Na_2HPO_4·12H_2O$	358.14
KI	166.00	$(NH_4)_2SO_4$	132.13	Na_3PO_4	163.94
KIO_3	214.00	$Na_2B_4O_7$	201.22	$Na_3PO_4·12H_2O$	380.12
$KMnO_4$	158.03	$Na_2B_4O_7·10H_2O$	381.37	Na_2S	78.04
$KNaC_4H_4O_6·4H_2O$（酒石酸钾钠）	282.22	$NaBr$	102.89	Na_2SO_3	126.04
		Na_2CO_3	105.99	Na_2SO_4	142.04
KNO_3	101.1	$Na_2C_2O_4$	134.00	$Na_2S_2O_3$	158.10
KNO_2	85.10	CH_3COONa	82.03	$Na_2S_2O_3·5H_2O$	248.17
KOH	56.11	$CH_3COONa·3H_2O$	136.08	P_2O_5	141.95
K_2SO_4	174.25	$Na_3C_6H_5O_7$（柠檬酸钠）	258.07	$Pb(CH_3COO)_2$	325.29
$MgCO_3$	84.31			PbO	223.20
$MgCl_2$	95.21	$NaCl$	58.44	PbO_2	239.20
$MgNH_4PO_4$	137.32	$NaClO$	74.44	$PbSO_4$	303.30
MgO	40.3	$NaHCO_3$	84.01	SO_2	64.06
$Mg(OH)_2$	58.32	Na_2H_2Y	336.21	SO_3	80.06
$MgSO_4·7H_2O$	246.47	$Na_2H_2Y·2H_2O$	372.24	$ZnCO_3$	125.39
MnO_2	86.94	$NaNO_2$	69.00	ZnC_2O_4	153.40
$MnSO_4$	151.00	$NaNO_3$	85.00	$ZnCl_2$	136.29
NO	30.01	$NaOH$	40.00	$Zn(NO_3)_2$	189.39
NO_2	46.01	NaH_2PO_4	119.98	ZnO	81.38
$NH_2OH·HCl$	69.49	$NaH_2PO_4·H_2O$	137.99	$ZnSO_4$	161.54
NH_4Cl	53.49	Na_2HPO_4	141.96	$ZnSO_4·7H_2O$	287.55

附录十一 某些试剂溶液的配制方法

试剂名称	浓 度	配 制 方 法
Na_2CO_3	饱和溶液	40g Na_2CO_3 溶于 250mL 水中
NH_3-NH_4Cl	pH=10.0	54g NH_4Cl 溶于水中,加 350mL 浓氨水,稀释至 1L
溴水	饱和溶液	50g(约 16mL)液溴注入盛有 1L 水的磨口瓶中,剧烈振荡 2h。每次振荡后将塞子微开,放出溴蒸气。将清液倒入试剂瓶中备用
I_2-KI 溶液(碘水)	0.01mol·L^{-1}	2.5g 碘和 5g KI 加入尽可能少的水中,搅拌至碘完全溶解,加水稀释至 1L
Fe^{3+} 标准溶液	0.01mol·L^{-1}	0.0216g $NH_4Fe(SO_4)_2$·$12H_2O$ 溶于少量不含氧的去离子水中,加 1mL 浓 H_2SO_4,将溶液转入 250mL 容量瓶中,用去离子水定容,摇匀
$(NH_4)_2MoO_4$-H_2SO_4 混合溶液		溶解 25g $(NH_4)_2MoO_4$ 于 200mL 水中,加入 280mL 浓 H_2SO_4 和 400mL 水相混合的冷却溶液中,稀释至 1L
镁试剂	0.001%	0.01g 镁试剂(对硝基苯偶氮间苯二酚)溶于 1L 1mol·L^{-1} NaOH 溶液中
$SnCl_2$ 甘油溶液		将 2.5g $SnCl_2$·$2H_2O$ 溶于 100mL 甘油中
铬黑 T	1g·L^{-1}	0.1g 铬黑 T 溶于 75mL 三乙醇胺及 25mL 无水乙醇中
钙指示剂		0.2g 钙指示剂溶于 100mL 水中
淀粉溶液	1%	1g 淀粉和少量水调成糊状,倒入 100mL 沸水中,煮沸 2~3min 使之透明,冷却即可
邻菲咯啉	0.25%	0.25g 邻菲咯啉溶于 100mL 水中
卢卡斯试剂		135g 无水 $ZnCl_2$ 在蒸发皿中强烈熔融,不断用玻棒搅拌,使之凝固成小块,稍冷,放在干燥器中冷却至室温,取出溶于 90mL 浓 HCl,搅动,同时把容器放在冰水浴中冷却,以防逸出 HCl。卢卡斯试剂需在使用前临时配制。
斐林溶液		I 液:34.64g $CuSO_4$·$5H_2O$ 溶于水中,稀释至 500mL II 液:173g $KNaC_4H_4O_6$·$4H_2O$ 和 50g NaOH 溶于水中,稀释至 500mL。用时将 I 液和 II 液等体积混合。
2,4-二硝基苯肼		0.25g 2,4-二硝基苯肼溶于 HCl 溶液(42mL 浓 HCl 加 50mL 水),加热溶解,冷却后稀释至 250mL
苯肼		4mL 苯肼溶于 4mL 冰乙酸,加水 36mL,再加入 0.5g 活性炭过滤(如无色可不脱色),装入有色瓶中
α-萘胺溶液	0.12%	0.3g α-萘胺溶于 20mL 水,加热煮沸后,在所得溶液中加入 150mL 2mol·L^{-1} HAc

续　表

试剂名称	浓　度	配　制　方　法
α-萘酚乙醇溶液		10g α-萘酚溶于 100mL 95% 乙醇中,再用 95% 乙醇稀释至 500mL,贮存于棕色瓶中。一般在临用前配制。
β-萘酚溶液		50g β-萘酚溶于 500mL 5% NaOH 溶液中
茚三酮溶液	0.1%	0.4g 茚三酮溶于 500mL 95% 乙醇中,用时新配
蛋白质溶液		25mL 蛋清,加 100~150mL 蒸馏水,搅拌,混匀后,用 3~4 层纱布过滤

附录十二　一些有机化合物的物理常数

名称	摩尔质量/mol·L^{-1}	密度/g·cm^{-3}	熔点/℃	沸点/℃	折光率
苯	78.12	0.8786	5.5	80.1	1.5011
甲苯	92.15	0.8669	-95	110.6	1.4961
二氯甲烷	84.93	1.3266	-95.1	40	1.4242
氯仿	119.38	1.4832	-63.3	61.7	1.4459
正氯丁烷	92.57	0.8862	-123.1	78.44	1.4021
甲醇	32.04	0.7914	-93.9	64.96	1.3288
乙醇	46.07	0.7893	-117.3	78.5	1.3611
正丁醇	74.12	0.8098	-89.53	117.25	1.3993
叔丁醇	74.12	0.7887	25.5	82.5	1.3878
苯甲醇	108.15	1.0419	-15.3	205.35	1.5396
对苯二酚	110.11	1.328	173	285	
α-萘酚	144.19	1.224	96	278	1.6026
β-萘酚	144.19	1.217	121.6	285	
甘油	92.11	1.2613	20	290 分解	1.4746
乙醚	74.12	0.7138	-116.2	34.51	1.3526
甲醛溶液	30.03	1.081~1.085	96		1.3746
乙醛(40%)	44.05	0.788	-123.5 纯品	20.8	1.3316
丙酮	58.08	0.7899	-95.35	56.2	1.3588
甲酸	46.03	1.220	8.4	100.7	1.3714
乙酸	60.05	1.0492	16.61	117.9	1.3716
乙酸酐	102.09	1.080	-73	139	1.3904

名称	摩尔质量/mol·L⁻¹	密度/g·cm⁻³	熔点/℃	沸点/℃	折光率
苯甲酸	122.13	1.2659	122.4	249.2	1.504
乙酸乙酯	88.12	0.9003	−83.58	77.06	1.3723
乙酰胺	59.07	1.1590	82.3	221.2	1.4278
尿素	60.06	1.3230	135	分解	1.484
水杨酸	138.12	1.44	157～159	211/2.666kPa	
乙酰水杨酸	180.16	1.40	135	分解	
硝基苯	123.11	1.2037	5.7	210.9	1.5562
苯胺	93.13	1.0217	−6.3	184.13	1.5863
二乙胺	73.14	0.7056	−48	55.5	1.3864
对氨基苯甲酸	137.14	1.374	187−188		
N,N-二甲基苯胺	121.18	0.9557	2.45	194.15	1.5582
对硝基甲苯	137.14	1.286	53～54	238.3	1.5382
邻硝基甲苯	137.14	1.1629	−9.55	222	1.5450
对硝基苯甲酸	167.12	1.5497	242.4	升华	
邻硝基苯甲酸	167.12	1.575	147～148		
邻氨基苯甲酸	137.14	1.412	146～147		

附录十三　常用有机溶剂及纯化

1. 乙醇 C_2H_5OH

沸点：78.5℃；$d_4^{20}=0.7893$；$n_D^{20}=1.3616$。

含量为95.5%的乙醇与水形成恒沸点混合物，所以不能用直接蒸馏法制取无水乙醇。含水乙醇的初步脱水常用生石灰作为脱水剂，使水与生石灰作用生成氢氧化钙，氧化钙和氢氧化钙均不溶于乙醇，再将乙醇蒸馏，这样处理后得到的即是市售的无水乙醇，含量约为99.5%。纯度更高的无水乙醇可用金属镁或金属钠处理后得到。

（1）无水乙醇（含量99.5%）的制备

在1000mL圆底烧瓶中，加入600mL 95%的乙醇和100g左右新煅烧的生石灰，用木塞塞住瓶口，放置过夜。然后拔去木塞，装上回流冷凝管，冷凝管上口接一个无水氯化钙干燥管，水浴加热回流2～2.5h。再将其改为蒸馏装置，弃去少量前馏分后，收集得到纯度达99.5%的乙醇。

（2）绝对乙醇（含量99.5%）的制备

1）用金属镁制取

在1000mL圆底烧瓶中放置2～3g干燥纯净的镁条和0.3g碘，加入30mL 99.5%的乙醇,装上上端带无水氯化钙干燥管的回流冷凝管,沸水浴加热至微沸,至碘粒完全消失(如果不起反应,则可再加入数颗小粒碘)。待镁完全溶解后,加入 500mL 99.5％的乙醇,回流 1h。改为蒸馏,弃去少量前馏分后,产物收集于玻璃瓶中,用橡皮塞塞住。反应过程如下:

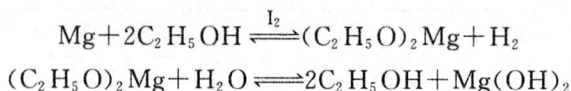

$$Mg + 2C_2H_5OH \xrightleftharpoons{I_2} (C_2H_5O)_2Mg + H_2$$

$$(C_2H_5O)_2Mg + H_2O \rightleftharpoons 2C_2H_5OH + Mg(OH)_2$$

2)用金属钠制取

在 1000mL 圆底烧瓶中,加入 500mL 99.5％的乙醇和 3.5g 金属钠,安装回流冷凝管和干燥管,加热回流 30min 后,再加入 14g 邻苯二甲酸二乙酯,再回流 2h,然后蒸馏乙醇。反应如下:

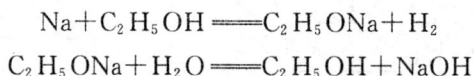

$$Na + C_2H_5OH \rightleftharpoons C_2H_5ONa + H_2$$

$$C_2H_5ONa + H_2O \rightleftharpoons C_2H_5OH + NaOH$$

由于第二个反应是可逆的,所以必须加入过量的高沸点酯,使酯与 NaOH 反应以抑制上述反应向左进行,从而达到进一步脱水的目的:

$$C_6H_4(COOC_2H_5)_2 + 2NaOH \longrightarrow C_6H_4(COONa)_2 + 2C_2H_5OH$$

由于乙醇具有非常强的吸湿性,所用仪器必须烘干,并尽量快速操作,以防止吸收空气中的水分。

2. 甲醇 CH_3OH

沸点:64.96℃;$d_4^{20} = 0.7914$;$n_D^{20} = 1.3288$

市售甲醇一般含水量不超过 0.5％,因为甲醇不与水形成共沸点混合物,所以可用分馏法脱水,收集 65℃的馏分,再用镁除去微量水,纯度可达 99.9％。若含水量低于 0.1％,也可用 3A 或 4A 分子筛进行干燥。

3. 乙醚 $C_2H_5OC_2H_5$

沸点:34.51℃;$d_4^{20} = 0.71378$;$n_D^{20} = 1.3526$

普通乙醚中常含有一定的水、乙醇和少量的过氧化物。

过氧化物的检查和除去:取 1mL 乙醚,加入 1mL 2％碘化钾溶液和 1～2 滴淀粉溶液,再加入几滴稀盐酸酸化,如果溶液变蓝,则证明有过氧化物存在。过氧化物是用加入硫酸亚铁溶液(配制方法:在 100mL 水中加入 6mL 浓 H_2SO_4,然后加入 60g $FeSO_4 \cdot 7H_2O$ 配成溶液)的方法除去。在分液漏斗中加入 100mL 乙醚和 10mL 新配制的硫酸亚铁溶液,剧烈摇动后分去水溶液。

此处还应注意:乙醚放置一段时间后,由于空气和光的作用,会产生爆炸性过氧化物,因此,建议将氢氧化钾加到储存的乙醚中,能使生成的过氧化物立即转化为不溶解的盐,同时,氢氧化钾还是合适的干燥剂。

醇和水的检验和除去:水是否存在可用无水硫酸铜检验。醇的检验:在乙醚中加入少许高锰酸钾固体和一粒氢氧化钠,放置后,若氢氧化钠表面附有棕色,即可证明有醇存在。除去它们的方法是先用氯化钙处理,再用金属钠干燥。将 100mL 除去过氧化物的乙醚放入干燥锥形瓶中,加入 25g 无水氯化钙,用木塞塞紧瓶口,放置数天,放置时进行间断摇动,然后将其蒸馏,收集 33～37℃的馏分。将蒸出的乙醚放入干燥的磨口试剂瓶中,加入金属钠丝干燥,至不产生气泡,钠丝表面保持光泽,即可盖好备用:若钠丝表面变粗变黄,需再蒸一次,然后再放入钠丝。

4. 丙酮 CH₃COCH₃

沸点：56.2℃；$d_4^{20}=0.7899$；$n_D^{20}=1.3588$

普通丙酮中往往含有少量水，甲醇、乙醛等还原性杂质。纯化方法如下：在 250mL 丙酮中加入 2.5g 高锰酸钾进行回流，若溶液紫色消失，则需再加入少量高锰酸钾继续回流，直至紫色不退为止。然后将丙酮蒸出，用无水硫酸钙或无水硫酸钾进行干燥，过滤后蒸馏，收集 55～56.5℃的馏分。

5. 苯 C₆H₆

沸点：80.1℃；$d_4^{20}=0.87865$；$n_D^{20}=1.5011$

普通苯中常含有少量水和噻吩，因为噻吩的沸点是 84℃，与苯接近，所以不能用分馏法将其除去。

噻吩的检验：在 1mL 苯中加入 2mL 溶有 2mg 吲哚醌的浓硫酸溶液，振荡片刻，如酸层呈蓝绿色，即表示有噻吩存在。制取无水无噻吩苯的方法如下：将苯和相当于苯体积的 15％的浓硫酸装入分液漏斗内振荡使噻吩磺化，将混合物静置、弃去底层的酸液，再加入新的浓硫酸，重复以上操作，直至酸层呈现无色或淡黄色且检验无噻吩为止。分去酸层，依次用 10％碳酸钠溶液和水洗至中性，再用无水氯化钙干燥，蒸馏，收集 80℃的馏分，最后用金属钠脱微量的水得无水无噻吩苯。由石油加工得来的苯一般可省去除噻吩步骤。

6. 甲苯 C₆H₅CH₃

沸点：110.6℃；$d_4^{20}=0.8669$；$n_D^{20}=1.4969$

甲苯与水形成共沸物，在 84.1℃沸腾，含 81.4％的甲苯。甲苯和空气混合物爆炸极限为 1.27％～7％（体积）。

甲苯中含有甲基噻吩，处理方法与苯相同。因为甲苯比苯更容易磺化，用浓硫酸洗涤时温度应控制在 30℃以下。

7. 乙酸 CH₃COOH

沸点 117.9℃；$d_4^{20}=1.0492$；$n_D^{20}=1.3716$。

可与水混溶。将醋酸冻结出来可得到很好的精制效果。若加入 2％～5％高锰酸钾溶液并煮沸 2～6h 更好。微量的水可用五氧化二磷干燥除去。由于乙酸不易氧化，故常用作氧化反应的溶剂。使用时勿接触皮肤，尤其不要溅入眼内，否则应立即用大量水冲洗，严重者应去医院医治。

8. 乙酸乙酯 CH₃COOC₂H₅

沸点：77.06℃；$d_4^{20}=0.9003$；$n_D^{20}=1.3723$。

市售乙酸乙酯的含量为 95％～98％，含有少量水，乙醇和乙酸。

精制方法如下：在 1000mL 乙酸乙酯中加入 100mL 乙酸酐，10 滴浓硫酸，加热回流 4h，然后蒸馏。在蒸馏液中加入 20g 无水碳酸钾，振荡后，再次蒸馏，所得产物纯度可达 99.7％。

9. 二氯甲烷 CH₂Cl₂

沸点：39.7℃；$d_4^{20}=1.3167$；$n_D^{20}=1.4241$。

　　无色挥发性液体，微溶于水，能与醇、醚混溶。与水形成共沸物，含二氯甲烷 98.5％，沸点 38.1℃。二氯甲烷与钠接触易发生爆炸。精制方法：依次用 5％碳酸氢钠溶液和水洗涤，加入无水氯化钙干燥，再进行蒸馏。二氯甲烷有麻醉作用，并损害神经系统，使用时要注意。

10. 氯仿 CHCl₃

沸点：$61.7℃$；$d_4^{20}=1.4832$；$n_D^{20}=1.4459$。

　　氯仿在日光下会慢慢氧化成剧毒的光气，所以应储存在棕色瓶中，并加入约 1％乙醇作稳定剂。除去乙醇可以将氯仿用其体积一半的水振荡数次，然后分出下层氯仿，用无水氯化钙干燥数小时后再将其蒸馏。

　　氯仿不能与金属钠接触，否则有爆炸危险。长期接触会引起肝脏损害，使用时应注意。

附录十四　实验报告示例

一、定量分析实验

实验	重铬酸钾法测定亚铁盐中铁的含量

实验时间：××××年××月××日

成绩	

(一)实验目的

(1)进一步掌握直接法配制标准溶液。

(2)熟悉重铬酸钾法测定 Fe^{2+} 的原理与方法。

(3)了解二苯胺磺酸钠指示剂使用原理。

(二)实验原理

　　$K_2Cr_2O_7$ 在强酸性介质中具有很强的氧化性，重铬酸钾经二次重结晶即符合基准物要求，故 $K_2Cr_2O_7$ 标准溶液可用直接法配制。

　　在酸性溶液中，Fe^{2+} 可以定量地被 $K_2Cr_2O_7$ 氧化成 Fe^{3+}，反应式为

$$6Fe^{2+}+Cr_2O_7^{2-}+14H^+ \Longrightarrow 6Fe^{3+}+2Cr^{3+}+7H_2O$$

以(Fe^{2+})和$\left(\dfrac{1}{6}K_2Cr_2O_7\right)$为基本单元，则 $n(Fe^{2+})=n\left(\dfrac{1}{6}K_2Cr_2O_7\right)$。

$$w(\text{Fe}) = \frac{c\left(\frac{1}{6}\text{K}_2\text{Cr}_2\text{O}_7\right) \cdot V(\text{K}_2\text{Cr}_2\text{O}_7) \cdot M(\text{Fe})}{m_s}$$

$\text{K}_2\text{Cr}_2\text{O}_7$ 测定 Fe^{2+} 时,需用二苯胺磺酸钠作指示剂,其还原态为无色,氧化态为紫红色;反应体系中还有生成的绿色的 Cr^{3+},故由绿色变成蓝紫色时即为滴定终点。

在滴定过程中,必须加入磷酸,其目的有三个:一是补充酸度,二是磷酸可与生成的 Fe^{3+} 形成稳定的配离子 $[\text{Fe}(\text{HPO}_4)_2]^-$,减小溶液中 Fe^{3+} 的游离浓度,降低电对($\text{Fe}^{3+}/\text{Fe}^{2+}$)的电极电势,扩大滴定突跃范围,使指示剂的变色范围在滴定的突跃范围之内;三是生成的配离子为无色,消除了溶液中 Fe^{3+} 黄色干扰,利于终点观察。

(三)实验用品

(1)仪器:容量瓶(250mL),烧杯(100mL),酸式滴定管(25mL),量筒(10mL),锥形瓶(250mL),AE-100 电子天平,称量瓶,玻棒,洗瓶。

(2)药品:$\text{K}_2\text{Cr}_2\text{O}_7$(AR),$(\text{NH}_4)_2\text{Fe}(\text{SO}_4)_2 \cdot 6\text{H}_2\text{O}$ 试样,$3\text{mol} \cdot \text{L}^{-1}$ H_2SO_4,85% H_3PO_4(AR),0.2% 二苯胺磺酸钠。

(四)实验内容

1. 配制 $\text{K}_2\text{Cr}_2\text{O}_7$ 标准溶液

差减法准确称取 $1.2 \sim 1.25\text{g}$ 固体 $\text{K}_2\text{Cr}_2\text{O}_7$ 于 100mL 烧杯中,加适量水溶解,定量转入 250mL 容量瓶中,定容,摇匀,计算其准确浓度。

2. 亚铁盐中铁含量的测定

(1)用差减法准确称取 $0.8 \sim 1.2\text{g}$ 试样三份,分别置于锥形瓶中,各加 50mL 水,10mL $3\text{mol} \cdot \text{L}^{-1}$ H_2SO_4 和 $6 \sim 8$ 滴 0.2% 二苯胺磺酸钠,摇匀。

(2)用 $\text{K}_2\text{Cr}_2\text{O}_7$ 标准溶液滴定至溶液呈深绿色时,加 5mL 85% H_3PO_4,继续滴定至溶液颜色突变为紫色或紫蓝色即为终点。

(五)实验数据和结果

电子天平编号 ____0306217S____

(1)直接法配制 $c\left(\frac{1}{6}\text{K}_2\text{Cr}_2\text{O}_7\right) = 0.1\text{mol} \cdot \text{L}^{-1}$ 的 $\text{K}_2\text{Cr}_2\text{O}_7$ 标准溶液 ____250.0____ mL。

$M\left(\frac{1}{6}\text{K}_2\text{Cr}_2\text{O}_7\right) = $ ____49.03____ $\text{g} \cdot \text{mol}^{-1}$

$\text{K}_2\text{Cr}_2\text{O}_7$ 称量范围计算:

配制浓度按 $c\left(\frac{1}{6}\text{K}_2\text{Cr}_2\text{O}_7\right) = 0.098 \sim 0.102\text{mol} \cdot \text{L}^{-1}$ 间进行计算:

$$m_1 = 0.098 \times 250 \times 10^{-3} \times 49.03 = 1.2\text{g}$$
$$m_2 = 0.102 \times 250 \times 10^{-3} \times 49.03 = 1.25\text{g}$$

倾出前(称量瓶+K₂Cr₂O₇)质量/g	18.3107
倾出后(称量瓶+K₂Cr₂O₇)质量/g	17.0896
$m(K_2Cr_2O_7)/g$	1.2211
$c(K_2Cr_2O_7)/mol \cdot L^{-1}$	0.09962

(2)亚铁盐$(NH_4)_2Fe(SO_4)_2 \cdot 6H_2O$试液。按耗用 $20\sim22mL$ $c\left(\frac{1}{6}K_2Cr_2O_7\right)=0.1mol \cdot L^{-1}$ 的 $K_2Cr_2O_7$ 标准溶液计算亚铁盐试样称量范围为

$$m_1 = 0.1 \times 20 \times 10^{-3} \times 392.14 = 0.78g$$
$$m_2 = 0.1 \times 22 \times 10^{-3} \times 392.14 = 0.86g$$

(3)亚铁盐中 Fe 含量测定。

倾出前(称量瓶+亚铁盐)质量/g	16.7239	15.9354	15.1341
倾出后(称量瓶+亚铁盐)质量/g	15.9354	15.1341	14.3263
m(亚铁盐)/g	0.7885	0.8013	0.8078
测定序号	1	2	3
$K_2Cr_2O_7$ 溶液体积终读数/mL	20.19	20.77	20.76
$K_2Cr_2O_7$ 溶液体积初读数/mL	0.08	0.32	0.15
$K_2Cr_2O_7$ 溶液的耗用体积 $V(K_2Cr_2O_7)$/mL	20.11	20.45	20.61
w(Fe)	0.1419	0.1420	0.1419
平均值($\bar{x}$)		0.1419	
相对平均偏差($\bar{d}/\bar{x}$)		0.07%	
标准偏差(s)		0.0001	
实验结果报告值(置信水平95%置信区间)		0.1419±0.0002	

$n=3$,95%置信水平时,$t=4.30$。

(六)分析与讨论

本次分析结果是,$(NH_4)_2Fe(SO_4)_2 \cdot 6H_2O$ 试样(分析纯)中的铁含量为 14.19%,在实验测定条件下,真实含量落在(0.1419 ± 0.0002)区间内的可能性为 95%。由化学式 $(NH_4)_2Fe(SO_4)_2 \cdot 6H_2O$ 可知理论铁含量为 14.24%。$(NH_4)_2Fe(SO_4)_2 \cdot 6H_2O$ 的性质稳定,在空气中能逐渐氧化和风化,需密封避光保存,分析纯的试样中 $w[(NH_4)_2Fe(SO_4)_2 \cdot 6H_2O] \geqslant 99.5\%$,即 $w(Fe) \geqslant 14.17\%$,故分析结果可靠。但还有一些因素会影响分析结果,讨论如下:

(1)测量数据的统计处理结果显示标准偏差和相对平均平偏差较低,试样分析结果的精密度较好;但采用称取三份试样进行平行分析,所称取的试样不一定都能反映试样的真实情况,若采取称取一份充分研细、混匀的试样来配制试样溶液,再分别移取试液进行定量分析,其精密度将会提高。

（2）滴定过程中，随着橙色的 $K_2Cr_2O_7$ 溶液的加入，呈现其还原产物 Cr^{3+} 离子的绿色，随着 Fe^{3+} 离子浓度的增加，混合溶液呈现绿色 Cr^{3+} 离子和棕黄色 Fe^{3+} 离子的混合色，加入 85% 磷酸使绿色变深；当滴定至近终点时，指示剂二苯胺磺酸钠被 $K_2Cr_2O_7$ 氧化成紫红色的氧化态，滴定终点时溶液呈紫色或蓝紫色。由于终点时有多种有色成分，终点颜色难以判断一致，影响到分析结果的精密度，若条件可能，宜适当增加平行分析次数。

（3）容量分析用的基准物在使用前应作干燥处理，并放置于干燥器中备用，未能干燥的固体 $K_2Cr_2O_7$ 吸收少量水汽，使实际称量值偏少，$K_2Cr_2O_7$ 标准溶液浓度会略有降低，会使试样分析结果偏高。

（4）容量分析应使用校正过的量器，但实际分析时所用的量器未能校正，也不能在 25℃ 环境下进行操作，虽然 A 级量器的公差不是很大，也会在一定程度上降低分析结果的准确度。

（5）实验所用的玻璃仪器必须洗净，并用蒸馏水润洗，但放置在实验室内的蒸馏水中可能混有一些氧化性的或是还原性的杂质；为提高分析结果的准确度，宜进行空白试验。

（6）$K_2Cr_2O_7$ 与 Fe^{2+} 定量反应的化学计量点为 0.96V，理论突跃范围为 0.85～1.06V，加入磷酸后的突跃范围为 0.62～1.26V，二苯胺磺酸钠的变色范围为 0.82～0.88V，化学计量点与实际变色点存在系统误差。

（7）二苯胺磺酸钠由无色还原态变为紫红色氧化态时，会消耗一定量的 $K_2Cr_2O_7$ 标准溶液，当 $K_2Cr_2O_7$ 标准溶液浓度很低时，应作空白试验。

（8）称量用的电子天平应在使用前予以称重校正和水平校正，减小称量误差。

（七）思考题

（1）为什么可用直接法配制 $K_2Cr_2O_7$ 标准溶液？

作为基准物应满足纯度高、组成与化学式一致、性质稳定和由较大摩尔质量的条件，$K_2Cr_2O_7$ 试剂稳定，易提纯，$M(K_2Cr_2O_7)=294.19g \cdot mol^{-1}$，市售的 $K_2Cr_2O_7$ 在蒸馏水中经二次重结晶，在 140～150℃ 干燥后，其纯度就能达到基准物质的质量要求，故 $K_2Cr_2O_7$ 标准溶液可用直接法配制。

（2）加入 H_3PO_4 的作用是什么？为何加入 H_3PO_4 后必须立即滴定？

加入磷酸的作用有三个：一是补充酸度；二是磷酸可与生成的 Fe^{3+} 形成稳定的配离子 $[Fe(HPO_4)_2]^-$，减小溶液中 Fe^{3+} 的游离浓度，降低电对（Fe^{3+}/Fe^{2+}）的电极电势，扩大滴定突跃范围，使指示剂的变色范围在滴定的突跃范围之内；三是生成的配离子为无色，消除了溶液中 Fe^{3+} 黄色干扰，有利于滴定终点的观察。

在用 $K_2Cr_2O_7$ 标准溶液滴定亚铁盐溶液至深绿色时，由于加入 85% H_3PO_4，与反应生成的 Fe^{3+} 离子形成无色的 $[Fe(HPO_4)_2]^-$ 配离子而降低电对 Fe^{3+}/Fe^{2+} 的电势，溶液中少量的 Fe^{2+} 离子的还原性更强，易被空气中的氧氧化，将使滴定分析产生误差。

（3）若向三份平行试样中同时加入 H_3PO_4 后再一次滴定，后果如何？

若在滴定分析开始时就在试样溶液中加好 85% H_3PO_4，在滴定分析第一个试样时，在另两个试样溶液中原有的少量 Fe^{3+} 离子形成配离子 $[Fe(HPO_4)_2]^-$ 而使电对 Fe^{3+}/Fe^{2+} 的电势显著降低，Fe^{2+} 离子的还原性增强而被空气中的氧氧化，在进行滴定分析时，将使 $K_2Cr_2O_7$ 标准溶液消耗的体积减少，Fe^{2+} 离子的分析结果将偏小而产生误差。

二、有机合成实验

实验   正溴丁烷的合成

实验时间：××××年××月××日

成绩	

(一)实验目的

(1)学习由醇制备卤代烷的原理和方法,加深对 S_N2 反应机理的理解。

(2)进一步掌握回流、常压蒸馏和分液漏斗使用等基本操作。

(3)学习并掌握有害气体吸收,了解干燥剂的选用。

(二)实验原理

醇与氢溴酸反应制取卤代烷时,氢溴酸由 NaBr 与浓 H_2SO_4 作用生成。过量的 H_2SO_4 产生高浓度的氢溴酸,并使正丁醇的羟基质子化,能加快亲核取代反应的进行。在浓 H_2SO_4 存在下,正丁醇容易脱水形成烯烃和醚,故需加入少量水来降低 H_2SO_4 的浓度。

主反应式:

$$NaBr + H_2SO_4 \longrightarrow HBr + NaHSO_4$$

$$CH_3CH_2CH_2CH_2OH + HBr \longrightarrow CH_3CH_2CH_2CH_2Br + H_2O$$

副反应:

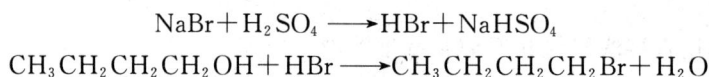

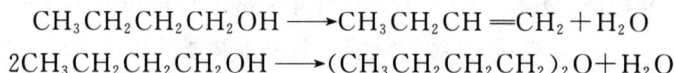

反应体系中存在未反应完的正丁醇和生成的丁醚可用浓 H_2SO_4 洗涤除去,剩余的 H_2SO_4 和 HBr 可用 $NaHCO_3$ 除去,最后用无水 $CaCl_2$ 干燥得到纯净产品。

有关实验试剂及产物的物理常数

名称	相对分子质量	性状	折光率, n_D^{20}	密度, d_4^{20}	熔点/℃	沸点/℃	溶解度 g/100mL 溶剂		
							水	醇	醚
正丁醇	74.12	无色透明液体	1.3393	0.8098	−89.8	118.0	7.9^{20}	∞	∞
溴化钠	102.90	无色立方		3.205	755	1390	90^{20}		
正溴丁烷	137.03	无色透明液体	1.4401	1.2758	−112.4	101.6	不溶	∞	∞
丁醚	130.23	无色透明液体	0.3992	0.769	−97.9	142.4	0.03	∞	∞
1-丁烯	56.11	无色气体		0.6255	−185.4	−6.3	不溶	易溶	易溶

(三)实验器材

(1)仪器:圆底烧瓶(100mL),球形冷凝管,直型水冷凝管,分液漏斗,蒸馏头,接受管,温度计套,温度计(150℃),磨口塞,锥形瓶,烧杯,玻璃弯管,量筒。

(2)试剂及用量:正丁醇(C.P,7.4g,9.1mL,0.100mol),NaBr(C.P,13.4g,0.13mol),浓 H_2SO_4(L.R,14mL,25.7g,0.26mol),NaHCO$_3$ 饱和溶液,5% NaOH 溶液,无水 $CaCl_2$(C.P)。

(四)实验装置图

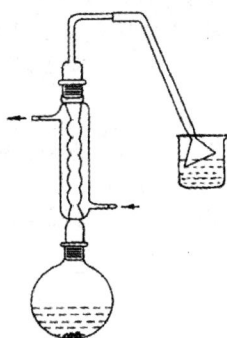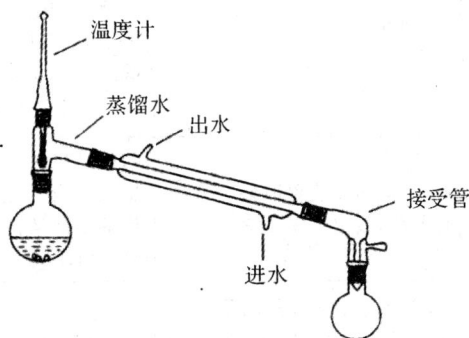

温度计

蒸馏水　出水

接受管

进水

制备正溴丁烷的装置　　常压蒸馏装置

(五)实验步骤、实验现象及解释

1. 实验流程

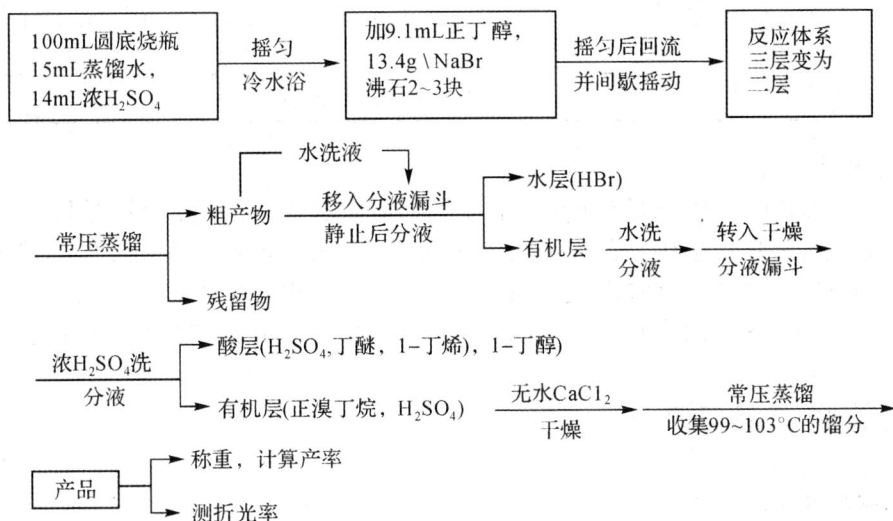

2. 实验现象及解释

实验步骤	实验现象及解释
①100mL 圆底烧瓶中加入 15mL 蒸馏水,加 14mL 浓 H_2SO_4,摇匀冷却至室温	浓 H_2SO_4 稀释时放热
②往烧瓶中加入 9.1mL 正丁醇和 13.4g NaBr,加沸石,摇匀	NaBr 部分溶解,烧瓶中有雾状气体; NaBr 与 H_2SO_4 作用生成的 HBr
③在烧瓶口安装球形冷凝管,冷凝管顶部装上气体吸收装置,通入冷却水,电热套通电开始加热回流 40min	雾状气体增多,NaBr 渐渐溶解,烧瓶中的液体由一层变为三层,开始时上层很薄,中层呈橙黄色,随着反应进行,上层液体越来越厚,中层越来越薄,最后消失。上层液体颜色由淡黄色变为橙黄色 回流过程中,烧瓶中液体分成三层,上层为密度小的产物正溴丁烷,中层为酸式硫酸酯,随着反应进行,中层的酸式硫酸酯转化成正溴丁烷。由于 H_2SO_4 氧化 HBr 上层少量 Br_2,使上、中层液体呈橙黄色
④回流停止后,稍冷,将回流装置改装成常压蒸馏装置,补加沸石,蒸出蒸溴丁烷	初始馏出液为乳白色油状液体,后来油状液体减少,最后馏出液变清。冷却后,蒸馏瓶内析出结晶 当馏出液变清时,说明正溴丁烷被全部蒸出;析出的结晶是 $NaHSO_4$
⑤粗产品用 10mL 蒸馏水洗涤,分出下层液体置一干燥的分液漏斗中,分两次用 10mL 浓 H_2SO_4 洗涤,分液;上层液体倒入原分液漏斗中,依次用 5mL 蒸馏水、10mL 饱和 $NaHCO_3$ 溶液和 5mL 蒸馏水洗涤,分液	产品在下层,呈乳浊状 清亮的产品在上层,硫酸在下层,呈棕黄色 溶有少量 Br_2 二层交界处有絮状物产生又呈乳浊状
⑥将粗产品转入干燥的小锥形瓶中,加 1.5g 无水 $CaCl_2$ 干燥	开始时浑浊,最后变澄清
⑦干燥的粗产品滤入蒸馏烧瓶中,加沸石,加热蒸馏,收集 99~103℃的馏分	温度升到 98℃时,开始有馏出液(3~4 滴),温度很快上升到 99℃,并稳定于 101~102℃,最后上到 103℃,温度开始下降,停止蒸馏,冷却后,烧瓶中残留有约 0.5mL 的黄棕色液体
⑧纯化产品称重	得 6.5mL 无色透明液体

操作中的注意点:

(1)正丁醇的粘度较大,在量器内壁粘附较多,最好采用称量增重的方法取用。

(2)HBr 尾气吸收装置中的漏斗不能全部埋入烧杯中的 NaOH 溶液液面之下,以免倒吸。

(3)浓 H_2SO_4 洗涤粗产品时,应充分洗净存在于粗产品重的少量未反应完的正丁醇及副产物正丁醚等杂质,否则正丁醇和正溴丁烷可形成共沸物,在后面的蒸馏中难以除去。

(六)实验结果与讨论

(1)实验结果计算。

理论产量:按物质的量最少的反应物正丁醇计算

$m(C_4H_9Br) = 137.03 \times 0.100 = 13.7g$

$V(C_4H_9Br) = \dfrac{m(C_4H_9Br)}{\rho} = \dfrac{13.7}{1.2758} = 10.7mL$

$产率 = \dfrac{实际产量}{理论产量} \times 100\% = \dfrac{6.5}{10.7} \times 100\% = 60.75\%$

室温在 22℃时,测得纯化产品的折光率:1.4388、1.4391、1.4389,平均值为 1.4389。

(2)有机反应具有反应速率慢、有副反应的特点,为了提高正溴丁烷的合成产率,实验中采取如下措施:

①增加 NaBr 的用量,使平衡右移。

②通过回流,使反应完全;该合成反应是两相反应,需在回流过程中不断摇动烧瓶以增加反应物分子的接触几率。

③过量加入浓硫酸,其作用是吸收反应中生成的水,使 HBr 保持较高的浓度,加速反应的进行;使醇羟基质子化,容易离去;使反应中生成的水质子化,阻止卤代烷通过水的亲核进攻变回原来的醇。

在回流过程中,瓶中液体出现三层,上层为正溴丁烷,中层可能为硫酸氢正丁酯,随着反应的进行,中层消失表明丁醇已转化为正溴丁烷。上、中层液体为橙黄色,可能是由于混有少量溴所致,溴是由硫酸氧化溴化氢而产生的。

(3)反应后的粗产物中,含有未反应的正丁醇及副产物正丁醚等。因为醇、醚能与浓 H_2SO_4 作用生成𫘜盐而溶于浓 H_2SO_4 中,而正溴丁烷不溶,可用浓硫酸洗涤除去这些杂质。

(4)对产物的产量和纯度的讨论。

实验过程中,如下四个方面原因使产率有所降低:

①由于浓 H_2SO_4 在蒸馏水中稀释而放热,加入正丁醇和NaBr(s)时,不能及时装上球形冷凝管,有少量正丁醇蒸气和生成的 HBr 逸出,使原料略有减少;

②在将回流装置改装成常压蒸馏装置时,也有少量的正溴丁烷产物逸出;

③在分液漏斗中用浓 H_2SO_4 洗涤粗产品时,两液体的分界面从活塞处分出分出。

④在回流过程中未能经常不断地摇动烧瓶,反应物分子的相间接触不够充分。

得到的正溴丁烷为无色透明液体,纯净正溴丁烷的 n_D^{20} 为 1.4401,因物质的折光率随温度升高而降低,所以测定时温度在 22℃时的 n_D^t 低于 1.4401,其温度校正值为 $n_D^t = 1.4401 - 0.00045 \times (22-20) = 1.4392$,纯化产物的折光率仍略高于 n_D^{20},表明产物中仍含有微量杂质(水),也有可能来自于阿贝折射仪的仪器误差,这需对阿贝折射仪进行校准。

(七)实验思考题

(1)加入试剂时,先使 NaBr 与浓 H_2SO_4 混合,然后加正丁醇,可以吗?为什么?

各种反应试剂的加入顺序不能颠倒,应先加水,再加浓硫酸,然后是正丁醇,最后加 NaBr。若先使 NaBr 与浓 H_2SO_4 混合,相互作用生成的 HBr 气体从冷凝管顶端逸出形成酸雾,水溶液中的氢溴酸可被浓硫酸氧化成 Br_2,使 HBr 的生成量不足,而 Br_2 不是亲核试剂,不利于氢溴酸与正丁醇作用发生取代反应生成正溴丁烷。

(2)从反应混合物中分离出粗产品正溴丁烷,为什么要用蒸馏的方法,而不用分液漏斗分离?

　　反应混合物中有正溴丁烷，H_2SO_4，丁醚，1-丁烯，1-丁醇，正溴丁烷与丁醚和 1-丁醇可相互溶解，并可形成共沸溶液，但它们的沸点分别为 101.6℃、142.4℃、118.0℃，在用浓 H_2SO_4 洗涤粗产品基本除去丁醚、1-丁醇后，即可用常压蒸馏方法将沸点较低的正溴丁烷蒸馏出来。

　　(3)用分液漏斗洗涤产物时，正溴丁烷时而在上层，时而在下层，为什么？若遇此现象如何处理？

　　若未反应的正丁醇较多，或因蒸馏过久而蒸出一些氢溴酸恒沸液，则液层的相对密度发生变化，正溴丁烷就可能悬浮或变为上层。遇此现象可加清水稀释，使油层（正溴丁烷）下沉。

　　(4)用浓 H_2SO_4 洗涤后，再用 $NaHCO_3$ 饱和溶液洗涤前，为什么要用水洗涤一次？

　　用浓硫酸洗涤：除去未反应的正丁醇及副产物 1-丁烯和正丁醚。洗涤后残留酸浓度较大，如立即用 NaH_2CO_3 饱和溶液洗涤时，正溴丁烷将随大量产生的 CO_2 气泡溢出，故需用蒸馏水洗涤，降低混合溶液的酸度。

主要参考文献

[1]陈虹锦.实验化学上册(第二版).北京:科学出版社,2007

[2]徐伟亮.基础化学实验.北京:科学出版社,2005

[3]古凤才.基础化学实验教程.北京:科学出版社,2000

[4]刘约权,李贵深.实验化学(第二版上册).北京:高等教育出版社,2005

[5]武汉大学化学与分子科学学院实验中心编.无机及分析化学实验(第三版).武汉:武汉大学
出版社,2001

[6]吴泳.大学化学新体系实验.北京:科学出版社,1999

[7]方国女.大学化学基础实验(第二版).北京:化学工业出版社,2005

[8]武汉大学.分析化学实验(第四版).武汉:武汉大学出版社,2001

[9]蔡炳新.基础化学实验.北京:人民教育出版社,2001

[10]南京大学大学化学实验教学组编.大学化学实验.北京:高等教育出版社,1999

[11]王福来.有机化学实验.武汉:武汉大学出版社,2001

[12]郭书好.有机化学实验.武汉:华中科技大学出版社,2008

[13]武汉大学化学与分子科学学院实验中心编.有机化学实验.武汉:武汉大学出版社,2004

[14]奚关根等编.有机化学实验(修订版).上海:华东理工大学出版社,1999

[15]李兆陇.有机化学实验.北京:清华大学出版社,2001

[16]夏玉宇.化验员实用手册(第二版).北京:化学工业出版社,2005